U0789848

全国高等职业教育园林类专业"十三五"规划教材

草坪建植与养护

（第2版）

主　编　周　鑫　郭晓龙
副主编　马金萍　李　玲　缑艳霞
主　审　张树宝

黄河水利出版社
·郑州·

内 容 提 要

全书共分 9 个项目：草坪及草坪草的认识、草坪建植、草坪养护、草坪保护、草皮生产、观赏草坪的建植与养护、运动场草坪建植与养护、游憩草坪建植与养护、防护草坪建植与养护，通过项目的实施将草坪建植与养护知识和技能贯穿到一起。学生可以在完成每一项目的具体任务时领会知识、学习技能，以项目教学突出应用性、实用性与操作性。以技能培养为主，体现当前高职教育的特点。

本书可作为高职高专院校园林、园艺、林学等专业学生的教材，也可作为园林草坪工作者的参考用书。

图书在版编目（CIP）数据

草坪建植与养护/周鑫，郭晓龙主编. —2 版. —郑州：黄河水利出版社，2015.10

全国高等职业教育园林类专业“十三五”规划教材

ISBN 978 - 7 - 5509 - 1264 - 9

Ⅰ.①草… Ⅱ.①周… ②郭… Ⅲ.①草坪 - 观赏园艺 - 高等职业教育 - 教材 Ⅳ.①S688.4

中国版本图书馆 CIP 数据核字（2015）第 246413 号

策划编辑：李洪良　王志宽　　电话：0371 - 66026352　66024331

出 版 社：黄河水利出版社

地址：河南省郑州市顺河路黄委会综合楼 14 层　邮政编码：450003

发行单位：河南承创印务有限公司

发行部电话：0371 - 66026940、66020550、66028024、66022620（传真）

E-mail：hhslcbs@126.com

承印单位：河南承创印务有限公司

开本：787 mm × 1 092 mm　1/16

印张：15.25

字数：350 千字　　印数：1—3 100

版次：2010 年 2 月第 1 版　　印次：2015 年 10 月第 1 次印刷

2015 年 10 月第 2 版

定价：29.00 元

全国高等职业教育园林类专业“十三五”规划教材编审委员会

出版说明

近年来,随着社会的进步和人们生活水平的提高,人类对生存环境的质量要求越来越高,园林作为生态环境建设的重要组成部分和提高人类生存环境质量的重要凭借手段,越来越受到环境决策者和建设者的重视,特别是在城市,生态园林建设已成为解决社会快速发展所带来的环境问题的主要方式之一,因而以服务和改造室内外环境为基本内容的园林专业也随之迅速发展,新观念、新技术不断涌现,社会对园林工程专业高端技能型人才的要求也不断提高。

为了配合全国高等职业教育园林类专业的教学改革与教材建设规划,按照国家对高等职业教育园林专业人才培养目标定位和市场对园林专业人才专业知识及实践技能的要求,在对现有园林工程专业教材出版情况进行深入调研并充分征求了各课程主讲老师意见的基础上,我社组织出版了这套"全国高等职业教育园林类专业'十三五'规划教材"。教材的编写立足于高起点、出精品,本着知识传授与能力培养并重的原则,以培养园林高级专业技术人才为目标,着重加强职业教育的技能培养特色,重点突出实验、实训教学环节。

本系列教材的编写和出版得到了全国多所园林类高等职业院校的大力支持,我们特别邀请了多所高等院校相关专业的老师对稿件进行了严格审查把关。正是由于他们的辛勤工作和无私奉献,才使得这些教材能够在最短的时间内付梓,并有效保证了教材的整体水平和质量。在此,对推进此次教材编写与出版工作的各院校领导、参编和审稿的老师表示衷心的感谢和诚挚的敬意。

诚然,人才的培养需要教育者长期坚持不懈的努力,好的教材也需要经过时间的考证和实践的检验。希望各院校在使用这些教材的过程中提出改进意见与建议,以便再版时不断修改和完善。

黄河水利出版社

前　言

随着我国国民经济的发展,人们生态环境意识的提高,近几十年我国草坪的发展进入了一个崭新的阶段,草坪面积迅速增加,草坪在园林绿化、保护改善环境、防止水土流失方面起到重要作用,草坪业作为一个新兴产业已经形成,需要的专业人才越来越多,许多高职院校开设草坪建植与养护课程,培养适于草坪生产管理一线的高技能型应用人才。本教材根据高职院校园林专业培养方案的人才培养目标和高职学生的基础与高职教育特点,采用项目教学、任务驱动组织教材体系,突出应用性、实用性、可操作性。通过提出任务、分析任务、实施任务完成技能培养,通过相关知识学习、知识扩展完成理论教学任务,通过任务考核检验教学效果。本教材突出实践教学,可操作性强,适用于高职高专院校的园林专业、园艺专业、林学专业。

本教材由周鑫、郭晓龙任主编,马金萍、李玲、缑艳霞任副主编,编写分工如下:项目一、项目九由甘肃林业职业技术学院马金萍编写;项目二、项目五、项目八由黑龙江林业职业技术学院周鑫编写;项目三、项目七由黑龙江生物科技职业学院郭晓龙编写;项目四由内蒙古呼和浩特职业学院缑艳霞编写;项目六由许昌职业技术学院李玲编写;周鑫负责全书统稿。全书由黑龙江林业职业技术学院张树宝教授主审。

由于编者水平所限,书中不妥之处在所难免,望广大师生、读者提出宝贵意见。

作　者

2015 年 4 月

目　录

出版说明
前　言
项目一　草坪及草坪草的认识 ………………………… (1)
　任务一　草坪的认识 ………………………… (1)
　任务二　草坪草的认识 ………………………… (6)
项目二　草坪建植 ………………………… (30)
　任务一　坪床准备 ………………………… (30)
　任务二　草坪建植方式 ………………………… (38)
项目三　草坪养护 ………………………… (53)
　任务一　草坪灌水 ………………………… (53)
　任务二　草坪修剪 ………………………… (59)
　任务三　草坪施肥 ………………………… (72)
　任务四　草坪特殊养护 ………………………… (80)
项目四　草坪保护 ………………………… (92)
　任务一　草坪病害识别与防治 ………………………… (92)
　任务二　草坪害虫识别及防治 ………………………… (104)
　任务三　草坪杂草及其防除 ………………………… (119)
项目五　草皮生产 ………………………… (137)
　任务一　草皮种植 ………………………… (137)
　任务二　草皮的养护管理 ………………………… (143)
　任务三　草皮的收获 ………………………… (148)
项目六　观赏草坪的建植与养护 ………………………… (155)
　任务一　观赏草坪草种选择 ………………………… (155)
　任务二　观赏草坪的建植 ………………………… (165)
　任务三　观赏草坪的养护管理 ………………………… (177)
项目七　运动场草坪建植与养护 ………………………… (181)
　任务一　运动场草坪草种选择 ………………………… (181)
　任务二　运动场草坪的建植 ………………………… (187)
　任务三　足球场草坪的养护管理 ………………………… (197)

项目八　游憩草坪建植与养护 …………………………………………………… (201)
　任务一　游憩草坪草种选择 …………………………………………………… (201)
　任务二　游憩草坪建植与养护 …………………………………………………… (215)
项目九　防护草坪建植与养护 …………………………………………………… (223)
　任务一　防护草坪植被选择 …………………………………………………… (223)
　任务二　防护草坪建植与养护 …………………………………………………… (226)
参考文献 …………………………………………………… (232)

项目一　草坪及草坪草的认识

任务一　草坪的认识

一、任务分析

草坪通过提高环境的质量和改善大自然的原有面貌为人们提供一种新的生活方式，对人类赖以生存的环境起到美化、保护和改善的作用，堪称“文明生活的象征、游览休假的乐园、生态环境的卫士、运动健儿的摇篮”。草坪在园林上已经广泛应用，学习草坪的相关知识，识别草坪草种类及草坪类型是草坪生产与养护的基础。

二、任务目标

能力目标：能够根据草坪的用途或植物组成等识别不同类型的草坪。

知识目标：掌握草坪的概念，了解草坪的作用及应用。

素质目标：培养自我学习能力，收集资料和分析、整理资料能力，沟通能力。

三、相关知识

（一）草坪的概念

草坪是日常生活中随处可见、极其普遍的一种绿色植被，随着人类社会的进步和经济发展，其概念的内涵不断发生变化。

自然意义上的草坪指能在自然的山川野岭、道路两旁生长的低矮草本植物群落。

古典意义上的草坪指以大面积禾草稀树平原为特征的自然景观。

《辞海》中的草坪定义为园林中用人工铺植草皮或播种草籽培养形成的整片绿色地面。

现代的草坪是指多年生低矮草本植物，由天然形成或人工建植后经养护管理而形成的相对均匀、平整的草地植物群落和表土层构成的整体。草坪是一种价廉耐久的地面覆盖物，在保护生态环境中起着至关重要的作用，并为人类休闲、娱乐和体育活动提供场地，同时美化环境。现代的草坪定义即：人工建植、管护的具有绿化、水土保持、观赏和覆盖运动场地等使用功能及改善生态环境作用的草本植被。

不管是自然生长的还是人工建植的，草坪都与人们的生活密切相关，能被人们多方面利用。其利用内容，因时代、地域、民族的不同而多种多样。伴随着人类的进步，草坪利用的范围在不断扩大。现在，草坪业的发展程度已经成为国家文明程度和经济实力的体现。

（二）草坪在园林绿化上的应用

随着我国经济的发展、社会的进步，人们对生活环境越来越重视，草坪在园林上的应用越来越广泛，无论是公园、风景区、街道、广场、小区、庭院的绿化，还是防护林、风景林和运动场、球场的建设，甚至在公路、高速路及山体、水体的边坡防护上，都广泛应用草坪。草坪通过与地形、水体、建筑、道路、广场、园林小品及其他植物配合使用，在园林当中发挥特有的作用和效果。草坪是城市绿地中十分重要的组成部分，是衡量一个城市经济发展水平和现代化程度的重要指标。草坪在城市园林中可以做主景、配景、背景和景观过渡。

草坪作主景来使用，一般有以下几种情况。

作为主景时，在一个较大、较平坦的空间中，为了突出开阔、宽广的特点，可以用大面积草坪来布置，同时与远处的树木、林带加以对比，更能体现空间的开阔。这种方法，通常在大型公园、植物园和风景区当中使用。例如杭州柳浪闻莺大草坪，面积达 35 000 m^2，主体草坪空间的宽度达 130 m，而边缘树高与草坪宽度之比为 1∶10，空间感觉辽阔而有气魄。

草坪布置在闭合空间中作主景，最为常见的是用在大乔木围合而成的闭合空间中，如南京玄武湖公园的梁洲草坪，位于梁洲中央，四面有悬铃木、雪松等高大乔木围绕，形成一个闭合空间，而中央草坪则成为这个空间的主景。

此外，草坪还可以建植成圆形、方形、三角形等规则的形状，成为规则式绿地中的主景。草坪表面整齐，质地、密度和色泽等方面都非常均匀一致，所以最适宜表现面的特点，各种形状都可以用草坪来表现，而且面积大小比较随意，小到几十平方米，大到几百、几千平方米都可以建植草坪。如许多广场、写字楼前后、停车场都是由不同形状的地砖和草坪建成。

草坪在园林布局中作配景来使用是一种较为常用的方法。草坪低矮、整齐、色泽均匀、质地适中，具有良好的视觉效果。通过与地形、水体、建筑及乔木、灌木、园路、小品相互配合造景，可以烘托出其他园林景观的特点，起到突出主景的作用。

草坪也可作为背景出现在园林布局中。草坪就像一张绿色的画布，上面绘制各种建筑、峰石、雕塑小品、道路、植物等园林景观，构成一幅幅生机盎然、多姿多彩的风景画。草坪作为背景，无论在规则式布局，还是自然式布局当中，都能与其他景观完美地融合在一起，起到对比和调和的作用。在植物配置当中，草坪作为背景的更为普遍。景观特点极为丰富的各种乔、灌木配置到一起，从造型上、色彩上、体量上都各具特色，草坪起到一个强烈的背景作用，充分发挥了它开阔、整齐、均一等特点，从对比、调和等方面来突出主景和配景植物的景观特点，形成季相丰富、变化灵活的疏林草地、密林草地等景观。草坪作为背景应用的另一个环境就是与花卉相配合。花卉与草坪配合造景，在各种园林绿地中都可以应用，不同色彩的花卉配置在一起，互相衬托，交相辉映，而绿色草坪作为背景加以对比衬托，达到视觉美的效果。

当从一种景观过渡到另一种景观，或由一个景物过渡到另一个景物时，草坪可以起到衔接和纽带作用，比如从建筑到高大乔木，从建筑到水体，从水体到乔、灌木，从道路、广场到建筑或乔、灌木等，都可以用草坪来过渡，既丰富了整体景观的层次和景深，同时也加强了各种景物之间的联系。

（三）草坪的分类

草坪的应用极为广泛，根据不用的分类依据，草坪可以分为以下类型。

1. 根据草坪的植物组成分类

(1)单纯草坪:由一种草坪草种或品种建植的草坪。这类草坪在高度、色泽、质地等方面具有高度均一的特点。适用于公园、广场、庭院、小区等,具有较好的观赏效果。

(2)混合草坪:由多种草坪草种或品种建植的草坪。这类草坪发挥了各个草坪草种或品种的优势和特点,对环境具有较强的适应性,可粗放地管理。均一性比单纯草坪差。适用于公园、广场、小区等,用于观赏、游憩。

(3)缀花草坪:在草坪中配有少量草本花卉作为点缀。要求花卉分布较集中,种植面积不超过草坪总面积的1/3,一般选用石蒜、葱兰、韭兰、水仙、秋水仙、萱草等多年生草本花卉。适用于公园、广场等。

(4)配树草坪:在草坪上配置一些单株乔木,相互距离较大,树木的覆盖面积为草坪总面积的20%~30%,主要用于观赏、游憩;也可配置一些孤植或丛植乔木,树木的覆盖面积为草坪总面积的30%~60%,夏季林下可以遮阴,是人们进行户外活动的良好场所,主要用于游憩。这类草坪应选择耐阴性较强的草种。

2. 根据草坪的用途分类

(1)观赏草坪:不允许人们进入只供观赏的草坪,多建植在广场或园林小品周围。这类草坪应选择茎叶细密、植株低矮、色泽浓绿、绿期较长的草种。

(2)游憩草坪:供人们散步、休息、阅读及户外活动用的草坪。多建植在公园、小区、医院、学校及休闲广场等。这类草坪应选择耐践踏性较强、管理较粗放的草种。

(3)运动场草坪:供人们进行体育运动的草坪。主要有高尔夫球场草坪、足球场草坪、网球场草坪、橄榄球场草坪、垒球场草坪和赛马场草坪。这类草坪应选择耐践踏性极强和恢复能力极强的草坪草种,同时要考虑草坪的弹性、硬度、耐摩擦等性能。

(4)环保草坪:用来转化有害物质,降低粉尘、减弱噪声、保护生态环境的草坪。主要建植在有严重污染源的厂区或地区。这类草坪应选择对污染物具有吸收、吸附和净化能力的草种。

(5)防护草坪:在坡地、水岸、堤坝、公路、铁路边坡等位置建植的草坪,主要用于固土护坡、防止水土流失。这类草坪应选择抗旱、抗瘠薄土壤、耐粗放管理的草种。

(6)其他用途草坪。

3. 根据草坪的规划形式分类

(1)自然式草坪:地形自然起伏,植物自然配置,周围景物、水体及草坪轮廓等均为自然式布置的草坪。游憩草坪、缀花草坪、配林草坪多采用自然式草坪形式。

(2)规则式草坪:地形平整,植物规则配置,周围景物、水体及草坪轮廓等均为规则式布置的草坪。观赏草坪、运动场草坪多采用规则式草坪形式。

四、任务实施

(一)材料及工具

校园、小区、公园草坪,调查记录表格。

(二)实施步骤

(1)教师介绍相关知识。

(2)学生调查校园、小区、广场、公园草坪,并对其分类,深入领会草坪的概念和分类。

(3)填写调查表格(见表1-1)。

表1-1　草坪调查表

序号	调查地区	草坪种类	在绿化中的应用	作用
1				
2				
…				

五、思考与练习

(1)调查你所在的城市或学校都有哪些种类的草坪?

(2)草坪对我们的生活有什么影响?

六、知识扩展——草坪的作用

草坪在为我们提供休闲活动场所、体育运动场所,美化、绿化环境,保护生态环境等方面起着至关重要的作用。

(一)生态作用

1. 净化空气、调节温度、降低噪声、减少光和视觉污染

草坪对空气的净化作用主要表现在草坪草能稀释、分解、吸收、固定大气中的氨、氟、硫化氢、二氧化硫、硝酸盐、重金属等有害物质。1 hm^2草坪每天吸收900 kg二氧化碳,放出650 kg氧气,每人有25 m^2的草坪就可将呼出的二氧化碳全部转化成氧气。每千克羊胡子草,每月可以吸收4.5 kg二氧化硫。草坪对城市大气能起到良好的净化作用,同时可以改善小气候,调节温度。

一般来说,由于城市辐射热,市区的气温要比周围郊区的气温高出5~7 ℃。草坪对市区辐射热有较高水平的散发作用,太阳照射到地面的热量约有50%被草坪所吸收。种植草坪的地表温度夏季比裸地地表温度低8 ℃,而冬季则高1~4 ℃。夏季当路边或街道的温度超过38 ℃时,草坪表面温度仅为24 ℃。健康生长的草坪其含水量多在70%~80%以上,通过草坪草叶片的蒸腾作用可增加空气湿度,一般夏季草坪上空气湿度较裸地要高10%~20%。草坪能显著增加空气湿度,减缓气温的日变幅,缩短高温的持续时间,调节温度,提高环境的舒适度,草坪还可以减少噪声污染、光和视觉污染。

噪声污染对人们生活产生巨大影响。草坪的表面特性使其具有降低噪声的功能和多方位反射入射光的能力,减轻强光污染。如草坪的表面吸收噪声的能力比混凝土高20%~30%;在高速公路两旁建植的草坪能吸收40%的机动车噪声;乔、灌、草结合,宽40 m的多层绿地,能减低噪声10~15 dB。根据北京市园林研究所测定,20 m宽的草坪可降低噪声2 dB左右。城市中大量使用的水泥、沥青、玻璃等建筑材料在强光的映照下,会反射出刺目的光,而草坪则有着柔和的、令人赏心悦目的色泽,这是因为草坪能吸收太阳光并把直射光转成漫射光,从而起到降低视觉污染的作用。由于草坪绿地能减缓太阳的反

射，减弱太阳光对人眼睛的损伤，因此可保护人的视力，能有效地缓解视神经疲劳。高速公路两侧的护坡草坪不但起到固持表土作用，还能有效地减缓司机的视觉疲劳，保证行车安全。降低噪声、减少光和视觉污染的最佳方案，是在规划设计时把草坪与乔木、灌木丛和谐地结合起来，相互协调、相互补充，形成立体的绿色屏障。

2. 改善地下水补给与地表水质量

我国水资源短缺，水资源污染严重，部分地区水资源已经影响人们的生活、制约经济的发展。草坪可以截留（阻滞）和净化地表水，改善地下水补给与提高地表水质量。草坪通过拦截和保持地表径流，使更多水下渗补给地下水源。如果增加草坪覆盖，可以尽量多地拦蓄雨水，减轻内涝并回灌补充地下水。健康草坪在接纳和吸收雨水方面的能力比农田高4～6倍。同时草坪生态系统对地表径流进行过滤，在降低地表水流速度的同时把大量固体颗粒物沉淀下来。这些沉淀物除土壤颗粒外，还包括对人体有害的物质，如重金属元素等。草坪中的枯草层对除草剂、杀菌剂等农药有吸附、分解作用。草坪对其他的城市污染物，如机油、油漆等也具有一定的吸附作用。这些物质会被吸收到植株体内或固定在土壤里，从而降低地下水资源被污染的可能性。

3. 保持水土，改良土壤，减少灰尘

固定表土、减少尘埃是草坪最重要的生态功能。土壤侵蚀是生活环境中灰尘的主要来源，草坪以高度的覆盖性、固定性保护土壤不受水和风的侵蚀。种植草坪是覆盖裸土的有效方法，并使环境显得干净而整洁。在庭院、工厂、学校和商业区周围种植草坪，对于抑制和吸附尘土，无疑是简单、经济和有效的手段。草地能控制尘埃、减少水土流失，原因是草的根和茎能固定表土。这些不断更新的根系在地下结织成细密的网络，把表土紧紧地联结在一起，从而起到固定表土的作用。草坪在持续30 min 76 mm/h的暴雨下，流出的沉淀物为10～60 kg/hm^2，裸地损失土壤223 519 kg/hm^2。草坪上空的含尘量比街道少1/3～2/3。据测量，草坪草叶面积相当于占地面积的20～28倍，所以滞尘量大大超过裸露地面，并随雨水、露水和人工灌水流至土壤中，草坪近地层空气含尘量比裸露地面少30%～40%。

4. 减少疾病传染，控制致敏性花粉数量

许多草坪植物由于体内含有杀菌素而具有杀菌作用，草坪近地层空气中细菌含量仅为公共场所的1/30 000。尤其在修剪时，植物受伤后产生杀菌素的作用更趋强烈。

草坪生长茂密，能够减少产生致敏花粉杂草的侵入。通过有规律的修剪使草坪保持低矮，促进营养生长，限制花的形成，不产生花粉；同时由于草坪降低了环境中的灰尘，使环境中花粉减少，可以控制致敏花粉数量。

草坪还能明显地减小地表的昼夜温差，有效地减轻土壤因“冻胀”而引起的崩解，常用于梯田、堤岸护坡，效果良好。

作为一个有机的生态系统，草坪为大量微生物（如细菌、真菌）及蚯蚓、线虫等提供了良好的生存环境。这些微生物和昆虫能加速植物根、茎、叶的分解。这一过程有效地改善了土壤的物理结构与化学成分，使土壤有机质含量不断提高。正是因为上述原因，美国政府有关部门要求垃圾和矿场在善后处理过程中，在覆盖层种草。这种成功的例子很多，有些高尔夫球场就是在原垃圾场或废矿场上建立起来的。

(二)绿化、美化作用

草坪是城市园林绿地的重要组成部分,是丰富园林景物的基调。如果园林中没有草坪,犹如一幅只有主调而没有基调的没有完成的图画。不论作为主调的树木、花草、建筑、地形、色彩如何,如果没有简洁的底色作为基调与主调进行对比和衬托,在艺术效果上,就显得杂乱无章,得不到多样统一的效果。绿色草坪与亭台楼阁、山石、水体、花卉相映衬,形成独具风格的优美景观,不但起到净化环境的作用,还起到绿化、美化的效果,可以增加其艺术表现力,软化建筑的生硬性。所以,草坪最能调和城市景观的色彩美,被广泛应用在居民区、街道、广场、运动场、公园、工矿、学校、机关等。

草坪植物所占据的空间很低,容易让人产生一种视野开阔的舒畅感觉。它具备良好的生态功能,又给人类活动提供了最大的活动空间。这是草坪优于灌木、半灌木植物之处。树木、花卉、建筑、草坪、道路等环境要素在垂直、水平方向上的交替变化,会产生一种起伏、有张有弛的韵律感,从而形成优美舒展、富有魅力的景观美。

在组成我们生活环境的人工要素和自然要素中,建筑、道路、乔木、灌木、花卉等都是相对独立、分散的,草坪像一条绿色的纽带,将所有要素连接起来,最终形成一个完美、和谐的整体。因此,草坪不仅是环境中不可缺少的景观要素,而且通过与其他的环境要素相结合,具有丰富的表现能力,成为环境美中不可替代的协调者。

(三)娱乐、运动的作用

草坪是人们聚会、游戏和休息的理想场所,通过在草坪上进行娱乐和休闲活动,人们既可以享受置身大自然的乐趣,又能增进身心健康。草坪给当代蓬勃兴起的体育运动和日常活动提供了优美、舒适的场所。

优质的运动场草坪是当今许多高水准体育竞赛的必备条件。运动场草坪迅速发展,有助于提高竞技水平,推动体育运动的发展。使用优质草坪的运动场地,运动员受伤的概率明显下降。国际足联规定,所有世界杯的比赛都必须在种植的草坪上进行。现在不仅高尔夫球、橄榄球、足球、曲棍球、板球、马球及标枪、铁饼等比赛场地用草坪,赛马、赛车等大型竞赛场地也用草坪。在这种场地上,观众不仅可以欣赏运动健儿的竞技,而且也可以享受草坪的舒适和美感。

绝大多数城市居民常常留恋带有草坪绿地及花木的市区公园、林地。一片绿茵茵的草地会给人们带来一种宁静、和谐、安逸的感觉和安宁祥和的气氛。草坪的生态效益和美感不仅是外在的,而且可以直透人们的心灵,开阔胸怀、陶冶志趣。在绿色如茵的草坪上散步、坐卧、读书,会使人心旷神怡,感受到大自然的清新美妙,忘记工作的疲劳、生活的忧伤,充满对新生活的向往。

任务二　草坪草的认识

一、任务分析

正确识别草坪草是进行草坪生产的基础,根据草坪草的生态习性、栽培特点、使用特点选择适宜的草坪草是草坪建植成功的关键。

二、任务目标

能力目标:根据草坪草的形态特征识别不同种类草坪草。

知识目标:掌握草坪草的形态特征、生态习性、栽培特点、使用特点。

素质目标:培养学生自主学习能力、分析能力。

三、相关知识

草坪中个体植株是由种子长出的根、茎、叶或不同的营养繁殖体组成的。这些器官的生长方式及规律,构成了草坪建植与养护管理的基础。要维持草坪生态系统的动态平衡,维持草坪群落的稳定,了解、掌握草坪草生理学特征和生长发育规律是十分重要的。此外,单子叶草坪草与典型的双子叶草坪草也存在着很大的差异。因此,了解草坪草的生长和发育、草坪草的枝条、根茎及与之有关的叶和花的综合体的生长与发展规律是十分重要的。下面将重点阐述草坪草植株的组成,以及草坪草的生长发育进程。

(一)草坪草的一般外部形态

禾本科草本植物是草坪草的主体,其个体植株主要有根、茎、叶和不同的营养繁殖体(见图1-1)。这些器官的生长方式及规律性,构成了草坪建植与养护管理的基础。

1. 草坪草的根

草坪草的根有两种类型:种子根和不定根。种子根,也叫初生根,是种子萌发时发育而成的,存活期相对较短。它的作用是将发芽的幼体固定在土壤中,吸收无机盐和水分。不定根,也叫次生根或节根,产生于茎的节上。

2. 草坪草的茎

草坪草的茎主要有三种类型:直立茎(花茎等)、根状茎和匍匐枝。所有的茎都具有伸长的节间。草坪草茎的基部靠近地面的部分称为茎基,往往部分或全部被叶鞘所包围。

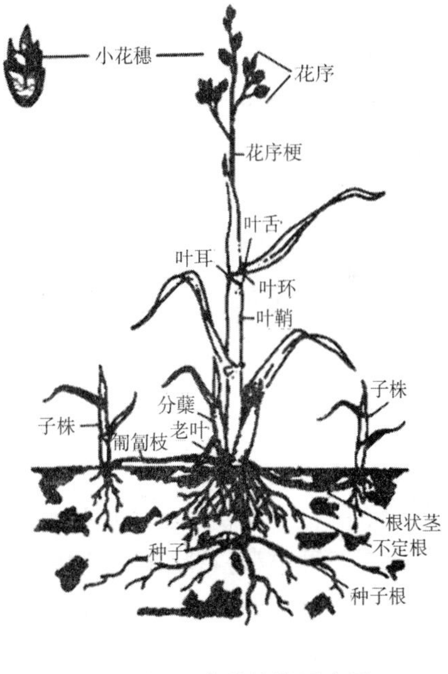

图1-1　禾本科植株示意图

在营养生长阶段,茎基是一个高度压缩的茎,它的节间缩短以致节与节几乎重叠。到了生殖生长阶段即将开花时,节间伸长,由茎基转化为花茎。

3. 草坪草的叶

叶是草坪草最主要的组成部分,互生于茎上。一般禾本科草类的叶由叶片、叶鞘、叶舌、叶环和叶耳组成。

叶片是叶的上半部分,相对平展,和叶鞘有一定的夹角并向外延伸。叶片中有叶脉,叶脉是叶片中央纵向分布的维管束。在叶片中,维管束除作养分和水分的通道外,还对细长的叶片起骨骼作用。叶形有基部最阔、越到前端越窄的类型,有叶片中部最阔、前端和基部窄的类型,有基部与前端几乎一样宽的类型,有前端急尖的类型等。

叶鞘是叶的下半部分,紧包着茎秆呈鞘状。叶鞘能抗踏压等外力、保护幼芽和节间生长,对秆起保护作用,能在冬季增强生长点的抗寒性。

叶舌是叶片和叶鞘连接处的腹面,膜质或毛质,并向上突起的物体。叶舌可以防止害虫、水、病菌孢子进入叶鞘,同时可以使叶片向外侧伸展,借以多接收阳光。

叶环在叶的外侧,与叶舌相对位置的带状结构,浅绿色或白色。叶环具有弹性和延展性,可以调节叶片的位置。

叶耳位于叶片基部叶舌的两侧,为爪状的突出物。

叶鞘、叶舌、叶环、叶耳是区分不同草坪草品种的重要特征(见图1-2)。

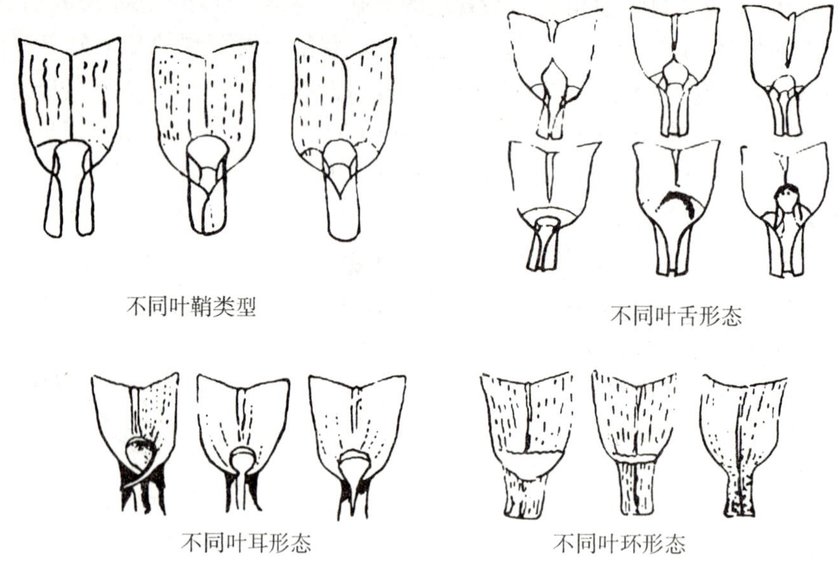

图1-2　禾本科植物的叶

4.草坪草的花

草坪草的花序的基本组成单位是小穗,由小穗再组成各式各样的花序。其中最为常见的花序有三种类型:总状花序、圆锥花序和穗状花序(见图1-3)。狗牙根、地毯草、黑麦草、野牛草、冰草等的花序为穗状花序,结缕草、假俭草、钝叶草、美洲雀稗等的花序为总状花序,早熟禾、高羊茅、剪股颖等的花序为圆锥花序。

(二)我国常见草坪草

1.冷季型草坪草

1)冷季型草坪草的一般特性

冷季型草坪草的最适生长温度范围是15～25 ℃,可以忍受－15 ℃的极限低温和35 ℃以上的极端高温,因此适宜在我国长江以北的广大地区种植。多数种类适于pH值6.0～7.5的微酸性和中性土壤。在长江以南,由于夏季气温较高,且高温与高湿同期,冷季型草坪草容易感染病害,所以必须采取特别的管理措施,否则易于衰老和死亡。草地早熟禾、多年生黑麦草、高羊茅、剪股颖、细羊茅和白三叶都是我国北方地区最适宜种植的冷季型草坪草种。其中高羊茅最适宜生长在南北地区的交接地带。

早熟禾和剪股颖能耐受较低的温度,高羊茅和多年生黑麦草能较好地适应非极端的

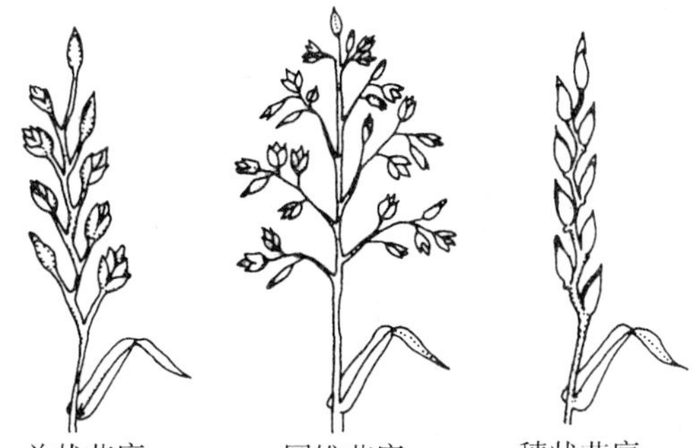

图 1-3　禾本科植物的花序

低温。冷季型草坪草耐高温能力差，但某些冷季型草，如高羊茅、匍匐剪股颖和草地早熟禾可在过渡带或热带与亚热带地区的高海拔地区生长。

2）常见的冷季型草坪草

（1）草地早熟禾（*Poa pratensis* L.）。

禾本科，早熟禾属，又叫肯塔基蓝草、蓝草、光茎蓝草等。原产于欧洲、亚洲北部及非洲北部，后来传至美洲，现遍及全球温带地区，广泛分布于北温带冷凉湿润地区。在我国的黄河流域、东北、江西、四川、新疆、内蒙古、甘肃、青海、宁夏、西藏等省（区）均有野生种，常见于河谷、草地、林边等处。

形态特征：多年生草本植物。具有细根状地上茎和地下生长的根茎，地上茎茎秆光滑、丛生，具 2 ~ 3 节，自然生长可高达 30 ~ 60 cm；叶鞘疏松包茎，具纵条纹。幼叶呈折叠形，成熟的叶片为 V 形或扁平，柔软，宽 2 ~ 4 mm，密生于基部；叶片的两面都很光滑，在中脉的两旁有两条明线，叶尖呈明显的船形；叶舌膜质，长 0.2 ~ 0.6 mm，截形；无叶耳；托叶宽，裂形。具有开展的圆锥花序，长 13 ~ 20 cm，分枝下部裸露；小穗长 4 ~ 6 mm，含 3 ~ 5 朵小花。外稃基部具有稠密的白色绵毛。种子细小，千粒重 0.37 g（见图 1-4）。

生态习性：草地早熟禾喜光，耐阴性差，喜温暖湿润的环境，同时具有很强的耐寒能力，抗旱性差，夏季炎热时生长停滞，春秋季生长繁茂。在排水良好、土壤肥沃的湿地生长良好。根茎繁殖力强，再生性好，较耐践踏。在西北地区 3 ~ 4 月返青，11 月上旬枯黄。

栽培特点：通常用种子直播的方法建坪。该方法成坪快，一般直播 40 d 后即可形成令人满意的草坪。播种量为 6 ~ 10 g/m^2，一般推荐使用 7 g/m^2。该品种绿期较长，春秋两季生长较快，夏季高温时会出现休眠现象。在生长旺季应注意修剪，并施肥、浇水。如果管理不善或由于不良的环境影响，草地早熟禾在生长 3 ~ 4 年后会逐渐衰

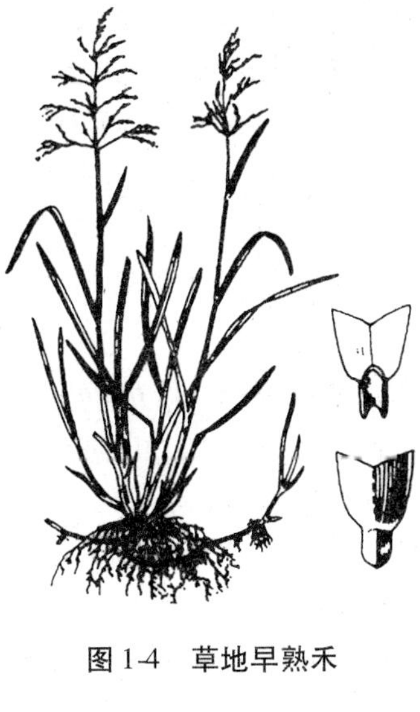

图 1-4　草地早熟禾

退，出现成片的枯黄甚至秃斑。因此，在管理水平较低或环境条件有限的情况下，补播草籽是管理中十分重要的工作，最好3～4年补播草籽一次。另外，也可通过根茎来繁殖。

使用特点：草地早熟禾质地细软，颜色光亮鲜绿，绿期长，具有较好的耐践踏性，广泛用于家庭、公园、医院、学校等公共绿地观赏性草坪及高尔夫球场、运动场草坪，还可应用于堤坝护坡等设施草坪。

(2)一年生早熟禾(*P. annua* L.)。

禾本科，早熟禾属。又名小鸡草。为北半球广泛分布的一个草种，我国大多数省(区)及亚洲其他国家、欧洲、美洲的一些国家均有分布。

形态特征：一年生草本植物，在精细的管理下也可以越年生长。植株丛生，低矮，高8～30 cm；秆直立或基部稍倾斜，丛生。叶片扁平、柔软、细长，长2～10 cm，宽1～5 mm。叶鞘自中部以下闭合。叶舌钝圆、膜质，长1～2 mm。圆锥花序开展，长2～7 cm，每节1～2个分枝。小穗绿色柔软，长3～6 mm，含3～6朵小花，花药长0.5～1 mm。基盘不具绵毛。5～6月种子成熟后即脱落自播，又萌生新枝，母株即死亡(见图1-5)。

生态习性：一年生早熟禾适应性强，抗寒，耐阴，喜冷凉湿润的环境。在乌鲁木齐市，早春积雪融化后即可显露出绿色小苗。在西安种植，冬季－9 ℃时仍碧绿如茵，能在－10 ℃正常生长，在强荫蔽条件下生长良好。但该草耐旱性差。对土壤要求不高，耐瘠薄，可以在各种土壤中正常生长。一年生早熟禾虽为一年生草本植物，但由于种子小，自播能力强，因此一次栽种后即可自行繁衍后代，如管理得当，可经久不衰。

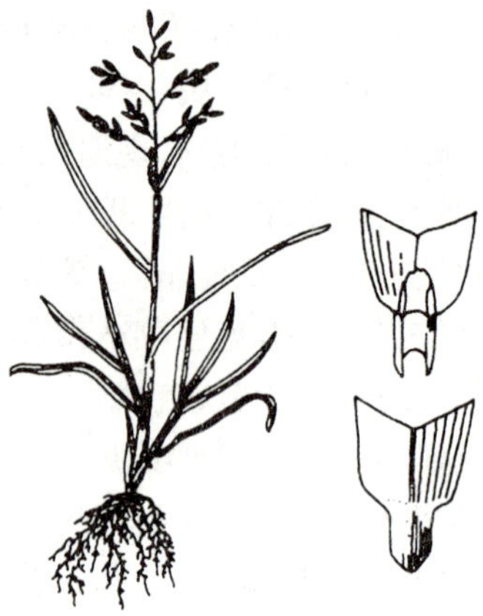

图1-5　一年生早熟禾

栽培特点：一般利用种子进行草坪建植。播前将土壤浇透水，待土壤宜耕时，翻耕整细整平，将种子与细沙(或细土)混合撒播，用细耙轻耙后，再用木板稍加拍打。播后必须保持土壤湿润，以利出苗。出苗后注意及时除草。播种量7.5～9 g/m^2。

因该草耐旱性差，在养护管理中应注意及时浇水，否则不能获得预期的绿化效果。一年生早熟禾在气候干旱时容易枯黄，失水时间过长则会枯死。

使用特点：该草生长低矮，且整齐美观。绿期长，耐阴。因此，适宜种于林下、花坛内作观赏草坪。

(3)粗茎早熟禾(*P. trivialis* L.)。

禾本科，早熟禾属。又叫普通早熟禾。由于触摸其秆基部的叶鞘有粗糙感，故称之为粗茎早熟禾。为北半球广泛分布的一个草种，在我国北方地区有栽培。

形态特征：具有发达的匍匐茎，地上茎茎秆光滑、丛生，具2～3节，自然生长可高达30～60 cm；叶鞘疏松包茎，具纵条纹。幼叶呈折叠形，成熟的叶片为V形或扁平，柔软，宽2～4 mm，密生于基部；叶片的两面都很光滑，在中脉的两旁有两条明线；叶尖呈明显的船形。叶舌膜质，长0.2～0.6 mm，截形；无叶耳；托叶宽，裂形。具有开展的圆锥花序，长

13～20 cm。分枝下部裸露；小穗长4～6 mm，含3～5朵小花。外稃基部具有稠密的白色绵毛，种子细小，千粒重0.37 g（见图1-6）。

生态习性：粗茎早熟禾耐阴性非常好。喜温暖湿润的环境，同时具有很强的耐寒能力，抗旱性差，在阳光充足的夏季，很快会变成褐色。春秋季生长繁茂。在潮湿肥沃的土壤中生长良好；根茎繁殖力强，再生性好，较耐践踏。在西北地区3～4月返青，11月上旬枯黄。

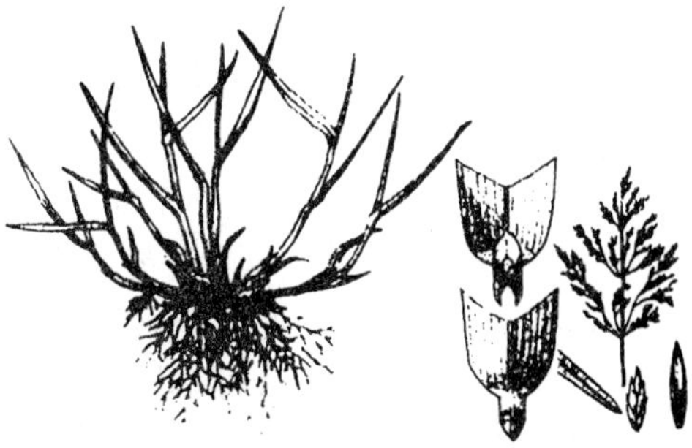

图1-6　粗茎早熟禾

栽培特点：通常用种子直播的方法建坪。该方法成坪快，一般直播40 d后即可形成令人满意的草坪。播种量为6～10 g/m²，一般推荐使用7 g/m²。该品种绿期较长，春秋两季生长较快，夏季阳光充足时会变成褐色。在生长旺季应注意修剪，并施肥、浇水。如果管理不善或由于不良的环境影响，粗茎早熟禾在生长3～4年后会逐渐衰退，出现成片的枯黄甚至秃斑。因此，在管理水平较低或环境条件有限的情况下，补播草籽是管理中十分重要的工作，最好3～4年补播草籽一次。另外，也可用切断根茎和穿刺土壤的方法对草坪进行更新，以避免草坪的过早衰退。

使用特点：粗茎早熟禾质地细软，颜色光亮鲜绿，绿期长，具有较好的耐践踏性，广泛用于家庭、公园、医院、学校等公共绿地观赏性草坪及高尔夫球场、运动场草坪，还可应用于堤坝护坡等设施草坪。

（4）多年生黑麦草（*Lolium perenne* L.）。

禾本科，黑麦草属。又名宿根黑麦草、黑麦草。原产于南欧、北非和亚洲西南部，原是欧洲、新西兰、澳大利亚、北美的优良牧草种，后经改良成为一种优良的草坪草。我国早年从英国引入，现已广泛栽培。

形态特征：多年生草本植物。具短根茎，茎直立，丛生，高70～100 cm。幼叶呈折叠形，成熟的叶片扁平窄长，宽2～5 mm，近轴有脊，远轴表面骨形，深绿色，具光泽，富有弹性，叶脉明显。叶舌膜质，长0.5～2.0 mm，形状变化从截到圆；叶耳很小，柔软，有爪；叶托明显。穗状花序，稍弯曲，最长可达30 cm，小穗扁平无柄，互生于主轴两侧。每小穗含3～10朵能育小花；种子扁平，呈土黄色，长4～6 mm，成熟易脱落，千粒重1.5 g（见图1-7）。

生态习性：该草喜温暖湿润而夏季较凉爽的环境。耐寒性和耐热性都不及早热禾，耐湿而不耐干旱，也不耐瘠薄。在肥沃、排水良好的黏土中生长较好，在瘠薄的沙土中生长不良。春秋两季生长较快，在炎热的夏季呈休眠状态。当气温低于－15 ℃会产生冻害。该草寿命较短，只有4～6年，在精细管理下，则可延长寿命。多年生黑麦草耐践踏性强，但不耐低修剪，一般草坪留茬高度以4～6 cm为宜。它耐阴性较差，不适宜种植于林下及屋后。

栽培特点：多年生黑麦草具有非常高的发芽率和强健的幼苗，所以一般只用种子直播建坪。在土壤水分充足的情况下，5 ~ 7 d 即可出苗，30 d 左右即可成坪。但应注意苗期的水分供给和杂草防除。由于该草分蘖力强，再生速度快，所以应注意修剪，特别是春秋两季。剪后应注意灌水和追施肥料，以保证草坪的外观整齐一致。种子成熟易脱落，千粒重 1.5 g。

使用特点：该草种粒较大，发芽容易，生长较快，通常用于混播。建立混合草坪，可起保护作用和提高成坪速度。近年来，由于品种改良和新品种的培育，扩大了黑麦草的利用范围。由于该草能抗二氧化硫等有害气体，故多用于工矿区。

图 1-7　多年生黑麦草

(5)高羊茅(*Festuca arundinacea* Schreb.)。

禾本科，羊茅属。又名苇状羊茅，苇状狐茅。原产欧洲，在我国主要分布于华北、华中、中南和西南。

形态特征：多年生草本植物，须根发达。直立丛生，高可达 40 ~ 70 cm，基部红色或紫色。幼叶呈卷包形，成熟的叶片扁平，可长达 12 cm，宽 5 ~ 10 mm，坚硬。近轴面有脊，远轴表面平滑，呈龙骨形，叶片略带光泽。叶舌膜质，长 0.4 ~ 1.2 mm，截形；叶耳短、钝，有柔绒毛；叶托较宽，有明显的分隔，边缘有短绒毛。圆锥花序，狭窄，稍下垂，长 9 ~ 13 cm，每节有 1 ~ 2 个分枝，小穗淡绿色，先端带紫色，含3 ~ 6 朵小花。颖果长 3.5 ~ 4.2 mm，宽 1.5 mm，千粒重 1.33 g(见图 1-8)。

生态习性：适应性强，抗旱、耐涝、耐酸、耐瘠薄，但抗寒性较差，适宜于我国冬季不出现极端低温的北方地区。在夏季炎热高温的环境下生长不良，会出现休眠现象。春秋两季生长最快，为保持草坪的外观一致性，在此期间要经常进行修剪。

高羊茅寿命长，耐践踏，覆盖力强。剪草留茬高度一般为 5 cm 左右，不宜留茬过低。该草春季返青早，秋季枯黄晚。

栽培特点：以种子直播建植为主，一般在播后 50 d 左右可以形成较好的草坪。播种量 20 ~ 30 g/m^2，春秋均可播种，但以秋播为好。该草苗期生长较快，但应注意防除杂草。高羊茅在管理精细的情况下可以形成高质量的草坪，而且可以维持比较长的时间。但由于其自身的特点，在肥水较多的情况下，容易滋生病害。因此，高羊茅适于比较粗放的管理条件。

图 1-8　高羊茅

使用特点：高羊茅由于寿命长、色泽鲜亮、青绿期长及耐践踏等优点，被广泛应用于机场、运动场、庭院、公园中，是一种优良的观赏性草坪草，同时也是一种优良的设施草坪草。

(6)紫羊茅(*F. rubra* L.)。

禾本科，羊茅属。又名红狐茅，广泛分布于北半球的温带和寒温带，在我国长江以北各省均有分布。

形态特征：多年生草本植物。须根发达，具有短匍匐茎，秆基部斜生或膝曲，丛生，分枝较紧，高 40～70 cm，基部红色或紫色；叶鞘基部红棕色并破碎呈纤维状，分蘖的叶鞘闭合。幼叶呈折叠形，成熟的叶片线形，宽 1.5～3 mm，光滑柔软，对折内卷；在近轴的表面有深脊，远轴面边缘平滑。叶舌膜质，长 0.5 mm，截形，无叶耳；叶托无毛。圆锥花序，狭窄，稍下垂，长 9～13 cm，每节有 1～2 个分枝，小穗淡绿色，先端带紫色，含 3～6 朵小花。颖果长 2.5～3.2 mm，宽 1 mm，千粒重 0.73 g(见图 1-9)。

图 1-9　紫羊茅

生态习性：紫羊茅适应性强，抗寒、抗旱、耐酸、耐瘠，最适于在温暖湿润气候和海拔较高的地区生长。在 −30 ℃能安全越冬。在乔木下半阴处能正常生长。在 pH 值为 6.0～6.5 的弱酸性土壤上生长良好。在富含有机质的沙质黏土和干燥的沼泽土上生长最好。在炎热夏季高温的情况下生长不良，会出现休眠现象，春秋生长最快。耐湿性较高羊茅差。

紫羊茅寿命长，耐践踏和低修剪，覆盖力强。剪草留茬高度 2 cm，仍能恢复生长。该草春季返青早，秋季枯黄晚。

栽培特点：以种子直播为主。由于种子小，播种前应精细整地，覆土宜浅，以不露种为宜。推荐播种量为 14～17 g/m^2，春秋两季均可播种，但以秋季播种为好。该草苗期生长缓慢，应注意及时防除杂草。紫羊茅因系密丛植物，随年龄老化易形成草丘，给修剪带来困难。老草地应注意通气。

使用特点：紫羊茅是全世界应用最广的一种主体草坪植物。由于其寿命长、色美、青绿期长、耐践踏、耐阴等，被广泛应用于机场、运动场、庭院、花坛、林下等绿化建坪，是优良的观赏性草坪草。

(7)小糠草(*Agrostis alda* L.)。

禾本科，剪股颖属。又名红顶草，主要分布于欧亚大陆的温带地区，我国的西北、华北、东北、西南及长江流域均有分布。常见于潮湿的山坡、山谷、河滩等地。

形态特征：多年生草本植物。具有细长形的根状茎，浅生于地表；茎秆直立或下部膝曲倾斜向上，自然生长株高可达 60～90 cm，具 5～6 节；叶鞘无毛，常短于节间。叶舌长 3～5 mm，卵圆形，先端齿裂，背部微粗糙。叶片线形扁平，且表面微粗糙，长 17～32 cm，宽 3～8 mm。圆锥花序塔形，疏展，长 14～30 cm，草绿色或带黄紫色。由于该草在抽穗期间顶上呈现一层鲜艳美丽的紫红色小花，故又名红顶草。小穗长 2～2.5 mm，两颖等长，前端尖。基盘两侧有短毛。颖果椭圆形，长 1.1～1.5 mm，宽 0.4～0.6 mm，褐色(见图 1-10)。

生态习性：该草喜冷凉湿润气候，耐寒、耐旱、抗热，适应各种土壤条件，在 −30 ℃能安全越冬。喜阳，耐阴能力较紫羊茅稍差。耐践踏性强。分蘖和再生能力强，一般长成后即可自行繁殖。小糠草在秋季凉爽的气温中生长良好，一般在12月下旬开始枯黄。

栽培特点：种子直播与分根扦插建坪均可。由于该草结实力强，一般多采用种子直播的方法建植草坪。由于种子细小，千粒重只有0.1 g，所以整地要求十分精细，土壤应平整细碎，覆土要做到浅而不露种子。播种后应保持土壤湿润。由于苗期生长缓慢，故应注意防除杂草。建坪播种量为4～6 g/m^2，春秋两季均可播种，但以秋季播种为好。

图1-10　小糠草

小糠草营养繁殖可栽植带土小草块或根茎，通常1 m^{2}的草皮可栽植7～8 m^{2}的新草，5～9月均可栽植，但以春、秋两季为好。栽后应注意保持土壤湿度，促进其恢复生长。生长期间应注意修剪、灌水。

使用特点：欧美一些国家和日本常把它与草地早熟禾、紫羊茅混合播种，作为公园、庭园及小型绿地的绿化材料，但因其具有很强的竞争能力，所以在混播草种中比例不能过大，通常不超过10%。单独以该草作草坪美观性差，而且不易持久。该草可用作运动场草坪的建坪材料，也可与其他草种混播作为公路、堤坝的保土护坡植物。

(8)匍匐剪股颖(*A. stolonifera* L.)。

禾本科，剪股颖属。又称匍茎剪股颖、本特草，分布于欧亚大陆的温带和北美，我国东北、华北、西北及江西、浙江等地均有分布，常见于河边和较潮湿的草地。

形态特征：多年生草本植物。茎秆的基部卧于地面，具长达8 cm左右的匍匐枝，有3～6节着土而生不定根，直立部分20～50 cm；叶鞘无毛，稍带紫色。叶舌膜质，长2.5～3.5 mm，有锯齿或完整至圆形、斜圆形，背面微粗糙。叶片扁平线形，先端尖，具小刺毛，长5.5～8.5 cm，宽2～3 mm。圆锥花序卵状到长圆形，绿紫色，老后呈紫铜色，长11～20 cm，宽2～5 cm，每节具5个分枝，小穗长2～2.2 mm，两颖等长，前端尖。外稃顶端钝圆，基盘两侧无毛，内稃较外稃短；颖果长1 mm，宽0.4 mm，黄褐色(见图1-11)。

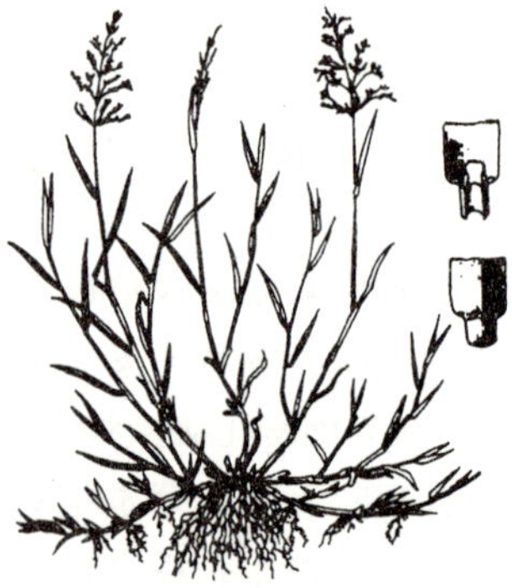
图1-11　匍匐剪股颖

生态习性：匍匐剪股颖喜冷凉湿润气候，耐寒、耐瘠薄、耐低修剪，耐阴性较好，但耐热性较差。匍匐枝横向蔓延能力强，能迅速覆盖地面，形成密度很大的草坪。由于茎枝上的节根入土较浅，因而耐旱性稍差。该草耐践踏能力很强，仅次于结缕草。匍匐剪股颖对土壤要求不严，在微酸至微碱性土壤上均能生长，在肥沃的土壤生长最好。

栽培特点：建坪比较容易，利用种子直播和播茎建坪均可。利用种子直播时必须精细整地，同时切忌覆土过深，以轻耙不见种子即可。幼苗期应保证土壤湿度和注意除草。播种量为3～5 g/m^2，春、秋两季均可播种，但以秋播为好。利用播茎建坪成功的关键是保证土壤中有充足的水分。由于该草需水量较多、生长快，故成坪后要注意及时浇水和修剪。如果修剪不及时，将导致枯草层过厚、过密，使基部叶片因不透气而变黄，甚至枯死。表层覆沙有利于控制枯草层，还可用打孔器取出心土，以改善土壤水分和空气的渗透率。匍匐剪股颖留茬高度一般以 2 ~3 cm 为宜，运动场草坪还可降至 1 cm 左右，在高尔夫球场中甚至可以修剪至 0.5 cm。

使用特点：应用广泛，可用于建植各类观赏草坪，高尔夫球道、发球区、果岭区等高质量、高强度管理的草坪。由于匍匐剪股颖生长快，故可用作应急绿化的材料。

(9) 细弱剪股颖(*A. tenuis* Sibth.)。

禾本科，剪股颖属。又名棕顶草，分布于我国山西及欧洲、亚洲的北温带。

形态特征：多年生草本植物。直立部分 20 ~50 cm，叶鞘无毛、稍带紫色。叶舌膜质，长 2.5 ~3.5 mm，有锯齿或完整至圆形、斜圆形，背面微粗糙。叶片扁平线形，先端尖，具小刺毛，长 5.5 ~8.5 cm，宽 2 ~3 mm。圆锥花序卵状长圆形，绿紫色，老后呈紫铜色，长 11 ~20 cm，宽 2 ~5 cm，每节具 5 个分枝，小穗长 2 ~2.2 mm，两颖等长，前端尖。外稃顶端钝圆，两侧无毛，内稃较外稃短；颖果长 1 mm，宽 0.4 mm，黄褐色(见图 1-12)。

图 1-12 细弱剪股颖

生态习性：细弱剪股颖质地良好，丛生。喜冷凉湿润气候，耐寒、耐瘠薄、耐低修剪，耐阴性也较好，但耐热性稍差。由于茎枝上的节根入土较浅，因而耐旱性也稍差。该草耐践踏能力很强，仅次于结缕草和匍匐剪股颖。细弱剪股颖适于温带海洋性气候，在排水良好、肥力中等的砂质酸性或轻酸性土壤中生长良好。

栽培特点：该草建坪比较容易，利用种子直播和播茎建坪均可。利用种子直播时必须精细整地，同时切忌覆土过深，以轻耙不见种子即可。幼苗期应保持土壤湿度和注意除草。播种量为 3 ~5 g/m^2，春、秋两季均可播种，但以秋播为好。利用播茎建坪成功的关键是保证土壤中有充足的水分。由于该草需水量较多、生长快，故成坪后要注意及时浇水和修剪。如果修剪不及时，将导致枯草层过厚、过密，使基部叶片因不透气而变黄，甚至枯死。表层覆沙可有利于控制枯草层，还可用打孔器取心土，以改善土壤水分和空气的渗透率。细弱剪股颖留茬高度一般以 1 ~2.5 cm 为宜，在高尔夫球场中甚至可以修剪至 0.5 cm。

使用特点：由于细弱剪股颖生长快，故可用作应急绿化的材料。在高尔夫球场的果岭区常选择它的优良品种作为草坪的建植材料。

2. 暖季型草坪草

1) 暖季型草坪草的一般特性

暖季型草坪草在我国主要分布于长江以南的广大地区，在不出现极端低温的黄河流域地区也种植有暖季型草坪草中的个别品种，像狗牙根、结缕草等。暖季型草坪草生长的最适温度范围是 26 ~32 ℃。

暖季型草坪草中仅有少数品种可以获得种子，因此主要以营养繁殖方法进行草坪的建植。此外,暖季型草坪草均具有相当强的长势和竞争力,群落一旦形成,其他草很难侵入。因此,暖季型草坪草多为单一品种的草坪,混合型草坪不易见到。

2)常见的暖季型草坪草

(1)日本结缕草(*Zoysia . japonica* Steud.)。

禾本科,结缕草属。又名老虎皮、锥子草、崂山草、延地青,原产于亚洲东南部,主要分布于我国、朝鲜和日本的温暖地带。

形态特征:多年生草皮型的草本植物。茎叶密集,株体低矮。属深根性植物,须根可深入土层达 30 cm 以上。具有坚韧的地下根状茎及地上匍匐枝,于茎节上产生不定根。植株直立,茎高 12 ~ 15 cm。幼叶呈卷包形,成熟的叶片革质,上面常具柔毛,长 3 cm,宽 2 ~ 3 mm,具有一定的韧度,呈狭披针形,先端锐尖。叶片光滑。叶舌不明显,表面具白色柔毛。总状花序,长 2 ~ 4 cm,宽 3 ~ 5 mm。小穗卵圆形,由绿转变为紫褐色。种子成熟后易脱落,外层附有蜡质保护物,不易发芽,播种前需对种子进行处理,以提高发芽率(见图 1-13)。

图 1-13　日本结缕草

生态习性:日本结缕草适应性强,喜光、抗旱、耐高温、耐瘠,在暖季型草坪草中属于抗寒能力较强的品种。喜深厚肥沃、排水良好的沙质土壤。在微碱性土壤中亦能正常生长。入冬后草根在 -20 ℃左右能安全越冬,气温 20 ~ 25 ℃生长最盛,30 ~ 32 ℃生长速度减弱,36 ℃以上生长缓慢或停止,但极少出现夏枯现象,秋季高温而干燥可提早枯萎,使绿期缩短。

日本结缕草与杂草竞争的能力极强,容易形成单一连片、平整美观的草坪,还具有耐践踏、病害较少等优点。耐阴性虽较钝叶草差,但略强于其他暖季型草。匍匐茎生长较缓慢,蔓延能力较一般草坪草差,因此草坪一旦出现秃斑,恢复比较缓慢。由于种子外壳致密且具蜡质,自然状态下种子发芽率很低,故一般不使用种子直播的方法建植草坪。

栽培特点:日本结缕草一般采用无性繁殖方法进行草坪建植。分株扦插,在其整个生长期内均可进行。也可将长 20 cm、宽 20 cm、厚 5 ~ 6 cm 的草皮块,按 2 ~ 3 cm 的间距铺设。草皮块铺设前应按草皮块建坪要求做好土壤等准备。

日本结缕草管理较粗放,欲保持草地经久不衰,主要应采取以下措施:在生长旺盛期,应定期进行修剪,可每月 2 ~ 3 次,以控制草层高度,保持草坪的外观一致和抑制杂草,但日本结缕草建植的草坪在完全成坪以后,一般不会出现杂草的危害。可在秋或早春对其施肥、加土和镇压,以提高草坪抗旱、抗病的能力,并可促进草坪的复苏,增加其耐磨性。运动场草坪在比赛前后要及时浇水,以增加草坪抗磨能力和促进因比赛断裂草茎的迅速复苏。常隔年一次对草坪进行打孔、覆沙,在草坪的休眠季节进行。

使用特点:日本结缕草贴地而生,植株低矮,坚韧耐磨、耐践踏,具有良好的弹性,因而在园林、庭园和体育运动场地中广为应用,是较理想的运动场草坪草和较好的固土护坡植物。

(2)细叶结缕草(*Z. Tenuifolia* Willd. ex Trin.)。

禾本科,结缕草属。又名天鹅绒草、朝鲜芒草、台湾草。主要分布于日本及朝鲜南部地区,目前已在黄河流域以南等地区广泛种植,是我国栽培较广的细叶型草坪草种。

形态特征:多年生草本植物。通常呈丛状密集生长,高 10 ~ 15 cm,茎秆直立纤细。具地下茎和匍匐枝,节间短,节上产生不定根。须根多浅生。叶片丝状内卷,长 2 ~ 6 cm,宽 0.5 mm。总状花序顶生,穗轴短于叶片,故常被叶所覆盖。花果期 6 ~ 7 月,花期短。花穗长 1 cm,宽 1.5 mm,小穗具 1 朵花,穗状排列。种子小,成熟时易于脱落,采收困难(见图 1-14)。

图 1-14　细叶结缕草

生态习性:该草喜光,不耐阴,耐湿,耐寒力较日本结缕草差。细叶结缕草与杂草竞争力极强,夏秋生长茂盛,油绿色,能形成单一草坪,且在华南地区夏、冬季不枯黄。在华东地区于 4 月初返青,12 月初霜后枯黄。在西安、洛阳等地,绿期可达 185 d 左右。

栽培特点:该草因种子采收困难,目前各地多采用营养繁殖。其方法是分栽草皮切下的匍匐茎或带土小草块,栽后保持一定土壤湿度,1 周后即可生根出芽。用该草新建的草坪,叶丛平整又密集,似天鹅绒一般十分美丽,但三四年后,草丛逐渐出现馒头状突起,不仅绿期短,而且有时叶尖枯焦,或因积水发生病害,影响观赏效果。因此,养护管理应注意:在初春草坪返青时由于植株幼嫩,应避免过度践踏,在草坪生长旺盛的季节应该注意浇水和施肥。春季施用氮肥可以促进草坪的返青,夏季施用氮肥以满足草坪正常生长的需要,并可保持草坪的颜色鲜艳美丽,每次用量每公顷 120 ~ 150 kg。必须定期修剪,以控制草坪高度,并可防止出现球状凸起。在草坪生长旺盛期应定期修剪,以保持草坪的外观一致性。在土壤因出现板结而通气不良时,应采用打孔等办法进行通气,使草坪更新复壮。

使用特点:该草色泽嫩绿,草丛密集,杂草少,外观平整美观,具有良好的弹性,易形成草皮,常种植于花坛内作为封闭式花坛草坪或作为草坪类景观小品供游人观赏。又因其耐践踏,也用于医院、学校、宾馆、工厂等专用绿地,作为开放型草坪。还可植于堤坡、水池边、假山石缝等处,固土护坡,绿化和保持水土。

(3)狗牙根(*Cynodon dactylon* (L.)Pers.)。

禾本科,狗牙根属。又名行义芝、绊根草、爬根草、百慕大,广泛分布于温带地区,我国黄河流域以南各地均有野生种,新疆的伊犁、喀什、和田亦有野生种。

形态特征:多年生草本植物。具根状茎和匍匐枝,节间长短不一。茎秆平卧部分可长达 1 m,并于节上产生不定根和分枝,故又名“爬根草”。幼叶折叠形,成熟的叶片呈扁平的线条形,长 3.8 ~ 8 cm,宽 1 ~ 2 mm,前端渐尖,边缘有细齿,叶色浓绿。叶舌边缘有毛,长2～5 mm；无叶耳；叶托窄，边缘有毛。穗状花序3～6枚指状排列于茎顶，分支长3～4 cm。4～5个穗状花序合成一丛；小穗排列于穗轴一侧，绿色，有时略带紫色，含1朵花，颖片等长，长1.5～2 mm。一脉成脊，短于外稃，外稃具子脉。种子成熟易脱落，具一定的自播能力（见图1-15）。

图1-15　狗牙根

生态习性：该草喜光，耐阴性差，抗寒能力较好。因系浅根系且少须根，所以遇到夏天出现较长时间的干旱时，容易出现匍匐嫩尖成片枯头的现象。狗牙根耐践踏，喜排水良好的肥沃土壤，在轻度盐碱地上也能很好生长。该草侵占能力极强，在良好的条件下常侵入其他草坪。在华南用该草建成的周年草坪绿期270 d，华东、华中245 d，成都250 d左右。在新疆乌鲁木齐市秋季枯黄较早，绿期170 d左右。

栽培特点：该草可用种子直播和分根无性繁殖两种方法进行草坪建植。种子直播一般在晚春初夏进行，播种后应保持土壤湿润。采用扦插方法建植草坪一般在初夏进行，扦插后应保持土壤湿润，20 d左右即能滋生匍匐茎。该草养护管理较粗放，夏季修剪次数较少。由于根系较浅，夏季干旱时应注意浇水。冬季草根部应增施薄肥覆盖，夏秋季宜施氮、磷肥，施肥量每公顷800 kg氮肥、200 kg磷肥。

使用特点：狗牙根是我国应用比较广泛的优良草坪草品种之一。我国的华北、西北、西南及长江中下游等地都有广泛的应用。可以单独使用，也可以与其他暖季型及冷季型草坪草品种混合使用，用于运动场及高尔夫球场草坪。该草耐践踏性好，再生能力极强，故经球赛践踏的草坪，如能在球赛的当晚立即灌水，1～2 d后即可复苏。如果能及时施用氮肥，很快便又能茂盛生长，继续使用。狗牙根覆盖力强，也是很好的堤坝护坡草坪。

（4）野牛草（*Buchloe dactyloides*（Nutt.）Engelm.）。

禾本科，野牛草属。原产于北美洲，早年引入我国栽培，现已成为华北、东北、内蒙古等北方地区的主要草坪草种之一。

形态特征：多年生草本植物。具匍匐茎，茎秆高5～25 cm，较细弱；幼叶呈卷筒形，成熟的叶片呈线形，长10～20 cm，宽1～2 mm，近轴面脊形，两面疏生细小柔毛，叶色灰绿，色泽美丽；叶舌边缘有毛，长0.5～1 mm，无叶耳，叶托宽，生有长绒毛；雌雄同株或异株，雄花序2～8枚，长5～15 mm，排列成总状，着生于细长的穗轴之上。雌小穗含1朵花，大部分4～5枚簇生呈头状花序，花序长7～9 mm。通常种子成熟时，自梗上整个脱落（见图1-16）。

生态习性：该草适应性强，喜光但可耐半阴，对土壤的适应性很广泛，在碱性土壤上生长良好，有较强的耐寒能力。在我国东北、西北有积雪覆盖下，在－34 ℃能安全越冬。夏季耐热、耐旱，可用作干旱地区非灌溉的草坪。该草与杂草竞争力强，具有一定的耐践踏能力。在北京表现返青迟，枯黄较早，绿期180～190 d。在新疆乌鲁木齐市种植，绿期

160 d 左右。

栽培特点：种子直播和扦插分栽均可。由于结实率低，目前各地均采用分株扦插或用匍匐茎埋压等方法建植草坪，以春秋两季种植为好。栽后要立即浇水，以保证土壤湿度，促进其恢复生长。由于野牛草再生快，生长迅速，植株也较高，因此修剪是养护管理的基本措施。通过修剪可以控制草坪高度，保持平整美观。全年可修剪 3 ~ 5 次，每次留茬高度 3 ~ 4 cm。施氮肥可促使野牛草密度增大，色泽变浓。每次可施尿素 15 ~ 20 g/m^2。野牛草耐旱，成坪后浇水不宜过多。

图 1-16　野牛草

使用特点：该草因具有枝叶柔软、较耐践踏、繁殖容易、生长快、养护管理简便、抗旱、耐寒等优点，目前已被我国北方地区广泛应用于公园、庭院及公共绿地草坪。由于它抗二氧化硫、氟化氢等污染气体能力较强，因此也是冶炼、化工等工业区的环境保护绿化材料。同时也是一种很好的堤坝护坡植物。该草的缺点是绿期较短，其雄花伸出叶层之上，破坏草坪绿色的均一性，不耐长期水淹，枝叶不甚稠密，在一定程度上影响了它更广泛的推广应用。

（5）假俭草（*Eremochloa . ophiuroides*（Munro）Hack.）。

禾本科，蜈蚣草属。又名蜈蚣草、苏州草。原产于中国南部亚热带地区，主要分布于长江流域以南各省（区）。常见于林边及山谷坡地等土壤肥沃湿润之地，是理想的阔叶草坪种类。

形态特征：多年生草本植物。植株低矮，高 10 ~ 15 cm，茎秆自基部直立，具有贴地生长的匍匐茎。叶片线形，革质，先端略钝，长 2 ~ 5 cm，宽 1.5 ~ 3 mm，生于花茎上的叶多退化，顶部叶片常退化成一小尖头着生于叶鞘上。秋冬抽穗开花，总状花序，花穗绿色，微带棕紫色，直立或略弯曲，扁平而纤细，具长柄。穗长 4 ~ 6 cm，单生于枝顶。小穗具短柄，紧贴于穗轴，呈覆瓦状排列，长约 4 mm。花穗较其他草多，花期一片棕黄色，十分壮观。种子入冬前成熟（见图 1-17）。

生态习性：该草喜光、耐旱，适宜低矮修剪，较细叶结缕草耐阴湿，不耐践踏，需肥量少，是一种最耐粗放管理的草坪。对土壤要求不严，在排水良好、土层深厚而肥沃的土壤上生长茂盛，在酸性及微碱性土中亦能生长。

栽培特点：假俭草种子采收后，在第二年春天播种，发芽率很高，故可用种子直播建坪。无性繁殖能力也很强，目前我国各地仍习惯于采用移植草块和埋植匍匐茎的方法进行草坪建植，一般每平方米草皮可建成 6 ~ 8 m^2 草坪。

图 1-17　假俭草

假俭草养护管理的重点是修剪、施肥和镇压。生长旺季可修剪 2 ~ 3 次，留茬高度为 3 ~ 6 cm，可使草坪保持平整而有弹性。入冬施基肥 1 次（以堆肥及河泥为主），夏秋增施适量混合肥 2～3 次，以增加绿色。在干旱季节需要灌溉，尤其是土壤线虫比较多的情况下更应灌溉。修剪和施肥后，再对草坪进行镇压，可使草坪经久不衰。

使用特点：该草是我国南方栽培较早的优良草坪草种之一。由于株体低矮，茎叶密集，平整美观，绿期长，且具有抗二氧化硫等有害气体及吸附尘埃的功能，因而被广泛用于庭院草坪，并与其他草坪植物混合铺设运动场草坪，同时也是优良的堤坝护坡植物。

(6)地毯草(*Axonopus compressus* (Swartz) Beauv.)。

禾本科，地毯草属。又名大叶油草。原产南美洲，分布于巴西、阿根廷及中、南美洲诸国。我国早年从美洲引入，在台湾和广东有分布。

形态特征：多年生草本植物，具匍匐茎。茎秆扁平，节上密生灰白色柔毛，高 8～30 cm。叶片柔软，翠绿色，短而钝，长 4～6 cm，宽 8 mm 左右。穗状花序，长 4～6 cm，较纤细，2～3 枚近指状排列于秆顶端。小穗长 2～2.5 mm（见图 1-18）。

生态习性：该草适于热带和亚热带气候，喜光，也较耐阴，再生力强，亦耐践踏。对土壤要求不严，能适应低肥沙性和酸性土壤。在冲积土和肥沃的沙质壤土上生长最好，但在干燥的高丘上生长欠佳。由于匍匐茎蔓延迅速，每节均能产生不定根和分蘖新枝，因此侵占力强。此草耐寒性较差，易受霜冻，叶尖或半片叶子呈现枯黄，但春季返青早且速度快。

图 1-18　地毯草

栽培特点：该草结实率和萌发率均高，可用种子直播方法建植草坪，也可用无性繁殖方法建植草坪，在温暖湿润的春夏期间，切取匍匐茎或草块埋植土中，即可生长发芽。条植行距 15 cm，经 70～75 d，覆盖度可达 100%。

使用特点：在华南地区，为优良的固土护坡植物，可用作公路两侧的草坪。由于该草低矮，耐践踏，较耐阴，因而在广州常用它铺设草坪和与其他草种混合铺运动场，在成都用它作公共绿地草坪。

(7)两耳草(*Paspalum conjugatum* Berg.)。

禾本科，雀稗属。又名水竹节草、叉仔草，分布于我国华东、华南、西南、华中等地，常见于路边及池岸、田野潮湿处。

形态特征：多年生草本植物。茎秆高 8～30 cm，具匐匐茎，气温高时，匍匐茎蔓延迅速，上部直立或斜倚，侵占力极强。叶片扁平，披针形，色泽淡绿，长 8～20 cm，宽 5～15 mm，属草坪中阔叶型草类。夏秋间抽穗开花。总状花序，孪生，状似叉形着生于茎顶，故称“叉仔草”。小穗淡绿，扁平，两行呈覆瓦状排列于穗轴一侧，长 1.2～1.5 mm。第二颖边缘有丝状长毛。种子陆续成熟，自然脱落，条件适宜时即萌生成幼苗（见图 1-19）。

生态习性：该草极耐阴湿，匍匐茎具有很强的趋水性，在水中节上能生出不定根，又称“水竹节草”。在土质肥沃的潮湿土壤中生长茂盛，也能在树下生长。在华东地区全年绿期 260～270 d。

栽培特点：用种子直播和无性繁殖均可。利用扦插等无性繁殖方法进行草坪建植时，将其匍匐茎埋入土中，很快便可以成活，蔓延很快。此草管理粗放。该草在雨季生长速度很快，应适当增加修剪次数，以控制草坪高度。该草的一个突出优点是虫害较少。

使用特点：该草为优良的湿地建坪草种，生命力强，生长快，极易形成单一的自然群落。在我国华东、华南等地，园林工人多把它混入假俭草、结缕草中，建植混合草坪，但一般两耳草只能占混合比例的1/4～1/3，假俭草和结缕草占多数，否则两耳草会占优势，影响草坪美观。适于湿地生长，在地势低洼、排水不良处，可用其建立单纯草坪。

图1-19　两耳草

(8)美洲雀稗(*P. notatum* L.)。

禾本科，雀稗属。又称百喜草、巴哈雀稗。美洲雀稗主要分布于热带和亚热带地区，是一种质地粗糙的暖季型草坪草。

形态特征：多年生草本植物。具有发达的根茎和匍匐茎。幼叶呈卷叠形，成熟的叶片向外伸展或卷曲，叶片宽为4～8 mm，边缘有毛。花序叶舌为膜质，长约1 mm，截形，无叶耳，托叶为平板状。

生态习性：具有粗硬的发达根系，广泛的适应性，在轻酸至中性的肥沃土壤中生长良好，尤喜沙性土壤。喜温暖湿润气候，但抗寒力差，有一定抗旱性，能顺利生长在干燥的山坡地上。侵占力强，覆盖力惊人，有一定耐践踏能力，适于用作公路两边的护坡草坪。

栽培特点：种子萌发力强，可以用种子直播建坪，但种子建植成坪速度较慢，常利用匍匐茎分株埋根繁殖。该草耐低修剪，留茬高度一般为1.5～2.5 cm，在生长季节应该经常修剪以防止抽穗。病虫害也较少。

使用特点：蔓延力强，能较快形成绿色而紧密的毯状草层，草层均匀整齐，弹力好，耐践踏，一次种植成功，可持续数年，是我国南方地区良好的固土护坡植物，适于在水库、河岸、堤坡等处栽培，也可用于机场等。

(9)竹节草(*Chrysopogon aciculatus* L.)。

禾本科，金须茅属。又名粘人草。主要分布于大洋洲和我国的台湾及华南地区，常见于陡坡、山地等旷野湿润处。

形态特征：多年生草本植物。具发达的根茎和匍匐茎。茎秆常平卧地面，前端直立，高20～60 cm。叶片条形，长2～5 cm，宽3～5 mm，多着生于匍匐茎的基部，故容易形成平坦的草地。常于夏秋季抽穗开花。圆锥花序呈狭长椭圆形，紫色，长5～10 cm，分枝轮生(见图1-20)。

生态习性：喜温暖湿润气候。夏季能忍受36 ℃以上的高温而生长良好，20～25 ℃生长最盛，10 ℃就停止生长。抗寒力差，遇轻霜茎叶受害，8 ℃枯萎。由于生长快，茎叶繁茂，因此需水较多，年降水量不低于800 mm方能满足其对水分的要求。但又有一定抗旱性，能生长在干燥的山坡地上。竹节草为阳性草类，在阳光充足的开旷地上匍匐枝多，草层密，颜色浓绿；而在半遮阴的林下，则匍匐枝少，草层稀，颜色淡绿。该草侵占力强，覆盖力惊人,极易形成平坦的坪面,有一定耐践踏能力。种子成熟后,因小穗基部具有尖锐的基盘,能插入行人的衣服上,加之有倒毛而不易脱落,故人们称其为“粘人草”。此草在广东 3 月中、下旬返青,12 月中、下旬枯黄,绿期 270 d 左右。

图 1-20　竹节草

栽培特点:种子萌发力强,可以用种子直播建坪,也可以利用匍匐茎分株埋根繁殖。此草较耐旱,养护管理容易。生长季应注意修剪,不使其开花结实。该草病虫害较少。

使用特点:该草蔓延力强,能较快形成绿色而紧密的毯状草层,草层均匀整齐,弹力好,耐践踏,一次种植成功,可持续数年,是我国南方地区良好的固土护坡植物,适于水库、河岸、堤坡等处栽培。亦可与其他草种混合播种,铺建草坪球场及儿童活动场地。

3. 禾本科以外的草坪草

除禾本科草坪草外,很多非禾本科草类也具有发达的匍匐茎,并且耐践踏、色泽鲜美,可以作为草坪草,如白三叶、匍匐马蹄金、细叶苔草、沿阶草等。

1) 白三叶(*Trifolium repens* L.)

豆科,三叶草属。又名白车轴草。原产欧洲,广泛分布于温带及亚热带高海拔地区。我国黑龙江、吉林、辽宁、新疆、四川等地均有分布,是一种重要的栽培牧草。

形态特征:多年生草本植物,植株低矮。茎匍匐,长 30 ~ 60 cm,无毛,节上生根,分离后可形成新的植株。三出掌状复叶,互生,叶柄细而长,一般 20 cm 左右。小叶翠绿,倒卵形或倒心脏形,叶面中央有 U 状白斑。叶量多而整齐,叶缘呈锯齿状。托叶细小、膜质,包生于茎上。花小而多,白色或略带粉红色,密集成球形头状花序,从匍匐茎伸出,花序居于叶层之上,花期可长达 150 d 左右(见图 1-21)。

图 1-21　白三叶

生态习性:白三叶喜温凉湿润气候,对环境适应性广,生长最适温度为 19 ~ 24 ℃。喜光又耐阴,在全光至半阴条件下均生长良好。对土壤要求不严,耐贫瘠,耐酸,不耐盐碱。

使用范围:白三叶绿色期长,花期长,适应性强,耐修剪而不耐践踏,常用作观赏草坪或水土保持草坪。

2) 马蹄金(*Dichondra repens* G. Forst)

旋花科,马蹄金属。别名马蹄草、黄胆草、金钱草等。世界各地均有生长,主产于美洲,在我国主要分布于南方各省(区)。

形态特征:多年生匍匐型草本植物,株体低矮。茎纤细,匍匐,被白色柔毛,节上生根;

叶小,全缘,心形,叶柄细长;花1朵,稀2朵,生于叶腋;花梗纤细,短于叶柄,花冠阔钟状,5深裂,淡黄色;子房密被长柔白毛,蒴果,分离成两个直立果瓣,果皮薄,被柔毛;种子1粒,少2粒,近球形,光滑,黄色至褐色(见图1-22)。

图1-22　马蹄金

生态习性:喜温暖湿润气候,适宜性、扩展性、耐阴性强,耐轻微践踏,绿期短。可用根蘖或茎扦插的方式繁殖,也可进行根瘤菌接种。温暖天气扦插后5~10 d不定芽能迅速形成草坪,节间着地即可生根,成活率达80%~100%。多生于山坡、林边或田间阴湿处,在美国加利福尼亚南部的温暖潮湿地带有野生种。

培育特点:种子繁殖和无性繁殖均可,宜低修剪,适宜的留茬高度为1.3~3.3 cm。由于易形成有机质层,适当增加修剪强度可起到调节的作用。

使用特点:适宜作多种草坪,也可用于花坛内作低层的覆盖材料、盆面的覆盖层。在美国南部、欧洲和新西兰均被广泛利用,主要用于观赏草坪,如建筑物周围、道路中央的分离带等。

3)沿阶草(*Ophiopgon japonicus* (L. f.) Ker Gawl.)

百合科,沿阶草属。别名麦冬、不死草、书带草、铁韭菜。分布于东南亚诸国、印度和日本,我国的华中、华南、西南各省(区)均有分布。

形态特征:多年生草本,根粗壮,常膨大呈椭圆形、纺锤形的小块根;茎短缩,地下根茎细长;叶基生,呈密丛的禾叶状,长10~15 cm,宽1.5~3.5 mm,具3~7脉,弯垂,常绿;花葶长6~15 cm。总状花序,具8~10朵花,常1~2朵生于苞片腋内;苞片披针形,顶端急尖或钝;花白色或淡紫色;种子球形,直径7~8 mm(见图1-23)。

图1-23　沿阶草

生态习性:常绿暖地型草坪草。喜温暖气候条件,有一定的抗寒能力,但在-15 ℃以下不能安全越冬。该草耐热性强,需水较多,适宜生长在年降水量800 mm以上的地区,以900~1 000 mm最为适宜。但沿阶草耐旱、耐阴和耐瘠性也较强,故各种土壤均可种植。

培育特点:种子和营养繁殖均可。种子繁殖因易受杂草侵害,要注意除杂草。沿阶草适宜育苗移栽,移栽后应注意灌水,保持湿润,以迅速恢复生长。该草耐修剪性强,修剪后要随即追肥和灌水。

使用特点:沿阶草是一种应用较广、园林价值较高的草坪植物。主要供草坪、花圃和园林镶边等。该草还能滞尘,抗有害气体,并可作药用。

4)细叶苔(*Carex onoei* Franch. et Sav.)

莎草科,苔草属。又名羊胡子草。广泛分布于北半球较寒冷地带,我国华北、东北及西北地区均有野生。

形态特征：多年生草本植物。株体矮小，具细长的根状茎。高 5 ~ 18 cm，三棱形，无节；叶基生狭细，长 8 ~ 18 cm，宽约 2 mm，光滑无毛；花穗单生于茎顶，长圆形或卵形，由多数小穗组成，长 1 ~ 2 cm。雌雄同穗，雄花在上，柱头 2 裂；瘦果卵圆形，有小尖头，长约 3 mm。

生态习性：耐干旱，常生于山坡、河畔、树阴和路旁等处，常成单纯群落。在湿润肥沃的地方生长尤茂。在祁连山东段海拔 2 700 m 的河滩地，常有以细叶苔占优势的草群。春天返青早，一般 3 月上旬返青，夏季进入半休眠状态。耐践踏和低修剪，是优良的草坪植物。

培育特点：该草以营养体繁殖为主，也可种子繁殖。进行营养体繁殖，可将地下根状茎剪成小段埋入 5 cm 左右深的沟内，覆土后要随即灌水，保证土壤湿度，促进其恢复生长。生长季应注意修剪，以保持均一整齐、色泽优美的外观。

使用特点：可作护坡和一般草坪。

四、任务实施

（一）材料与工具

草坪草的影像资料、图片资料、标本。

（二）实施步骤

1. 识别本地区常见草坪草

观察草坪草的影像资料、图片资料、标本，找出每种草坪草的识别特征。

2. 掌握本地区常见草坪草培育、应用特性

学习本地区常见草坪草的生态习性、培育特点、使用特点。

3. 调查当地草坪使用的草坪草

到学校植物标本园（草坪品种圃）、校园绿地，公园绿地等调查草坪草种类，观察各种草坪草特征，对本地区使用的草坪草进行识别。将调查情况填入表 1-2 中。

表 1-2　草坪草调查表

序号	草坪名称	草坪种类	草坪草种组成	草坪生长情况
1				
2				
…				

五、思考与练习

（1）校园各种绿地草坪由哪些草坪草组成，各有什么特点？

（2）常见的冷季型草坪草有哪些？

六、知识扩展——草坪草的分类及生态区划

（一）草坪草的分类

草坪草是根据草类生产属性而区分的一个特殊化了的经济类群，因此分类方法多样，分类体系也不严格，一般是在经济类群的基础上，根据植物分类学或对环境条件的适应性等规律进行分类的。

1. 系统分类

人们根据生物界自然演化过程和彼此之间亲缘关系，将自然界中的植物按照设立的各分类等级和单位进行分门别类。根据《国际植物命名法规》采用双名法进行命名，每一种植物的学名只有一个，它由两个单词组成，第一个单词为属名，开头字母大写；第二个单词为种加词（种名），最后在属名和种加词后加命名人姓名（或缩写），全部拉丁化。如草地早熟禾的学名为 *Poa pratensis* L.，它的分类位置如下：

植物界 Palantae
种子植物门 Spermatphyta
　被子植物亚门 Angiospermae
　　单子叶植物纲 Monocotyledoneae
　　　颖花亚纲 Glumiflorae
　　　　禾本目 Poales
　　　　　禾本科 Poaceae
　　　　　　早熟禾亚科 Pooideae
　　　　　　　早熟禾族 Poeae
　　　　　　　　早熟禾属 *Poa*
　　　　　　　　　草地早熟禾 *Poa pratensis* L.

植物常有同物异名和同名异物现象，即一种植物在不同的地区有不同的名字，甚至在同一地区就有几个不同的名字；或者不同的植物具有同一名字，这些都容易造成分类上的混乱。我们必须掌握这种分类方法，以便利用各种文献资料，获得关于草坪草的基本的植物学知识。

用于草坪的植物以禾本科为主，其共分为 6 个亚科、25 个族、600 个属和 7 500 个种。我国有 190 多属、800 多种，分布于全国各地。其中只有 20 多种可作为草坪草。

2. 依气候和草坪草适应性分类

植物和环境是统一的整体。在植物生活环境中，自然条件、人类和生物活动对植物的性状具有深刻的影响。而影响最大的是自然条件，特别是气候条件的作用。植物长期生活在一定的环境条件下就形成了与之适应的不同种类。人和生物活动也必然会对植物产生一定影响。

在气候条件中，对植物性状形成影响的主要因素是水和热。地球上不同地区水热条件是不同的。纬度决定热量。靠海越近，受湿气流影响就越大，水分越多。在山区，水热条件则因海拔呈有规律的变化。因此，地球上形成了明显的水平和垂直气候带。在不同气候带内就形成了与之适应的不同类型的植物种类。依据草坪植物对生长温度的要求和

反应，可将草坪草划分为暖季型（暖地型）与冷季型（冷地型）草坪草两大类。不同类型的草坪草适应的温度差异很大，暖季型草坪草生长的最适温度为 26～32 ℃，受低温的强度和持续时间影响很大，主要分布于热带和亚热带地区，如我国长江流域及以南地区。冷季型草坪草生长的最适温度是 15～25 ℃，主要受季节性炎热的强度、持续期及干旱环境的制约，一般分布于温带等地区，如我国华北、东北、西北等地区。这是选择草坪草种类时必须考虑的主要因素之一。

3. 植物种类分类

禾本科草坪草：是草坪草的主体，分属于羊茅亚科、黍亚科和画眉亚科，约几十个种。

禾本科以外的草坪草：是具有发达匍匐枝和耐践踏、易形成草皮的草类，如白三叶、多变小冠花、匍匐马蹄金、沿阶草。

4. 草叶宽度分类

宽叶草坪草：叶宽茎粗，生长强健，适宜性强，适用于较大面积的草坪地，如结缕草等。

细叶草坪草：茎叶纤细，可形成致密的草坪，但生长势较弱，要求光照充足、土质好，如早熟禾等。

5. 植株高度分类

低矮型草坪草：株高一般在 20 cm 以下，可形成低矮致密草坪，具发达的匍匐茎和根茎，耐践踏，管理方便，大多数种类适应我国夏季高温多雨的气候条件，多为无性繁殖，形成草坪所需时间长，若铺装建坪，则成本较高，不适于大面积和短期形成草坪。常见种有结缕草、细叶结缕草、狗牙根、野牛草、地毯草、假俭草等。

高型草坪草：株高通常为 30～100 cm，一般为播种繁殖，速生，在短期内可形成草坪，适用于大面积草坪种植，经常修剪方能形成平整的草坪，多为密丛型草类，无匍匐茎和根茎，补植和恢复较困难。常见草种有早熟禾、剪股颖、黑麦草等。

6. 特殊用途

观赏型草坪草：指具有特殊优美叶丛或叶面及叶面具有美丽条纹的一些草种，如块茎燕麦草、兰草、匍匐萎陵菜等。

（二）草坪草的生态区划

气候是影响地球表面植被分布的主要因素。了解我国气候分布和草坪类型的环境适应性，可以帮助我们确定某一地区适宜种植的草坪草种类。一般冷季型草适应于温带和寒带气候，暖季型草适应于热带和亚热带气候。韩烈保根据年平均气温、1 月和 7 月平均气温，年平均降水量、1 月和 7 月平均相对湿度 6 项气候指标，将中国草坪气候分为 9 个气候带。其划分标准见表 1-3。

1. 青藏高原带（Ⅰ）

青藏高原带包括西藏全部、青海大部分、甘肃南部、新疆南部、云南西北部、四川西北部。该区自然环境复杂，气候寒冷，生长期短，雨量较少，日照充足。适于种植的草坪草种主要是耐寒抗旱的冷季型草坪草，如草地早熟禾、羊茅、高羊茅、紫羊茅、匍匐剪股颖、多年生黑麦草、白三叶等。

表 1-3　草坪草的生态划分标准

分区	气候带	年平均气温(℃)	年平均降水量(mm)	月平均气温(℃)		月平均相对湿度(%)	
				1月	7月	1月	7月
Ⅰ	青藏高原带	-14.0~9.0	100~1 170	-23.0~-8.0	-3.0~19.0	27~50	33~87
Ⅱ	寒冷半干旱带	-3.0~10.0	270~720	-20.0~3.0	2.0~20.0	40~75	61~83
Ⅲ	寒冷潮湿带	-8.0~10.0	265~1 070	-20.0~6.0	9.0~21.0	42~77	72~80
Ⅳ	寒冷干旱带	-8.0~11.0	100~510	-26.0~-6.0	2.0~22.0	35~65	30~73
Ⅴ	北过渡带	-1.0~15.0	480~1 090	-9.0~2.0	9.0~25.0	44~72	70~90
Ⅵ	云贵高原带	3.0~20.0	610~1 770	-8.0~11.0	10.0~22.0	50~80	74~90
Ⅶ	南过渡带	6.5~18.0	735~1 680	-3.0~7.0	14.0~29.0	57~84	75~90
Ⅷ	温暖潮湿带	13.0~18.0	940~2 050	1.0~9.0	23.0~34.0	69~80	74~94
Ⅸ	热带亚热带	13.0~25.0	900~2 370	5.0~21.0	26.0~35.0	68~85	74~96

2. 寒冷半干旱带(Ⅱ)

寒冷半干旱带包括大兴安岭东西两侧的山麓、科尔沁草原大部，太行山以西至黄土高原，面积广阔，涉及我国黑龙江、吉林、辽宁、内蒙古、河北、河南、山西、陕西、甘肃、青海、宁夏等11个省(市、区)的部分县(区)。该区是温带季风半湿润半干旱气候的过渡区，特点是所有草坪必须保证有水灌溉，不灌水则难以建植草坪；土壤多呈碱性，地下水矿化度高；光照充足，昼夜温差大；空气湿度小，冬季十分干燥。这一地区可以种植的草坪草有草地早熟禾、粗茎早熟禾、加拿大早熟禾、紫羊茅、羊茅、高羊茅、多年生黑麦草、匍匐剪股颖、野牛草、白三叶和小冠花等，表现最好的是草地早熟禾和紫羊茅。

3. 寒冷潮湿带(Ⅲ)

寒冷潮湿带包括东北松辽平原、辽东山地和辽东半岛，涉及黑龙江、吉林、辽宁及内蒙古等省(区)。本区生长季节雨热同季，对冷季型草坪草生长十分有利。适于种植的草坪草种类有草地早熟禾、粗茎早熟禾、加拿大早熟禾、高羊茅、紫羊茅、羊茅、匍匐剪股颖、多年生黑麦草、白三叶等。表现最好的是草地早熟禾、紫羊茅、匍匐剪股颖和白三叶。

4. 寒冷干旱带(Ⅳ)

寒冷干旱带是我国西北部的荒漠、半荒漠及部分温带草原地区，包括新疆大部分地区，青海少部分地区，甘肃的夏河县、碌曲县和玛曲县，陕西榆林地区大部分地区，内蒙古自治区绝大部分地区，黑龙江嫩江县和黑河市一线以北的地区。本区干旱少雨，土壤瘠薄。在水分条件有保证的情况下，这一带适宜种植的草坪草基本上与寒冷半干旱带的一致。

5. 北过渡带(Ⅴ)

北过渡带包括华北平原、黄淮平原、山东半岛、关中平原及秦岭、汉中盆地，涉及甘肃部分地区、陕西中部、山西部分地区、河南、河北大部分、山东、安徽部分地区，湖北省的丹江口市、老河口市和枣阳市的北部。该区夏季高温潮湿，冬季寒冷干燥。该区冷季型草和暖季型草均能种植，前者越夏困难，后者枯黄早，绿期短，因此必须有高水平管理才能建植良好草坪。适合这一地区的草坪草种有草地早熟禾、粗茎早熟禾、加拿大早熟禾、高羊茅、多年生黑麦草、匍匐剪股颖、绒毛剪股颖、细弱剪股颖、小冠花、苔草、羊胡子草、野牛草、日本结缕草、中华结缕草、细叶结缕草等。

6. 云贵高原带（Ⅵ）

云贵高原带是除四川盆地以外的广大西南高原地区，包括云南和贵州大部地区、广西北部少数地区、湖南西部、湖北西北部、陕西南部、甘肃南部、四川和重庆部分地区。本区冬暖夏凉，气候温和，雨热同期，草坪草全年生长绿期 300 d 以上。适宜本区的草坪草有冷季型草坪草中的草地早熟禾、粗茎早熟禾、加拿大早熟禾、高羊茅、紫羊茅、羊茅、细羊茅、多年生黑麦草、一年生黑麦草、匍匐剪股颖、绒毛剪股颖、细弱剪股颖、白三叶、苔草等，暖季型草坪草中的野牛草、狗牙根、中华结缕草、日本结缕草、马尼拉草、假俭草、马蹄金、沿阶草等。

7. 南过渡带（Ⅶ）

南过渡带包括长江中下游地区和四川盆地，涉及四川和重庆市大部分地区、贵州的少数地区、湖北大部分地区、河南南部、安徽和江苏中部。本区的长江中下游地区气候特点是夏季高温，秋季有伏旱，冬季有寒流侵袭；四川盆地冬季比较温和，夏秋雨量充足。适于本区的草坪草种类较多，目前常用的有草地早熟禾、粗茎早熟禾、一年生早熟禾、高羊茅、多年生黑麦草、匍匐剪股颖、白三叶、日本结缕草、细叶结缕草、中华结缕草、马尼拉草、狗牙根、马蹄金、沿阶草等。

8. 温暖潮湿带（Ⅷ）

温暖潮湿带包括长江以南至南岭的广大地区，大致相当于北亚热带范围，涉及湖北少部分地区、湖南大部分地区、江西绝大部分地区、广西极少部分地区、福建北部、浙江、上海、江苏少部分地区及安徽南部。该区一年四季雨水充足，气候温和，四季分明。这一地区草坪草种的选择与南过渡带基本相似，只是暖季型草坪草更为适合。

9. 热带亚热带（Ⅸ）

热带亚热带包括海南、台湾及广东、广西壮族自治区、云南部分地区。本区雨水充足，空气湿度大，四季不是很分明，水热资源十分丰富，气候条件非常适合草坪草的生长发育。适合本区种植的草坪草大多是暖季型草坪草，如狗牙根、结缕草、假俭草、地毯草、钝叶草和马蹄金等。

七、任务考核

任务考核项目、内容、标准、方法如表 1-4 所示。

表 1-4　任务考核

序号	项目	考核内容	考核标准	考核方法
1	草坪的识别	1. 植物组成分类（20分） 2. 用途分类（10 分） 3. 草坪的规划形式分类（20 分）	能够对校园或所在城市草坪按照不同分类标准进行正确的分类	单人考核
2	草坪草的识别	1. 识别特征（20 分） 2. 生态习性（10 分） 3. 培育特点（10 分） 4. 使用特点（10 分）	识别当地 10 种草坪草，掌握每种生态习性、培育特点、使用特点	单人考核

项目二　草坪建植

任务一　坪床准备

一、任务分析

坪床是为建植草坪而准备的具有一定厚度的床土。

坪床土壤是草坪草根系、根茎、匍匐生长的环境，土壤结构和质地的好坏直接关系到草坪草生长和草坪的使用。理想的草坪土壤应是土层深厚、无异形物体（如岩石、塑料垃圾等）、肥沃疏松、富含有机质、通透性好、酸碱度适中（pH 值 6～8）、结构良好的沙质壤土。

坪床准备是草坪建植的一个重要环节，关系到草坪的质量和使用效果。

坪床准备包括各种清理工作，同时还有耕作、整地、土壤改良、施肥及排灌设施的安装等。

二、任务目标

能力目标：能够进行场地清理工作、土壤改良、土壤耕作工作。

知识目标：掌握坪床准备中场地清理方法，掌握土壤改良原理和方法，耕作作用、时间、方法。

素质目标：培养团队精神、合作能力、分析能力、吃苦耐劳精神、敬业品质。

三、相关知识

（一）场地清理

清理是指在建坪场地内有计划地消除和减少障碍物，便于建立草坪的作业。包括以下内容。

1. 木本植物的清理

木本植物的清理包括清除乔木和灌木，以及倒木、树桩和树根等。倒木、腐木、树桩、树根要连根挖掉。一方面裸露的树桩易损坏修剪机；另一方面，树桩腐烂会塌陷，对地形造成影响，也易引起蘑菇圈产生。

2. 石块、建筑垃圾、农业污染物的清理

1）石块的清理

在 35 cm 以内表层土壤中，不应有大于 2 cm 的石块。对于较大的不易移走的岩石，要埋在 60 cm 以下的土层当中。

2）建筑垃圾

常见的建筑垃圾包括大的块石、石子、砖瓦、水泥、石灰、泡沫、薄膜、油污等必须清理干净，否则会影响根系的生长和吸水吸肥。

3. 建坪前杂草防除

杂草清除是草坪栽培管理工作中一项艰巨而长期的任务。在建坪前清理现有的杂草，能起到事半功倍的效果。蔓延性多年生杂草，特别是禾草和莎草，能引起新草坪的严重污染。残留的营养繁殖体（根状茎、匍匐枝、块茎）也将再度萌生，形成新的杂草侵染。杂草防除有物理防除与化学防除两种。

1）物理防除

物理防除指用人工或土壤翻耕机具的手段清除杂草的方法。若在秋冬季节，杂草种子已经成熟，可采用收割贮藏的方法用作牧草，或用火烧消灭杂草；若在杂草生长季节且未形成种子，可采用人工、机械翻挖用作绿肥；若是休闲地，通常采用诱导法防除杂草，即定期进行耕、耙、浇水作业，促使杂草种子萌发，以杀死杂草可能出来的营养繁殖器官及种子，反复几次可以达到清除杂草的目的。

2）化学防除

化学防除指用化学药剂杀灭杂草的方法。通常采用高效、低毒、残留期短的灭生性内吸或触杀型除草剂。最有效的方法是使用熏杀剂和非选择性的内吸除莠剂。

常用有效的除莠剂有茅草枯、磷酸甘氨酸、草甘膦（0.2～0.4 mL/m^2）等。在杂草长到 10 cm 左右高，坪床翻耕前 7～30 d 施用，以便杂草吸收除莠剂并转移到地下器官。

熏蒸法是将高挥发性的农药施入土壤，以杀伤和抑制杂草种子、营养繁殖体、致病有机体、线虫和其他可能引起麻烦的有机体的正常生活过程。

熏杀剂有溴甲烷、氯化苦、棉隆和威百亩等。

（二）土壤改良

1. 土壤酸碱性改良

绝大多数草坪草都能在 pH 值6.0～7.5的范围内良好生长，不同草种适宜生长的 pH 值范围有所不同，如暖季型草坪草中性偏酸一些，冷季型草坪草中性偏碱一些，所以要适合该草坪草的生长，就要调整土壤的酸碱性，如表 2-1 所示。

表 2-1　常见草坪草适宜的土壤酸碱度

草种	pH 值	草种	pH 值
结缕草	4.5～7.5	剪股颖	5.3～7.5
狗牙根	5.2～7.0	早熟禾	6.0～7.5
假俭草	4.5～6.0	黑麦草	5.5～8.0
地毯草	4.7～7.0	羊茅、紫羊茅	5.3～7.5
钝叶草	6.0～7.0	苇状羊茅	5.5～7.0
巴哈雀麦	5.0～6.5	冰草	6.0～8.5

1）酸性土壤改良

酸性土壤改良办法通常是施石灰石粉（碳酸钙粉）。调节土壤酸性的石灰是农业上用的“农业石灰”并非工业建筑用的烧石灰和熟石灰。农业石灰实际上就是石灰石粉（碳酸钙粉）。石灰石的施用量取决于施用地块土壤的 pH 值及面积。施用时，石灰石粉越细越好，可增加土壤的离子交换强度，以达到有效调节 pH 值的目的。

2）碱性土壤改良

过碱的土壤常用石膏、硫磺或明矾来调节。硫磺经土壤中硫细菌的作用氧化生成硫酸，明矾（硫酸钾铝）在土壤中水解也产生硫酸，都能起到中和土壤碱性的效果。此外，种植绿肥、临时草坪、增施有机肥等对改良土壤酸碱度都有明显效果。

3）排洗土壤盐碱

盐碱土是土壤盐渍化的结果。盐碱土因可溶性物质多，影响草坪草吸水吸肥，甚至产生毒害。在盐碱土上种草坪，除种植一些耐盐碱的草坪品种如高羊茅、结缕草、白三叶、碱茅等外，都应进行改良，主要措施是排碱洗盐和增施有机肥料。对小型坪地，应四周开挖淋洗沟，经过浇淡水淋洗，使盐分渐少，一个生长季后草坪草基本适应。在排盐洗盐的同时结合施用有机肥效果更好。畜粪、泥炭等有机肥都具有很强的缓冲土壤盐碱的作用，是一项土壤改良的重要措施。

2. 土壤质地改良

1）判断土壤质地的方法

在草坪生产实践中判断土壤质地最简便的方法一般是采用手摸目测法。具体方法是取土压碎，加入适量的水将土湿润，然后在手里搓成团或条状。如搓不成团或条而自行散在手里的，这种土壤就是沙质土；如果能搓成团或条状，同时把泥条弯曲时没有裂纹再现，则黏性良好，这种土壤就是黏质土；当在手里搓成团或条状时，虽能成团或成条，但会散成大小不等的碎块，或成条弯曲时出现裂纹，这种土就是沙壤土。

2）土壤质地改良的一般原则

沙壤土是最理想的草坪土壤质地，过黏、过沙的土壤都需要改良。改良的方法很多，一般原则是黏土掺沙、沙土掺黏，使得改良后的土壤质地为壤土或黏壤土或沙壤土。实践证明，用少量的细土与沙混合比用少量的沙与细土混合效果好得多。当将沙加入细质土时，单沙粒对改良土壤通气状况的作用并不明显，因为沙粒只是占据相邻粉粒或黏粒之间的孔隙。只有当沙粒之间直接接触时通气孔才增加。要改良细质土的通气性，只有当沙的加入量比需要改良的黏土的量还要多时才能达到目的。因此，这种单质改良方法效果并不理想。

3）土壤质地改良的通常做法

a. 通常使用的改良材料

目前生产上通常使用泥炭、锯屑、农糠（稻壳、麦壳）、碎秸秆、处理过的垃圾、煤渣灰、人畜粪肥等进行改良。泥炭的施用量约为覆盖草坪地厚 5 cm 或 5 kg/m^2，或锯屑、农糠、秸秆、煤渣灰等覆盖 3 ~ 5 cm，经旋耕拌入土壤中。使土质改良的深度达到 25 ~ 35 cm，最少也要达到 15 ~ 25 cm，以使土壤疏松，肥力提高。

b. 客土

园林工程施工过程中常因原址没有土壤或土层很薄，或建筑垃圾过多等需要客土，即到别处运输土壤加入坪床。土壤污染严重时需要换土，即将污染土挖走，重新加入新的土壤。为避免建坪时买土过多的问题，一般在建筑施工前，先将表层 20 ~ 30 cm 好的土壤堆积起来，施工后再进行回填效果较好。换土厚度不得少于 30 cm，应以肥沃的壤土或沙壤土为主。为了保证回填土的厚度，应逐层压实。

c. 施肥

土壤质地改良后，根据草坪草的特点施足基肥，增加土壤养分，也是土壤行之有效的改良措施。基肥以有机肥为主，化肥为辅。基肥用量一般为农家肥 4 ~ 5 kg/m^2，饼肥 0.2 ~ 0.5 kg/m^2，结合旋耕，深施 30 cm 左右；速效化肥一般浅施，深度为 5 ~ 10 cm，用量 10 ~ 15 g/m^2。

d. 土壤消毒

土壤消毒是指把农药施入土壤中，杀灭土壤病菌、害虫、杂草种子、营养繁殖体、致病有机体、线虫等的过程。

e. 细平整

细平整是在播种前或铺设草皮前对坪床进行的精细整理作业，主要是为了平滑地表，使地面平整光滑，为播种或铺设做最后的土壤准备。

小面积时，用铁耙人工平整；大面积平整，则需要借助专用设备，比如耙、重钢垫、板条大耙和钉齿耙等。要求平整光滑、土壤细碎、无凹凸不平。细平整后随即进行播种或铺植草皮，以防止表土板结，同时还应注意土壤湿度。

（三）土壤耕作

土壤耕作是建坪前对土壤进行耕地、旋耕、平整等一系列操作的总称。

1. 耕作的作用

耕作的作用在于为草坪草创造一个理想的土壤环境，以促进其根系的生长发育。在耕作时使土壤的固、液、气三相趋于合理化，增加太阳辐射，保持土壤团粒结构和清洁、平整坪床。这样改善土壤通透性，提高持水能力，减少根系扎入土壤的阻力，增强抗侵蚀和践踏的表面稳定性。

2. 宜耕期

翻耕作业最好在秋季和冬季较干燥时进行，使翻转的土壤在冷冻作用下碎裂，利于有机质分解，促进或保持土壤良好的颗粒，而土壤颗粒具有黏着性、黏结性和可塑性。这些性质除取决于土壤质地、有机质含量等因素外，还取决于土壤含水量。掌握土壤适耕状态是耕作的关键。检验适耕状态的简易办法是：用手把土捏成团，齐胸落到地上即可散开。

3. 耕作程序

耕作程序主要包括耕地、旋耕、平整等工序。

1）耕地

耕地是畜力或机械动力牵引，用犁将土壤翻转的过程。耕地的作用如下：一是将欲建坪地上的绿肥、杂草、植物残体或基肥翻耕到土表以下，提高整地质量和土壤肥力；二是疏松表层土壤，促进土壤风化和心土表土化，增加土壤孔隙度和通气性。耕作时间以秋、冬季为好，以增加土壤的晒垡和冻垡时间。耕作深度和次数取决于土壤。新耕地耕作层浅，为利于草坪根系的生长，应耕深 20 ~ 30 cm，一次耕不到位可分 2 ~ 3 次逐渐加深。老坪地或老耕地耕作层较深，土壤结构较好，可适当浅耕，一般 15 ~ 25 cm。

2）旋耕

旋耕多用机械完成，它是一项非常精细的耕作措施。分深旋和浅旋。

（1）深旋。

土壤经翻耕后，土面起伏不平，耕层内空隙大而多，土壤松紧不一，因此晒垡和冻垡后要旋耕。常用机械是旋耕机，动力是拖拉机。旋耕的作用是破垡和肥土拌和，清除表土杂物，疏松土层。旋耕的深度、次数与耕作深度和破垡质量成正比。

（2）浅旋。

土壤旋耕后土壤颗粒仍较大，平整度不够，需进一步浅旋。常用的机械是免耕机。它的特点是刀片短、密且转速快，能将表土进一步细化，肥土拌和均匀。

我国南方大部分地区土壤质地黏重，旋耕就更为重要。

3）平整

平整是整地的最后一道工序。平整的标准是平、细、实，即地面平整，土块细碎，上松下实。平整往往要结合挖方与填方、坡度整理同时进行。

a. 挖方与填方

绿化工程是建设工程的最后一道工序，欲建坪地经常是凸凹不平，有的地方缺土，有的地方土方过剩，应按设计要求进行挖方和填方。对工程量大的场地要用推土机、装载车、挖掘机等进行挖方和填方，一般只要人工作业即可。填方应考虑填土的沉降问题，细土通常下沉 15%（每米下沉 12 ~ 15 cm），要逐层夯实。

b. 整理坡度

草坪草不能积水。表面排水的适宜坡度为 0.5% ~0.7%。在建筑物附近坡向应是远离房屋的方向；开放式的广场应以广场中心向四周排水。坡度的整理应和挖方填方同时进行。

c. 平整

坪地经挖方和填方、坡度整理、土壤旋耕后土表留有机械轮痕、旋刀沟和小起伏，需人工耙平或机械刮平。平整前后要拣去石块、杂草等。小面积常人工平整，常用平整工具为短钉齿耙、多钉齿耙等，大面积需用刮平机械、板条大耙等进行平整。平整要坚持的原则是“小平大不平”，即除草坪地设计中的起伏和应有的坡度外，尽量做到平整一致。

四、任务实施

（一）场地准备

选择一块建植草坪场地，然后进行坪床整理。

（二）材料准备

草甘膦、甲醛、有机肥、化肥等肥料；铁锹、钉耙、镐、木桩、线绳、量筒、旋耕机、喷雾器等工具。

（三）实施步骤

1. 清理场地

用锹、镐等工具将场地中的树桩、树根、石块、砖块、塑料袋等垃圾清除出场地。

2. 对场地进行粗平整

按规划要求，将表土堆积好，进行灭菌处理，再进行去高补低，对坪面进行整平，保持1% ~2%的坡度。

3. 改良土壤

用有机肥、无机肥或土壤改良剂改良土壤，达到沙壤土的要求。

4. 翻耕土壤

将消毒、灭草、改良后的土壤进行回填，并进行翻耕、细耙等操作，将土中大于2 cm的土块打碎，清除大于2 cm的小石块。

5. 细平整

用耙子细耙场地，使场地光滑平整、无低洼处，为播种做好准备工作。

五、思考与练习

（1）土壤质地改良的一般原则是什么？

（2）土壤质地改良的通常做法有哪些？

六、知识扩展——草坪发展简史

草坪的产生、利用和研究具有悠久的历史。它的发生和发展，总是与科学技术的进步、工农业生产的发展和人民生活水平的提高相一致。早在公元前500年，人们就开始进行庭院的绿化。到13世纪，草坪植物已成为贵族庭院中不可缺少的花草，并逐渐普及到民间。到14世纪，随着社会的进步，草坪伴随户外运动、娱乐地、休假地设施的发展而兴起，以至今天广泛地渗入人类生活，成为现代化社会不可分割的组成部分，并成为一门完善的科学——草坪学，使有关草坪生产的行业成为一门欣欣向荣的社会行业——草坪业。

（一）国外草坪发展概况

亚洲和中东是世界人类历史渊源较深的地区，据记载，早在公元前631 ~前579年，在成斯（现今伊朗）的庭院中，就出现了缀花草坪。

公元前354年，罗马在有关草坪的简短记述中，提到了庭院里的小块草坪，由此可知罗马应用草坪的历史比较悠久。

欧洲是草坪利用历史较悠久的地区，特别是英国人十分爱好草坪，因而从古代起，在诗歌、小说、日记中就不乏有关草坪利用的记载。

伴随罗马入侵英国，使草坪随罗马骑士的刀剑，随文化的进入而在英国出现。13世纪在英国产生了用禾草单播建立草坪的技术。从此时起，英国对草坪的建造非常重视。上流社会的绅士、贵族对草坪的养护管理十分讲究。他们把在居住地铺植草坪当作快事，尤其是把铺设细弱剪股颖草坪，看作是一个家族有声望、有气派的标志。他们在草坪上跳舞、游戏和进行球类运动，他们甚至把修剪平整的草坪称为“绿色的羊毛”。

滚木球场被称为现代草坪的先驱是没有异议的，在公有草地上比赛滚木球于1588年第一次被纳入运动比赛,滚木球草坪是现代高尔夫球草坪的先驱。

高尔夫球最初是在高地丘陵地带和海岸的草坪上兴起的,从15世纪开始在英国流行和普及,这种草坪主要由剪股颖和羊茅草种构成,通过放牧绵羊采食来达到修剪的目的。

17~18世纪,草坪在庭园中发挥了较大的作用。此时,在有关庭园的专著中,出现了草坪建立、管理的内容。

18世纪就有了从低草的剪股颖和羊茅收获草种,以及不能用高草建立草坪的记录。

到19世纪,特别是1830年英国的Edwin Budding发明了世界上第一台内燃收割机,1832年被用于草坪修剪,从而结束了用绵羊"剪割"草坪的时代。

美国的草坪业十分发达,已成为农业中的一大产业。全美国有大约5 000万块庭院草坪和14 000座高尔夫球场,草坪草的种植面积约3 000万英亩(其中庭院草坪2 300万英亩)。打高尔夫球的人口约2 500万人。据1994年统计,全美草坪业年收入约为84亿美元。

美国的现代草坪产业是随着第二次大战后的经济繁荣和人口增加而开始发展起来的。草坪草在防止水土流失、保护和美化环境、调节小气候及提供优良的运动和游憩场地等方面有很大贡献。

美国冷季型草坪草籽的生产,由于天时、地利的因素,集中在俄勒冈州Willamette Valley几百英里左右的地带,大部分草籽公司的总部及试验基地亦设于此。该地区因而被称为"世界草籽之都"。

在美国,以前草坪是以所谓村镇草坪的形式存在,多分布在市镇的广场或公园内。草坪为羊和山羊所喜食,可供儿童们散步、日光浴等。用草坪美化房屋四周,形成所谓草坪带。从中世纪开始,草坪带就成为打高尔夫球和传递消息的天然场所。

现代草坪是第二次世界大战后在美国诞生的。由于美国经济的迅速发展和人口的剧增,住房建筑业的发展对草坪应用的发展起到了积极的推动作用,使草坪的用途进一步扩大,面积急剧上升,养护水平愈来愈高。

俄罗斯在1715年就开始了草坪应用,现在草坪已普及于城市和体育运动场之中。

日本是草坪开发较迟的国家,然而在草坪的利用上,也还是有它独到的地方。根据日本草坪学家的研究,日本的草坪利用大体上经历了草坪利用的摇篮时代,把草坪在庭园中的利用作为利用基础的时代,确立草坪利用形态的时期和草坪利用成熟、发展的时期的四个阶段。

总之,为了发展草坪事业,一些技术先进和经济发达的国家,纷纷建立草坪研究机构,做了大量的研究工作,对推动草坪业的发展起了重要作用。目前,美国、英国、法国、德国、意大利、加拿大、丹麦、比利时、新西兰、澳大利亚、日本、瑞士、瑞典等国家,城市裸地的绿化覆盖率一般都在80%以上,高的超过90%。世界上草坪业的发展,总是伴随科学技术的进步和社会生产力的提高而不断向前发展的。在经济飞速发展的今天,草坪业的发展,已成为高度精神文明和物质文明的重要标志。草坪的覆盖面积已成为衡量城乡园林绿化的重要指标。

(二)我国草坪业的发展

我国是世界上发展草坪最早的国家之一,我国早在春秋时代,《诗经》中就有对草的描写“绿草茵茵，芳草萋萋”，汉代司马相如《上林赋》中“布结缕，攒戾莎”的描写，表明在汉武帝的林苑中，已开始布置结缕草。草在我国皇家园林中应用广泛，在汉代之前的秦代，对栽花种草就很重视，在阿房宫“五步一亭，十步一阁”的宫廷中，几乎“亭亭有花，阁阁有草”。从唐、宋到元、明，历代的各种园林建筑中，几乎都离不开草。

到公元5世纪末年，《南史齐东昏侯本纪》记载：“帝为芳乐苑，划取细草，来植阶庭，烈日之中，便至焦燥”，已有明确记载的栽植的草坪。元代忽必烈为了不忘蒙古的草地，因而在宫殿内院种植草坪。18世纪，草坪在园林中的应用已具相当的水平和规模。举世闻名的热河避暑山庄的万树园，当时有50 hm^2的疏林草地，形成大片绿毯草坪。当时，山庄饲养了大群驯鹿，就以这片草地作为驯鹿的放牧场。平时皇帝在草坪上演骑、试马、观武、放焰火、观灯、野宴。乾隆曾立石碑对这片草地加以赞美，其中有“绿毯试云何处最，最惟避暑此山庄，却非西旅织裘物，本是北人牧马场”的诗句。在《红楼梦》的大观园中，无论是荣国府还是宁国府，都有大量的关于奇花异草的描述。1840年鸦片战争后，世界列强纷纷涌入我国，同时将欧式草坪导入我国，在上海、广州、青岛、南京、武汉、成都、北京、天津等城市，发展了有限面积的草坪。据《清宫十三朝》一书中对圆明园的记载：“这圆明园是全国著名的灵囿，园中一切布置，没有一件不玲珑，豁目赏心。……如青松翠柏，瑶草奇花，碧涧清溪，假山幻幛，更觉得密密层层，迷蛮心目。”

从20世纪50年代起，我国开始了较系统的草坪研究工作。北京植物园胡叔良先生从事草坪的研究，使优良草坪草——野牛草几乎遍及大半个中国，并和园林单位进行大量的草坪草引种试验及草坪建植养护技术研究，对草坪的发展起了推动作用。

1983年，我国成立了中国草坪学研究会，组织全国有关专家进行草坪学术交流，促进了我国草坪业的发展。同时，政府也开始重视生态环境，自1984年中共中央、国务院《关于深入扎实地开展绿化祖国运动的指示》明确“社会主义现代化建设要有一个良好的生态环境，把生态系统的恶性循环化为良性循环，根本出路在于大力种草”之后，草坪业有了较大发展。在中国工程院院士任继周教授大力倡导下，草坪学也于1985年纳入我国高等农业教育计划，甘肃农业大学在国内率先开展了正规的草坪学教育。

1990年，甘肃省草原生态研究所建成北京第十一届亚运会奥林匹克中心田径场草坪，标志着我国草坪建植达到国际水平。草坪已成为城市绿化、环保工程必不可少的部分，以其自身的多功能性及其显著的社会、生态、环境效益显露出它的发展潜力。

城乡旺盛的需求，刺激了草坪生产及科研的发展，也带动了草种、草肥、草药、草坪机械业等一批相关产业的蓬勃兴起。草坪（包括牧草）的科研、教育中心虽主要在兰州、北京，但草坪的开发几乎遍及全国。现今国际排名前20位的国外草业种子公司，绝大多数都在中国设立了办事机构。草坪业以一个极具潜力和活力的产业态势，加入到我国产业大军的行列，并被广泛认为是朝阳产业。草种的进口量也从20世纪80年代末的约50 t，1994年的300 t，1997年的2 000 t，1999年的5 000 t，飙升到2000年的15 000 t，进口量年增长率在70%以上。到2003年，牧草的年进口量已接近1.6万t。目前，我国专门从事草坪生产的公司企业就已发展到了5 000家以上，从业人员达到20万人。

到2008年底，全国城市园林绿地面积已达1 747 493 hm^2，公园面积218 260 hm^2，分别是1998年的2.34倍和2.98倍。全国城市人均公园绿地面积、建成区绿地率和绿化覆盖率三项绿化指标分别为 9.71 m^2、33.29% 和 37.37%，比 1998 年高出 6.2 m^2、11.48 个百分点和 10.81 个百分点；获得命名的国家园林城市达 139 个、园林城区 7 个、国家园林县城 40 个、国家园林城镇 10 个。

我国草坪业虽取得了长足的发展，但在我国草坪业蓬勃发展的背后，也面临着一系列亟待解决的问题。

薄弱的产业体系与日渐广阔的市场不相匹配，草坪育种等方面与发达国家相比仍有相当大的差距。由于有急功近利的思想，我国在草坪草育种上的投入非常低，除紫花苜蓿外，我国的草坪种子 99% 需从国外进口，使得我国大部分地区草坪草种质资源的开发和育种研究明显滞后于草坪业的发展速度。据不完全统计，仅 2000 年，我国进口草坪草种已达 15 000 t 左右，为此国家每年至少要花数百万美元的外汇。仅此一项，就造成草坪业经营总额的 1/3 资金外流。在美国至少有 16 个私营机构和 9 所大学从事草坪育种研究。而我国只有少数大学和科研机构对此有所研究。国外草坪的选育首先是针对当地具体情况而研究的，由于这些草种并没有进行过系统的引种试验、驯化和评价，未必能适应我国各地的生态环境条件。近几年北方地区大量引进的冷季型草坪，耐旱性差，北方春旱冬寒，风多雨少，许多原本就是严重缺水的城市，却还要耗费大量的水去浇灌草坪，加剧了城市的水资源短缺。

没有规范的市场。当前草坪市场竞争主要集中在中低档草坪上，高档草坪由于生产难度较大，对技术及资金实力的要求较高，竞争相对和缓。在国内现有的 5 000 家草坪公司企业中，能集教育、科研、生产、流通及服务于一体的大型公司企业不足 100 家，其他都是小型企业或个体经营者。由于规模小，资金匮乏，因而只能拥挤在投资少、风险小、见效快的流通领域进行激烈的价格战，不仅导致了国内草坪业的恶性竞争，也严重地阻碍了草坪业有序的理性发展。

据测算，我国要达到中等发达国家水平，至少需要上百年的时间，这就意味着我国草坪业将拥有一个能够持续扩张上百年的巨大市场，市场需求无疑是带动我国草业迅猛发展的推动器。尽管存在着诸多问题，但草坪业是一个很有前途、可以大发展的产业。我国对草坪乃至草坪种子、草坪机械、草坪技术人员将会有更大的需求。

任务二　草坪建植方式

一、任务分析

当草种选定、场地已准备完毕即可进行草坪建植。建植草坪可采用种子繁殖法和营养繁殖法，每种方法各有特点，应根据建坪具体情况而定。种子繁殖法又可分为播种法、植生带建植法、喷播法等，成本低、劳动力耗费少，但是建成草坪所需时间较长；营养繁殖法又可分为铺植法和播茎法，建坪成本高，建坪快。

具体选用何种方法建坪，要根据成本、时间要求、所选草坪草纯度及生长特性而定。

二、任务目标

能力目标:能够用播种法建植草坪、植生带法建植草坪、喷播法建植草坪、铺植法建植草坪。

知识目标:掌握草坪建植的播种法、植生带法、喷播法、铺植法等方法。

素质目标:提高竞争意识,培养学生沟通、合作和组织能力。

(一)草坪建植方式

1.播种法建植草坪

播种法建植草坪即用种子直接播种建立草坪的方法。大多数冷季型草坪草均用种子直播建坪,暖季型草坪草中的假俭草、雀麦、地毯草、野牛草、普通狗牙根和结缕草也可用种子播种。

1)播种时间

冷地型禾草最适宜的播种时间是春初和夏末,暖地型草坪草则在春末和初夏之间播种。在生产上必须抓住播种适期,以利种子萌发,提高幼苗成活率,保证幼苗有足够的生长时间,能正常越冬或越夏,并抑制苗期病害。

2)播种量

草坪种子的播种量取决于种子质量、混合组成和土壤状况及工程的要求。种量过小会降低成坪速度和增大管理难度;种量过大、过厚,会促使真菌病的发生,也会增加建坪成本和造成浪费。从理论上讲,每 1 cm^2有一株成活苗就行了。

确定播种量的最终标准:以足够数量的活种子确保单位面积上幼苗的额定株数,即每平方米 1 万~2 万株幼苗。

影响播量的因素还有播种幼苗的活力和生长习性、希望定植的植株量、种子的成本、预期杂草的竞争力、病虫害的可能性、定植草坪的培育强度等。实际播种量远远高出理论量,见表 2-2。

表 2-2　几种常见草坪种子参考单播种量及种子发芽适宜的温度范围

草种	正常播种量(g/m^2)	加大播种量(g/m^2)	适温范围(℃)
普通狗牙根(不去壳)	4~6	8~10	20~35
普通狗牙根(去壳)	3~5	7~8	20~35
中华结缕草	5~7	8~10	20~35
草地早熟禾	6~8	10~13	15~30
普通早熟禾	6~8	10~13	20~30
紫羊茅	15~20	25~30	15~20
多年生黑麦草	30~35	40~45	20~30
高羊茅	30~35	40~50	20~30
剪股颖	4~6	8	15~30
一年生黑麦草	25~30	30~40	20~30

3)播种方法

a. 人工撒播

播种方法以人工撒播为多,但要求工人播种技术较高,否则很难达到均匀一致的要求。其优点是灵活,尤其在有乔木、灌木等障碍物的位置、坡地及狭长和小面积建植地上适用。缺点是播种不易均匀,用种量不易控制,有时会造成种子浪费。人工撒播大致分六步:

(1)把欲建坪地划分成若干等面积的地块(1 m^2)或条(每2~3 m一条);

(2)把种子按划分的块数分开;

(3)把种子播在对应的地块;

(4)轻轻耙平,使种子与表土均匀混合,深度约1 cm厚;

(5)轻轻镇压,使种子与土壤紧密接触,有时可加盖覆盖物;

(6)必须用雾状喷头,以避免种子冲刷。

人工撒播注意事项:

(1)如果种子细小,可先掺细沙或细土,一定要混合均匀后再播;

(2)如果混播种子大小不一致,可按种类分开,照上述办法分别进行;

(3)草种宜浅播,播种深度1 cm左右;

(4)一般1~2 d前将坪床浇透水一遍,待坪床表面干后用钉耙疏松再播种,以增加底墒,避免播后大量浇水造成冲刷和土壤板结。

b. 机械播种

当草坪建植面积较大时,尤其是运动草坪的建植,适宜用机械播种。常用播种机有手摇式、手推式播种机和自行式播种机。其最大特点是容易控制播种量、播种均匀,不足之处是不够灵活,小面积播种不适用。

4)覆盖及镇压

覆盖是种子播种法建坪管理中一项十分重要的内容。一般覆盖前浇足水,待坪床不陷脚时再覆盖。

a. 覆盖的目的

覆盖是为稳定土壤和种子,抵抗风和地表径流的侵蚀;调节地表温度的波动,保护已萌发的种子和幼苗免遭温度波动所引起的危害;减少土壤水分的蒸发,提供一个较湿润的小生境;减缓来自降雨和喷灌水滴的冲击能量,减少地面板结的形成,使土壤保持较高的渗透速度。

b. 覆盖材料

覆盖材料可用专门生产的地膜、无纺布、遮阳网、草帘、草袋等,也可就地取材,用农作物秸秆、树叶、刨花、锯末等。一般地膜用在冬季或秋季温度较低时,无纺布、遮阳网多用于坡地绿化,既起覆盖作用,又起固定作用。农作物秸秆覆盖后要用竹竿或绳子固定,在多风场地则应用桩和绳十字交叉固定。秸秆的用量为0.4~0.5 kg/m^2。

c. 覆盖时间

一般早春、晚秋后低温播种时覆盖,以提高土壤温度。早春覆盖待温度回升后,幼苗分蘖分枝时揭膜。秋冬覆盖,持续低温可不揭膜,若幼苗生长十分健壮并具有抗寒能力可揭膜。夏季覆盖(如北方地区)主要起降温、保水等作用,待幼苗能自养生长时必须揭去覆盖物,以免影响光合作用,但不宜过早,以免高温芽干。一般当小苗长到2.5 cm时去除覆盖物。

d.镇压的目的

镇压是使松土紧实,提高土壤墒情,促进种子发芽和生根。

e.镇压时间和方法

在土质较细尤其是北方地区或沙土地区,播种后浇水前即镇压,兼起盖籽作用。镇压可用人力推动重辊或用机械进行。辊可做成空心状,可装水或沙以调节重量,重一般60~200 kg。

5)浇水

出苗前种子必须吸足水后进行一系列的生理生化反应,才能生根发芽。种子发芽后,夏天若水分不足易芽干,可导致种子死亡。所以,播种至出苗阶段要保持土壤湿润。

一般在播前24~48 h将坪床浇一遍透水,待表面干后用钉耙疏松再播种,以增加底墒,避免因播后大量浇水造成土壤板结或冲刷露种现象。北方习惯在播后覆盖草帘或草袋,然后再浇足水,故此要经常检查土壤墒情,及时补水,以确保种子正常发芽所需的充足水分。南方播后很少覆盖,因而宜勤浇水,保持坪床呈湿润状态至出苗。

6)播后管理

a.修剪

新建草坪应及时进行修剪管理,新枝条高达5 cm时就可以开始修剪。新建的公共草坪修剪高度为3~4 cm。

草坪修剪通常在土壤较硬时进行,修剪草机具的刀刃应锋利,避免将幼苗连根拔起和撕破、擦伤纤细的植物组织。无露水时,最好是在叶子不发生膨胀的下午进行修剪。避免使用过重的修剪机械。

b.施肥

新建草坪在种植前如已适量施肥,不存在施肥问题。如果肥力明显不足,施以追肥。当幼苗呈淡绿色,接着老叶呈褐色,是缺肥的症兆。为了防止颗粒附于叶面而引起灼伤,应在叶子完全干燥时撒施。或事先溶于水中,用轻型喷灌机喷施。施肥主要是补充氮及其他养分,宜少量多次。草皮铺装的草坪,施肥量较高。第一次修剪后,应立即施肥。

c.灌溉

干旱对种子的萌发是相当有害的。严重的板结会阻止新芽钻出地面,使幼苗窒息死亡。新坪灌水应做到以下几点:

(1)使用喷灌强度较小的喷灌系统,以雾状喷灌为好。

(2)灌水速度不宜过快,灌水应持续到2.5~5 cm深完全浸润为止。

(3)避免土壤过涝,特别是在床面产生积水小坑时,要排除积水。随草坪草发育,灌水次数减少,但每次灌水量增大,以改善土壤的通气性。

d.地表覆土

地表覆土是由匍匐茎型草坪草组成的新建草坪,维持在低修剪条件时的一种特殊养护措施,可促进匍匐枝节间的生长和地上枝条发育。

表施的土壤应与被施的草坪土壤质地相一致,否则将可能影响根中的通透性。连续而有效地地表覆土,还能填平洼地,形成平整的草坪地面,但要避免过厚的覆盖,防止光照不足而产生不良后果。

e. 病虫及杂草控制

杂草通常是新建草坪危害最大的敌人,清除杂草的有效方法是使用除莠剂。大多数除莠剂对小的草坪草均有较强的毒害作用,常提前或推迟使用。草坪病害可用避免过多灌溉和增大幼苗密度的方法来防除,播前用杀菌剂处理种子。蝼蛄常打洞,连根拔起幼苗,可利用毒死蜱或二嗪农等农药防治。

2. 植生带法建植草坪

植生带是用特殊工艺将种子均匀地撒在两层无纺纤维或其他材料中间而形成的种子带,是草坪建植中的一项新技术。

草坪植生带具有发芽快、出苗齐、形成草坪速度快和减少杂草的滋生等特点;植生带又具有保水和避免灌溉及雨水冲刷种子的特性;它体积小、质量轻,便于贮藏,草坪植生带完全在工厂里采用自动化的机械设备,可根据需要常年生产,而且生产速度快,产品成卷入库,储存容易,运输、搬运和种植轻便灵活,每 100 m^2一卷的植生带,质量仅 5 ~ 7 kg;施工省工、省时,操作简便,并可根据绿化的要求,任意裁剪和嵌套。

草坪植生带广泛用于城市的园林绿化、高等级公路的护坡、运动场草坪的建植,以及水土保持、国土治理等绿化事业上,特别适用于其他常规施工方法十分困难的陡坡上铺设,操作方便、省工。

1)草坪植生带的生产工艺

目前,采用的植生带加工工艺主要有双层热复合植生带生产工艺、单层点播植生带生产工艺、双层针刺复合均播植生带生产工艺和冷复合法生产工艺。而双层针刺复合植生带生产工艺应用较多。

其基本要求是种子植生带的加工工艺一定要保证种子不受损伤。包括机械磨损、冷热复合对种子活力的影响,确保种子的活力和发芽率;布种均匀,定位准确,保证播种的质量和密度;载体轻薄、均匀,不能有破损或漏洞;植生带的长度、宽度要一致,边沿要整齐;植生带中种子的发芽率不低于常规种子发芽率的95%。

2)草坪植生带的生产原料

a. 草坪植生带用的草种选择

种子的质量直接影响草坪植生带的质量,所以提供制作植生带的草坪草种子,必须是具有种粒饱满、净度合格、有较高的发芽率和发芽势的高质量种子。如单子叶禾本科草种黑麦草、草地早熟禾、羊茅类草和剪股颖等,双子叶植物豆科的白三叶等草种。

b. 植生带载体的选择

选择载体的原则,应该是质地柔软、质量轻、厚薄均匀,并有良好的物理强度,无污染,铺装施工后,能够较快地自然降解。目前多选择用棉、麻、木质等天然纤维,作为植生带的基础载体,较为理想的是无纺布和木浆纸制品。

c. 化肥(或复合化肥)、除草剂、保水剂

根据不同的草种品种来确定化肥和保水剂的用量,同时,根据不同杂草确定使用的除

草剂。

d. 黏合剂

多采用水溶性胶黏合剂或具有黏性的树脂。

3）植生带的储存和运输

库房要整洁、卫生、干燥、通风；温度 10 ~ 20 ℃，湿度不超过 30%；植生带为易燃品，注意防火；预防杂菌污染及虫害、鼠害对植生带的危害；运输中防水、防潮、防磨损。

3. 喷播法建植草坪

喷播技术是以水为载体，将草坪种子、生长素、土壤改良剂、复合肥等通过专用设备喷洒在地表而生成的草坪。喷播法主要用于面积特别大或斜坡草坪的种植。

喷播的优点是播种后能很好地保护种子与土壤接触，比常规播种成坪快；在坡地不易施工的地方也能播种，同时可抗风、抗雨、抗水冲；播种均匀，节省种子；效率高，播种的同时，肥料、保水剂、浇水等一次成功且均匀。

1）草浆的原料

喷播的主要配料包括水、纤维、黏合剂、染色剂、草坪草籽、复合肥料等，有的还加入保水剂、松土剂、活性钙等材料。

a. 水

水是作为主要溶剂，把纤维、草籽、肥料、黏合剂等均匀混合在一起。

b. 纤维

纤维在水和动力作用下形成均匀的悬浮液体，喷后能均匀地覆盖地表，具有包裹和固定种子、吸水保湿、提高种子发芽率及防止冲刷的作用。这种纤维覆盖物是用木材、废弃报纸、纸制品、稻草、麦秸等为原料，经过热磨、干燥等物理的加工方法加工成絮状纤维，纤维覆盖物一般在平地少用、坡地多用，纤维用量为 60 ~ 120 g/m^2。

c. 黏合剂

黏合剂是以高质量的自然胶、高分子聚合物等配方组成，水溶性好，并能形成胶状水混凝液，具有较强的黏合力、持水性和通透性，平地少用或不用、坡地多用，黏土少用、沙地多用。一般用量占纤维重的 3% 左右。为了提高润滑性和黏合力，还需加入一定量的纤维素物质。

d. 染色剂

染色剂使水和纤维着色，用以指示界限和提示人们，染色剂一般采用绿色，使覆盖物染成绿色，喷播后很容易检查是否漏播。

e. 肥料

肥料最好为复合肥，一般用量为 0.2 ~ 0.3 kg/hm^2。

f. 活性钙

活性钙有利于草种发芽生长的前期土壤 pH 值平衡。

g. 保水剂

保水剂为一种无毒、无害、无污染的水溶性高分子聚合物，具有强烈的保水性能。其用量根据气候不同而异，一般 3 ~ 5 g/m^2，湿润地方少放或不放，干旱地方用量多些。

h. 草坪草种

草坪草种一般根据地域、用途和草坪草本身的特性进行选择，选择适当的播种方式如单播、混播或混合播种。

2）喷播法建植草坪要点

a. 整地

在杂草猖獗地方，要进行化学除草，一般在播前一个月采用灭生性的除草剂除草。喷播地段不陡的地方，可以进行耕作，但旋耕方向要与坡垂直，即沿等高线耕。要填平较大的冲蚀沟，沙土多的地段还需填土，以保证草坪草生长的必要条件。

b. 喷头的选择

根据不同的地形，可以选用不同的喷头。大型护坡工程或要求不高的草坪，可以选用远程喷射喷嘴，其效率高，但均匀性差；小块面积或对草坪要求高的草坪则采用扇形喷嘴或可调喷嘴，近距离实施喷植，其效率相对低，但均匀性好。

c. 喷播方向

小块近距离喷植，为了保证效果，应采取每次喷 4 m，下一次喷重叠 2 m，且从左右两个方向往复喷植，即每一个地方都是左右方向各喷一次。喷播后 5 ~ 10 min，水分下渗，此时容易检查效果，不足应补喷，喷播过的地方严禁踩踏。

d. 操作过程

喷播时，水与纤维覆盖物的质量比一般为 30∶1。根据喷播机的容器容量，计算材料的一次用量，不同的机型一次用量也不同，一般先加水至罐的 1/4 处，开动水泵，使之旋转，再加水，然后依次加料（种子→肥料→活性钙→保水剂→纤维覆盖物→黏合剂等），搅拌 5 ~ 10 min，使浆液均匀混合后，才可喷播，喷播时离心泵将浆液压入软管，从管头喷出，均匀连续喷到播种地面，每罐喷完，应及时加进 1/4 罐的水，并循环空转，防止上一罐的物料依附沉积在管道和泵中，但要注意，无水时泵不能空转，以免损坏泵的机械密封。喷完一罐再重新如上法操作。完工后要用 1/4 罐清水将罐、泵和管子清洗干净，在冬季应把管子、泵和罐内的水放掉，以免损坏设备。

4. 铺植法建植草坪

铺植法建植草坪是把草皮或草毯平铺在已整理好的坪床上的一种草坪建植方法，铺植的材料是草皮或草毯，是营养繁殖建植草坪的方法。

铺草皮块是成本最高的建坪方法，但它能在一年的任何有效时间内，形成“瞬时草坪”。草皮块应尽量薄，以利于迅速生根，避免过分的伸展和撕裂。

1）密铺法

先准备好坪床，草皮运到建坪场地后，立即进行铺植。铺植时从边缘开始铺，草皮块之间保持 1 ~ 2 cm 的间隙，主要是防止草皮块在搬运途中干缩，给水浸泡后，边缘出现膨大而凸起，间隙大小可根据草坪的新鲜程度适当调整。第二行草皮要与第一行错开，像砌砖墙一样，草坪的边缘用切边机切齐。为了避免人踩在新铺的草皮上形成脚印，可在草皮上放置一块木板，人站在木板上工作。铺植完成后要用滚压机进行滚压，之后浇透水，并把草叶冲洗干净，以利光合作用。

养护管理要点是浇水，及时拔除杂草。如草皮一时用不完，应一块一块地散开平放在遮阴处，若堆积起来，会使叶色变黄，必要时还需要浇水。任何边缘地带都不可以用小块草皮铺植，必须用整块草皮，防止透风干枯至死。一般铺植 2 ~ 3 d 要再次滚压，进一步使草坪平整，如发现坑洼不平，应把草皮铲起，削平高处，用细土填平低洼处，再重新把草皮铺植好。

2）点铺

即将草皮或草毯的草坪草分成小块株丛，按一定的距离栽入疏松的坪床内，通过浇水、施肥等抚育管理而形成草坪的方法。一般采用直径 5 cm、高 5 cm 的塞柱或 5 cm^3 的塞块，将它们以 30 ~ 40 cm 的间距插入坪床，顶部与土表平行。此法草坪植株成活率高，但较费工，且成坪时间长，常用于有根状茎或匍匐茎的草坪草种。

3）条铺

将草皮或草毯切成宽为 6 ~ 12 cm 的长条形，以 20 ~ 30 cm 的间隔铺入坪床，经镇压、浇水成活。此法较节约草皮，分布也较均匀，但成坪时间较长，一般要 60 ~ 80 d 才能成坪。

4）间铺法

为节约草皮材料可用此铺法，且均用长方形草皮块。铺块式，各块间距 3 ~ 6 cm，铺设面积为总面积的 1/3；梅花式，各块相间排列，所呈图案亦颇美观，铺设面积占总面积的 1/2。

5. 播茎法建植草坪

播茎法即利用草坪的茎作"种子"均匀撒布于坪床上，经浇水、施肥等管理形成草坪的一种建坪方法，是一种营养繁殖法。凡是具有匍匐茎的草坪草都可采用撒茎法建植草坪。常用的草坪草种有狗牙根、结缕草、剪股颖、地毯草等。

1）播茎法建植草坪的技术要点

a. 场地准备

坪床要求精细平整，土壤细碎，土层深厚肥沃，无低洼积水处。

b. 采集草茎

草茎要新鲜，尽量缩短采集到播种之间的时间间隔，以免失水影响成活率；草茎长度以带 2 ~3 个茎节为宜。可采用机械切碎或人工撕碎的方式进行加工，以便于播种均匀。草茎用量为 0.5 kg/m^2 左右。

c. 覆土

覆细土 0.5 cm 左右，使草茎埋入土中或部分埋入土中。

d. 镇压

通过镇压，使草茎与坪床紧密接合。

e. 灌溉

最好建立喷灌系统，喷灌强度小到中雨，保持土壤湿润至发新根长叶。以后管理同其他种植方式。

2)播茎法建植草坪的特点

生产周期短,自播种至形成草坪需1~2个月,而且2~3个月之后又可以提供建植新坪所用的草茎。形成的草坪质量与种子播种法建植草坪相仿。种源(草茎)草坪占用农田量缩小到最低限度,且不破坏土壤。运输量小,与草皮比较尤为显著。投资少,用工少,成本低,但种茎的贮运较种子贮运麻烦。

(二)草坪施工方案

1.施工工序

坪床准备→定点放线→草坪栽植→施工期养护→养护管理期养护→竣工验收移交。

2.材料准备

(略)

3.定点放线

(1)按工程布置的种植地段、种植位置及品种的轮廓进行放样,按现场工程部工程师提供的水准点,确定放样基准点。

(2)分别对绿化苗木栽植位置等进行放样,每次放样后报请现场工程师进行审核,核准后,进行下一道工序的施工。

4.草坪铺种施工

a.场地准备

草坪在建造完成以后,地形和土壤条件很难再改变。高质量的草坪,应在铺设前进行场地准备,主要应考虑地形处理、土壤改良及做好排灌系统。

b.土层的厚度

草坪植物的根系80%分布在40 cm以上的土层中,而且50%以上的是在地表以下20 cm的范围内。为了使草坪保持优良的质量,减少管理费用,应尽可能使土层厚度达到40 cm以上,在小于40 cm的地方应加厚土层。

c.土地的平整与耕翻

土地平整与耕翻的目的是为草坪草的根系生长创造条件。

(1)杂草与杂物的清除:目的是便于土地的耕翻与平整,同时消灭多年生杂草,避免草坪建成后杂草与草坪草争水分、养料。

(2)初步平整、施基肥及耕翻:在清除杂草、杂物的地面上进行一次平整,起高填低,平整后撒施基肥,然后进行一次耕翻。

(3)更换杂土与最后平整:在耕翻过程中,若发现局部地段地质欠佳或混杂的杂土过多,则应换土。为了确保新设草坪的平整,在换土或耕翻后应灌一次透水或滚压2遍,以利最后平整时加以调整。

(4)为提高土壤肥力,最好施一些优质的有机肥料做基肥。但勿直接用家畜肥粪,因其中含有大量杂草种籽,会造成以后草坪中野草大量生长。

d.排水及灌溉系统

平整地面时要考虑排水问题,不能有低洼处,以避免积水。草坪多利用缓坡来排水,在一定面积内修一条缓坡的沟道,其最低下的一端可设雨水口接纳排出的地面水,并经地下管道排走，或以沟直接与湖池相联。理想的平坦草坪的表面应是中部稍高，逐渐向四周或边缘倾斜。

e. 草坪种植施工

(1)播种法。

种子的质量：一般要求纯度在98%以上，发芽率在85%以上。

种子的处理：为了提高发芽率，达到苗全、苗壮的目的，在播种前可对种子加以处理。

播种量：应根据草种、种子发芽率来确定种子播种量，种子有单播和2~3种混播的，单播时，一般用量为10~20 g/m^2。

(2)播种。

为取得更好的效果，必要时可进行植前施肥，对整好的场地，均匀撒施熟化的有机肥3 kg/m^2、复合肥0.08 kg/m^2，再进行土壤翻耕，然后用铁耙将表土耙平、耙细，保证细整后的坪床不出现坑洼高低不平的现象，以免浇水或雨天积水而造成草坪生长不良。细整后的坪床准备播种。

选择无风或微风天气进行，播种量一般为10~15 g/m^2。发芽率高、土壤条件好则可减少草种播种量，反之增大草种播种量。机械播种播2~4次，保证播量准确，播撒均匀。

覆土镇压：播种后，用覆土耙进行覆土2次以上，覆厚0.2 cm，之后用50~80 kg滚筒进行镇压2次，确保草种与土壤接触紧密、坪床具有一定的紧实度。

覆盖：选用草苫子等进行覆盖，保湿，减少径流对地表的冲刷而导致地表板结，防止种子流失。

播后24 h内进行第一次喷灌，喷湿土壤5~10 cm，1 d喷2~3遍，保证坪床湿润，直至种子发芽，发芽后20 d，保证2~3 d对草坪进行一次喷灌，之后每3~5 d对草坪进行一次喷灌，直至成坪。

揭除覆盖物：待幼苗出土整齐后，选择阴雨天或晴天的傍晚进行，并注意揭除后的养护工作，防止造成幼苗脱水伤害。

草坪草生长到5叶期时，用速效氮(4~8 g/m^2)对草坪进行第一次追肥，当草坪生长至10~12 cm时，对草坪进行第一次修剪，选用悬刀式剪草机修剪，剪高7~8 cm。

苗期进行3~5次杂草防除工作，采用化学防治与人工拔除相结合。做好苗期病虫害防治工作，如幼苗凋萎病、根腐病及食叶、食茎害虫的防治。

(3)草皮分栽铺植。

草皮建植采用分栽草根与铺草块的方式进行铺植，草块选择无杂草、生长势好、无病虫害的草源，草皮移植前24 h修剪并喷水，镇压保持土壤湿润，较好起草皮。

起草皮规格宜为30 cm×30 cm，厚度掌握在3~5 cm，否则不易运输，铺植时草皮根系也不容易与原地形土壤相结合而扎根。

草皮运输时应在运输车上用木板分置2~3层，以免卸车时草皮破损。

草皮铺植于地面时，草皮间应有3~5 cm的间距，后用0.27 t重的碾压器压平，也可用圆筒或人工脚踩，使草皮与土壤结合紧密，无空隙，易于生根，保证草皮成活。

草皮压紧后浇第一遍透水，保证坪床5~10 cm湿润，使草皮恢复原色或避免失水过多，之后每隔 3 ~4 d 浇一次水，以保证草皮的需水量。

保证滚压和浇水，直到草皮生根而转到正常的养护管理。

5. 养护管理期的施工方案

(1) 本项目工程竣工验收合格后，即进入养护管理期。为巩固绿化成果，保障绿化效果，发挥其功能和作用，必须加强养护管理期的养护管理力度。全部按照《城市园林绿化养护管理标准》中一级标准进行养护。

(2) 重视各类植物的病虫害防治工作，贯彻"预防为主，综合防治"的方针，依照生物防治、物理防治和化学防治相结合的原则控制各类病虫害的发生。

①认真落实养护管理人员组成。

根据工程的实际情况，选派对工程环境熟悉、技术好、素质高、工程能力强的人员组成养护队，进行工程缺陷责任期的养护管理。

②配备施工机械设备，满足养护管理需求。

在工程验收后，要认真落实并配备好工程养护管理期的养护机械、设备、设施等。同时做好调试、维修，保持良好的技术状态，确保工程需要。具体配备灌水设备、绿篱修剪机或割灌机等设备。

③切实搞好养护管理的技术管理。

施肥：追施肥料，平衡营养。对绿化栽植的树木、草坪，加强营养诊断观察分析，并结合灌水进行追施肥料，保持营养平衡，生长健壮。具体追施的肥料以腐熟有机肥为主，乔木、大灌木平均按 5 kg/株每次追施，小灌木平均按 0.5 kg/株，草坪平均按 3 ~5 kg/m^2 追施。

浇水：浇水的水量、次数、间隔以具体的季节和土壤缺水情况来确定。夏季浇水宜在清晨和傍晚进行，含盐量或矿化度较高的水源不宜采用。冬季应在封冻前浇一次冻水。早春前应浇返青水。施肥后应及时浇水，以利于肥料溶解和吸收。

预防病、虫害与各种灾害的发生：对树木、草坪病虫害本着"预防为主、防治结合"和"治早、治小、治了"的原则，切实加强病虫害的预防。

④地被植物管护的特殊要求。

地被植物每次修剪的高度可参照设计图纸要求进行。修剪应避开炎热、大风等不利的天气和时间。

地被植物的浇水应浸透土壤深达根部。北方地区早春及入冬前应浇返青水和封冻水。

地被植物应合理施肥。有机肥每隔 1 ~2 年施用一次，在秋季施用追肥一般每年 2 ~3 次，化肥和其他微量元量肥按需施用。施肥应因地制宜，小雨前后施肥最佳。

四、任务实施

(一) 场地准备

在校园或实训基地选择一处适于建植草坪的空地。

(二) 材料与工具准备

植生带、适应当地的草皮卷，锄头、铁锹、五齿耙、圆头铲、平底铲、木板、滚筒、草帘、喷雾器喷头、塑料绳、天平、卷尺等工具。

（三）实施步骤

1. 植生带建植草坪

1）场地准备

在铺装前，全面翻耕土地，深耕 20～25 cm，并适当施入基肥。打碎土块，耧细耙平，清除残根和石砾。

在施工地的边缘，准备好足够的用于覆盖的细土，以沙质壤土为好，备土量为每铺 100 m^2的植生带，需 0.5 m^3的细土。覆盖用的细土应取耕作层以下的生土，以避免在覆盖土中带有杂草种子，绝不能用混有杂草和杂物的土作为覆盖土。

2）铺设植生带

a. 铺设

铺前 1～2 d，要灌足底水，以利保墒。铺装植生带前，在耧细耙平的坪床上，再一次用木板条刮平坪床面，把草坪植生带自然地平铺在坪床上，将植生带拉直、放平，但不要加外力强拉。植生带的接头处，要有适当的重叠，以免出现漏播现象，露出地面。

b. 覆土

在铺好的植生带上，用筛子均匀地筛上事先准备好的细土，细土的覆盖厚度为 0.3～0.5 cm。

c. 浇水

植生带铺装好后，第一次灌溉浇水时，一定要喷透，使植生带完全湿润和湿透。以后每日都要喷水，每次的喷水量以保持铺设地块的土壤湿润为原则，每日喷水次数视土壤湿度而定，直至出苗形成草坪。由于植生带上覆盖细土很薄，浇水时最好采用水滴细小的喷水设备喷水，使喷水均匀，喷水的冲力微小。在草苗未出土前，如因喷水等原因，露出植生带处，要及时补撒细土覆盖。

d. 固定

在斜坡上铺装植生带，要在植生带的接头和边上，用粗铁丝制成“∩”形钉子固定植生带，以免植生带被风刮走。

e. 喷水

植生带从铺装到出苗以后的幼苗期，都需要及时进行喷水，每天早、晚都要灌溉，灌水量以保持植生带坪床的土壤保持湿润。在幼苗中期也要保持每天浇水一次，后期根据土壤湿度进行灌溉。

2. 密铺法建植草坪

1）精整场地

用齿耙按东西、南北向由四周向中心耙耧场地，达到中间高四周低、平整细实的要求。

2）铺植草皮

铺植前，先拔去草皮块上的杂草，破碎的草皮块放到一边。然后，从场地边缘开始铺植草皮，草皮块之间留 1 cm 左右的间隙，草皮块之间呈“品”字形分布。所有边缘必须用完整的草皮块。一时不能用完的草皮块要摊开平放到阴凉处。

3）镇压

用滚筒（重 60 kg 左右）或锄头镇压一遍，使草皮与土壤接触紧密。一般两三天之后还要进行滚压（镇压），直至平整。如果场地凹凸不平严重，则要把草皮揭开，加细土或铲走多余的土壤，再把草皮块重新铺植回去。

4）浇水

第一次要浇足水，以后每天视天气情况浇水 1～2 次，保持土表湿润至草皮成活。

5）新草坪养护

铺植后，学生自行安排养护计划，直至成坪。内容主要包括浇水、除杂草、防病虫、施肥等。

3. 播茎法建坪

1）精整场地

用齿耙按东西、南北向由四周向中心耙耧场地，达到中间高四周低、平整细实的要求。

2）播草茎

先把草皮块上的土抖干净，用手或刀子、剪子等工具撕碎、剪碎草皮块，自行制作好草茎。草茎大约 5 cm 长，带 3 个以上的节。从场地一边开始播草茎，使草茎薄薄的一层密铺于土壤上。注意草茎一定要播得均匀。也可以似种子建植方法将建坪分成若干地块，按面积称量草茎纵横向播种。草茎用量为 0.5 kg/m^2左右。

3）覆土

播完后在草茎上面薄薄覆一层细土，使细土全部覆盖草茎。一定不要太厚。

4）镇压

用滚筒（重 60 kg 左右）或锄头镇压一遍，使草茎与土壤接触紧密。如果天气炎热，可以一边制作草茎，一边撒茎，一边覆土，以防草茎失水。

5）浇水

第一次浇水要浇足，以后每天视天气情况浇水 1～2 次，保持土表呈湿润至草茎发新芽。

6）新草坪养护

播茎后，学生自行安排养护计划，直至成坪。内容主要包括浇水、除杂草、防病虫、施肥等。

五、思考与练习

（1）如何用直播法建植草坪？

（2）如何用播茎法建植草坪？

（3）如何用铺植法建植草坪？

（4）如何用喷播法建植草坪？

（5）如何用铺设植生带法建植草坪？

六、知识扩展——草坪草种的萌发条件

（一）草坪草种的萌发条件

草坪草种的萌发是指在适宜的条件下，有活力的草坪草种子能够发芽并长出地面形成幼苗的过程。种子萌发不但要求具有高质量的草坪草种子，充足的水分、足够的氧气、适宜的温度及播种深度也是影响草坪草种萌发的重要因素。

1. 水分

水分在种子萌发中起着重要作用：①种皮吸水变软、胚和胚乳吸水膨胀，有利于胚穿破种皮；②种皮干燥会阻碍种子对氧气的吸收，因此种皮适当的吸水有利于种子吸入更多氧气，排出 CO_2；③吸水后细胞原生质浓度变稀，能使储藏营养物质的转化、运转和呼吸作用等细胞的生理机能活跃；④幼苗对水极为敏感，在幼苗形成的较发达的根系可以从土壤中吸收足够的水分之前，如果不能保证表面土壤湿润，幼苗将会因脱水而死去。

2. 氧气

土壤氧气不足会引起种子的环境休眠，从而影响种子的发芽，因此土壤地表氧气相对含量高，会给种子创造一个有利的发芽条件。

3. 温度

温度对草坪草种子的发芽极其重要。发芽的最高、最低和最适温度因品种而异。通常草坪草种在低温床上发芽所需时间比高温或适温床上发芽所需时间长。

4. 播种深度

适宜的播种深度，可以使幼苗尽早钻出土壤接受阳光，进行光合作用；如果播种太深，在幼苗可以进行光合作用制造养分之前，已耗尽胚乳中的所有养分，就可能导致幼苗柔弱甚至死亡。

种子在适宜条件下便进入萌发阶段，在萌发过程中最初的形态变化是细胞伸长引起胚根鞘增大，形成一种根毛状的结构，然后穿过胚根鞘从土壤中吸收水分和养分。与此同时，胚芽鞘向上伸展直到露出土壤表面。在许多品种的草坪草中，胚芽鞘向上生长的幅度与位于盾片和胚芽鞘之间的节间——中胚轴的伸长有关。中胚轴的长度又与种子的埋深有关，光照可以刺激胚芽鞘的生长，但与之相反，中胚轴只能生长在黑暗中，光照对它有抑制作用。因此，中胚轴的伸长起始于胚而终止于土表，与播种深度无关。有些草坪品种，由于缺乏中胚轴，胚芽鞘的生长只能依赖于自身的伸展。因此，要保证这种草坪的直播建植成功，须保证较浅的播种深度。此时，胚乳将为幼苗提供营养。在胚芽鞘露出地面以后的生长过程中，第一片叶子从胚芽鞘顶部的小孔中伸展出来。叶子变绿以后，光合作用开始制造养分并代替胚乳为幼苗提供必要的营养物质。此时，幼苗已经从种子营养转为根部营养。

七、任务考核

任务考核项目、内容、标准、方法如表 2-3 所示。

表 2-3　任务考核

序号	考核项目	考核内容	考核标准	考核方法
1	场地清理	场地清理方法(10 分)	掌握场地清理工作内容;场地清理达到合格标准;能够进行物理方法、化学方法清除杂草	分组考核
2	土壤改良	1. 土壤酸碱性改良(10 分) 2. 土壤质地改良(10 分)	能够使用碳酸钙粉、石膏、硫磺等调整土壤酸碱度;能够使用泥炭、锯屑、农糠、煤渣灰、施肥等改良土壤质地	分组考核
3	土壤耕作	土壤耕作方法(10 分)	掌握适耕状态的简易办法;掌握耕、旋、平需要达到的要求	分组考核
4	播种法建植草坪	植生带法建植草坪方法(20 分)	建植时间确定;正确进行植生带法建植	分组考核
5	密铺法建植草坪	密铺法建植草坪方法(20 分)	掌握精整场地方法;能够正确铺植草皮;能够正确进行镇压浇水	分组考核
6	播茎法建植草坪	播茎法建植草坪方法(20 分)	能够计算草茎用量;掌握采集草茎要求;正确进行覆土、镇压、浇水	分组考核

项目三　草坪养护

任务一　草坪灌水

一、任务分析

水是植物生长的必须条件，草坪缺水会影响草坪草生长，甚至导致干枯，严重会死亡；灌水过多会影响草坪草根系生长，甚至腐烂，严重时也会导致草坪草死亡。确定草坪草灌水时间，灌水量是保证草坪质量的关键。

二、任务目标

能力目标：能够根据草坪生长情况确定灌水时间、灌水量。

知识目标：掌握灌水时间的确定方法，灌水的方法，灌水量的确定。

素质目标：培养学生分析判断能力、处理生产中出现问题能力。

三、相关知识

(一)灌水时间

1. 灌水时间的确定

草坪何时需灌水，这在管理实践中是一个复杂的问题。灌水时间的确定，需要丰富的管理经验，要求对草坪草和土壤情况进行细心的观察与认真的分析。一般可用以下方法进行判断。

1)植株观察法

草坪草缺水，首先引起细胞液浓缩，叶片色泽会由亮变暗。借助房屋、树木等遮阴物，比较阳光下与遮阴中草坪叶色泽，可以作出判断。若两者亮度一致，或光下尤甚，不缺水；若光下较暗，则表明已缺水。有经验的草坪管理者常依据草坪草缺水症状来判断灌水时间。一般地，当草坪草出现局部萎蔫时就需要及时灌溉。植株观察法获得的缺水特征，只能说明草坪草生理上缺水，是土壤干旱所致，还是另有他因，尚需要目测土壤含水量才能确切地加以判断。

2)土壤含水量目测法

土壤的颜色会随含水量不同而有变化，一般干旱土壤颜色较湿润土壤浅，湿润土壤一般呈灰至暗黑色，干旱土壤呈浅白色。用小刀或土钻分层取土，当10～15 cm深的土壤出现干旱时，草坪就需要灌水。

3)测量土壤含水量

主要使用张力计来测量土壤的水势，确定土壤中草坪草可利用的水分含量。草坪管理者依据这些测量结果,决定灌水时间。

此外,现代草坪灌溉中还常用多种机械和电子设备辅助确定灌水时间。有多种土壤电子探头可埋在土壤中,用于测定土壤水分含量。它的优点是可以用多个探头监测一大片草坪中不同区域的水分变化,获得的数据比张力计更全面。

2. 一天中最佳的灌水时间

只要草坪需要灌水,在一天的任何时候都能进行灌溉。然而,根据草坪和天气状况,选择一天中的某一特定时间灌水是比较实用的。

灌水时间应满足:灌溉时应无风、湿度较高、温度较低,以尽量减少水分蒸发损失。黄昏灌水虽能有效提高水的利用率,但草坪整夜处于潮湿状态,病原菌和微生物易于趁虚而入,侵染草坪草组织,从而引起草坪病害。在夏季中午及下午浇水,水分蒸发损失大,同时,还容易引起草坪的灼烧。所以综合考虑,清晨是一天中最佳的灌水时间。

由于受到条件限制,不可能都在早晨浇水,因此许多草坪管理者也采用傍晚和夜间灌溉,补救措施是定期喷洒杀菌剂以预防病害发生。也有草坪管理者认为,在北方的晚秋至早春季节,以中午前后灌溉为好,此时水温较高,灌水后不致伤害草坪草根系。

(二)灌水量

1. 灌水量的影响因素

草坪灌水量的影响因素主要包括草坪草种或品种、草坪养护水平、土壤质地及气候条件等。

1)草坪草种或品种

不同的草坪草种或品种需水量是不同的。一般地,暖季型草坪草比冷季型草坪草的耐旱性强,这是由于暖季型草坪草的 C_4 光合系统效率更高,它合成 1 g 干物质所用的水只相当于冷季草坪草的 1/3。此外,暖季型草坪草一般有比冷季型草坪草更发达的根系,在逆境中表现出更大的优势。

根系越发达的草坪草耐旱性越强。因为根系分布越深越广,越能更深更大范围地从土壤中吸收水分和养分。不同草种或品种之间表现出较大差异,如在冷季型草坪草中,苇状羊茅的根系分布较深,比其他冷季型草坪草更能适应干旱气候。通常多数多年生草坪草的根系深而强壮,可耐受长时间的干旱逆境,而一年生草坪草根系分布较浅,易受干旱伤害。

2)草坪养护水平

一般同种草坪草,养护水平高的,灌水量要大一些。如高尔夫球场的果岭地带,养护精细,修剪高度低、修剪频率高,使得根系分布较浅,施肥较多,灌水量也较大。

3)土壤质地

土壤质地对土壤水分的影响很大,沙土由于大孔隙多,水分向下渗透快,排水性好,但保水性差,粗沙中水分 1 h 即可渗入 7.6 cm 深。黏土因为小孔隙多,保水性很强,作为一般规律,黏土的持水量为壤土的 2 倍、沙土的 4 倍或更多。但黏土的排水性差,其渗透率通常为 0.25 cm/h。壤土则介于二者之间,是比较理想的土壤质地。一般地,疏松的沙壤土的渗透率为 2.5 cm/h,但结构紧实时可降到 0.76 cm/h。有机质能有效地改良土壤质地，所以草坪管理中要多施有机肥。

4）气候条件

我国地域辽阔，各地气候差异很大，南方降水充沛，北方则普遍稀少；降水在季节上的分配也极不平衡。此外，不同的气候条件及不同的生长季节，草坪的耗水量也不相同，因此必须因地制宜地制订合理的灌溉计划。

2. 灌水量的确定

每次灌水量的适宜程度，一般可用检查灌溉水分浸润土层的实际深度加以判断。在生长季节内，一般草坪的每次灌水量以湿润到 10 ~ 15 cm 深的土层为宜；冬灌则应增至 20 ~ 25 cm。在生产实践中，草坪管理人员可以根据灌溉系统，测定灌溉水渗入土壤额定深度所需时间，从而通过控制灌水时间来控制灌水量。

作为一般规律，通常在草坪草生长季节的干旱期内，每周需补充 30 ~ 40 mm 水，在炎热而干旱的条件下，旺盛生长的草坪每周需补充 60 mm 或更多的水。

（三）草坪灌水的方法

1. 灌溉原则

（1）灌溉必须有利于草坪草根系向土壤深层生长发育，应根据草坪草的需要，在草坪草缺水时进行灌溉。

（2）单位时间灌水量（灌溉强度）应小于土壤水分的渗透速度，总灌水量不应超过土壤的田间持水量。

（3）对壤土和黏土而言，应“每次浇透，干透再浇”，但在沙土上，小水量多次灌溉更适合。

2. 灌溉次数

灌溉应使土壤湿润到 10 ~ 15 cm 深处，减少灌溉次数，增加灌水量可获得最佳效果。每周两次较好，保水性好的土壤，可每周 1 次；保水性差的沙土，可每周 3 次。深根草坪比浅根草坪对灌溉的要求低，但每次灌溉的需水量大，浅根草坪则需要比深根草坪频繁但强度小的灌溉。

一般应避免每天浇水（高尔夫球场的果岭及其他极高质量要求的草坪除外），因为经常湿润的土壤会使草坪草的根系分布在很浅的土表，对各种不良环境缺乏抵抗力。而长期经受中等程度干旱逆境的草坪草，表皮加厚，根系分布更深、更广，对不良环境的抵抗力也更强。

3. 灌溉方法

1）人工管灌

人工拉水管浇水，完全凭经验、靠感觉，很不科学，已渐渐被淘汰。

2）地面漫灌

费水、费时、费工，不好控制灌溉均匀度和灌溉强度，也有被草坪喷灌取代的趋势。

3）微喷管微喷

小面积、管理粗放的草坪可以采用微喷管微喷，比较经济、适用。

4) 草坪喷灌

现代喷灌技术是大势所趋,计算机和水分电子探头已广泛使用,程控精确喷头可实现草坪的均匀高效喷灌。

四、任务实施

(一)场地准备

校园草坪、公园绿地。

(二)材料

张力计、水管、喷灌设施。

(三)分组

把学生分成8~10人的小组进行具体任务实施。

(四)实施步骤

1. 确定灌水的时间

用植株观察法、土壤含水量目测法测量土壤含水量,确定草坪是否需要灌水。

2. 确定灌水量

开启喷灌设施,进行灌溉,一段时间后,检查灌溉水分浸润土层的实际深度,达到10 cm时可以停止灌溉。

3. 用水管进行灌水

用水管进行小面积的浇灌,一段时间后,检查灌溉水分浸润土层的实际深度,达到15 cm时可以停止灌溉。对比灌溉所用时间、工作效率、工作效果。

4. 草坪灌水设备灌水

利用已有草坪灌水设备进行灌水,使整个草坪水分浸润土层的实际深度达到15 cm。

五、思考与练习

(1)观察记录校园草坪或公园草坪的土壤含水情况、灌水时间、灌水量。

(2)对比人工灌溉与设备灌溉差别。

六、知识扩展——草坪草的生长

(一)根、茎的形成

在新建植的草坪中存在种子根和不定根两种类型的根。但随着草坪草的发育和成熟,种子根逐渐死亡而淘汰,不定根在种子萌发后,第一片叶从胚芽鞘内长出不久开始形成,并从根茎和匍匐茎较低的节上产生。在一个草坪群落中,不定根组成了根系系统。

根茎通常在地表或地表下形成,在稠密的草坪中,根茎依然能在地表上形成。

草坪草的茎有三个主要类型:直立茎、根状茎和匍匐枝。茎基位于地表或地表以下,其较上的部分完全被几个相邻叶鞘的基部包围。茎基的构造一般不易观察,但茎基却生长叶、根、枝条,是草坪草生长的关键器官。茎基也作为碳水化合物的储藏器官,在草坪草营养中居于举足轻重的地位。茎基上的腋芽发育生成新枝条,茎基高度缩短的特性使草坪草具有较强的耐修剪性。在草坪中有实际坪用价值的茎是水平生长的根茎和匍匐茎，这些茎均由茎基的腋芽发育生长而成的。匍匐茎沿着地表生长，在节上形成根和新的枝条。根茎生长在地表以下，包括有限型根茎和无限型根茎两种类型。有限型根茎通常很短，并且末端向上生长，形成新的地上茎。有限型根茎的生长分为三个阶段：由母茎向下生长阶段、水平生长阶段、向上生长阶段。具有有限型根茎的草坪草包括草地早熟禾、匍匐紫羊茅和小糠草。其中，草地早熟禾的有限型根茎最发达，可以在比较紧实的土壤中生长良好。无限型根茎较长，在每个节上都有可能生成新的蘖枝。地上茎是从根茎的腋芽发育来的。狗牙根除具有无限型根茎外，还有匍匐茎。无限型根茎的伸展长度可以从很短到十几厘米甚至更长。无限型根茎不像根那样在末端有细胞的分裂，却有地上茎一样的生长方式，根茎上还有互生的叶、生长点、节、节间和腋芽。在节间伸长方面，根茎不同于地上茎，而且具有退化的鳞状叶片。根茎的末端是一个包裹着生长点的圆锥形小叶。在根茎的衰老部分，每个节上的叶子已经脱落并且露出相邻的节间。每个叶的叶腋都生长着可以发育为根茎或地上茎的腋芽。在腋芽周围也可产生不定根，根茎的末端先是通过鳞叶的伸长而后通过节间的伸长穿出土壤。末端部分的鳞叶有很短的叶片，叶片的发育通常标志根茎开始向上生长，并随之形成地上茎，一旦叶片见光，节间便停止伸长。随着生长点上叶片的形成，茎基形成。

（二）叶的形成

由于草坪草叶子的形成、生长是持续不断的，因此草坪草对频繁的修剪具有良好的适应性。在草坪的整个营养生长阶段，分生组织主要分布在地表上到被修剪的叶片以下的部分。位于茎基顶端的生长点，持续不断地形成叶原基，并最终发育形成完全展开的叶。这些叶原基最初只是些位于茎基顶端分生组织以下的小突起。在某一时期内，叶原基的数目由于草坪的品种、生长期、环境条件的不同而有变化，一般几个到二十几个不等。大多数的草坪在不同的生长阶段都具有 5 ~ 10 个叶原基。一个完整的生长点，其长度通常不超过 1 mm。

顶端分生组织以下细胞的分裂导致了原基位置升高，叶原基中部细胞的大量分裂最终形成叶尖。叶原基基部细胞的分生活动形成了居间分生组织。这样，生长点就出现了两种类型的分生组织，顶端分生组织不断形成新细胞以提高茎基的位置，居间分生组织则形成紧靠顶端分生组织以下的叶子。

随着叶原基不断发育，居间分生组织分化形成两种不同类型的分生组织。上部居间分生组织产生细胞以形成叶片，下部居间分生组织在叶的基部形成叶鞘。上部居间分生组织的细胞分裂使叶鞘包围中的叶片不断扩展，当叶尖从包围的叶鞘中露出来以后，上部居间分生组织就停止了细胞分裂活动。以后的叶片生长主要是靠叶片基部细胞伸长来完成的。在叶片完全形成以后，叶鞘基部的分生活动还将持续一段时间。所以，叶子中最老的部位是叶尖，最嫩的部位是叶鞘基部。叶子的一部分因修剪去掉以后，叶子依然生长，并会形成不同于修剪以前的形状。在叶鞘仍然被前一个叶鞘包裹着时，未被叶鞘包裹的叶片就会形成相对平展的结构。当新叶在沿茎基向较高位置发展时，每一个叶鞘都会出现在比前一个老叶鞘稍高的位置。

在草坪草由成熟期到枯黄期的过渡阶段,叶的衰老首先从叶尖开始并逐渐过渡到叶的基部,最终导致叶片从茎秆上脱落。通常新叶的形成率和老叶的脱落率大致相等,因此正在生长的茎上总保持着一定数目的叶片。新叶的生长将吸收成熟叶片光合作用制造的养分。充分伸展的新叶具有最高的光合效率,能为植物其他生长部位提供充足的光合产物。老叶由于接近衰老,光合能力降低,为植物提供的养分很少。对于正在生长中没有光合能力的嫩叶,所需要的养分全部来自于贮存或其他叶片的光合作用。因此,叶子的生长率因叶子的生长期不同而有差异。老叶几乎停止了生长,新叶生长却很快(见图 3-1)。所以修剪会影响草坪的整齐度。

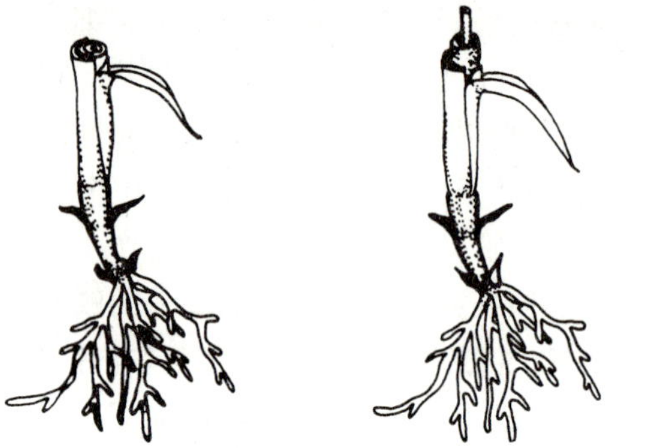

图 3-1　修剪对草坪草茎秆的影响

叶子的垂直生长通常跟下一片叶子的发育同时进行(见图 3-2)。在叶鞘内叶子的尖端开始向上伸展的同时,下一片新叶也开始了叶鞘的伸长。在这样的一对叶子中,每片叶子的不同形态单元的生长都是同步发生的。所以,在叶鞘停止生长以前,叶片的形态是不一样的。

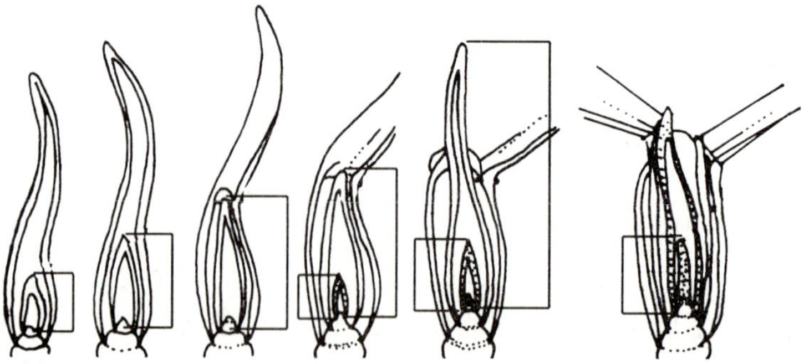

图 3-2　叶片的生长过程

由于草坪品种和管理水平的不同,新叶生成率也不一样。气候条件和施肥水平对新叶生成率也有影响。两片叶子形成的时间间距被称为成叶周期,一般为几天的时间。在最适的温度、充足的光照、较高的供氮水平和适宜的土壤条件下,成叶周期最短。

(三)草坪草的分蘖

新生草坪草抽出几片叶后,植株进入一个新的发育阶段,这时,在叶腋处形成腋芽,这些芽逐渐发育成地上枝条。这种从腋芽鞘内长出新的地上枝条的现象叫分蘖。腋芽从密闭的叶鞘内长出新的枝条并直立向上生长为鞘内分蘖；若腋芽穿破叶鞘水平长出为鞘外分枝。分蘖的结果大大地增加了亲本枝条附近新生枝条的数量。在匍匐茎和根茎上生成的地上直立茎也可以产生分蘖，形成一个幼苗并最终形成一个完整的草坪群落。已经建植好的草坪，由于植株个体的死亡必须有新蘖枝来补充，以便使草坪保持良好的外观。如果环境条件恶劣，新的分蘖通常会先死去。春天开花的分蘖，通常会在入秋之前死去。新生成的分蘖在形成自己独立的根系和叶片系统以前依靠母体提供养分。尽管成熟的分蘖常常表现为独立的植株个体，但在分蘖之前实际上有维管系统相互联系着。因此，草坪实际上是一个高度协调的系统而不是一个独立分蘖体的集合。

任务二　草坪修剪

一、任务分析

修剪是草坪养护管理中最具特色的核心操作项目，也是维持优质草坪的重要作业。正确选择和使用草坪修剪工具，能够按要求对草坪进行修剪是草坪养护的一项最基本、最重要的工作。

二、任务目标

能力目标：能够使用草坪修剪工具，按照标准对草坪进行适当修剪。

知识目标：了解常用草坪修剪机械，理解草坪修剪的意义，掌握草坪修剪的原则、方法。

素质目标：培养学生吃苦耐劳精神、团队合作能力、分析问题能力。

三、相关知识

（一）草坪修剪的意义和原则

草坪修剪也叫刈剪、剪草、轧草，是指定期去掉草坪草枝条的顶端部分。它是维持优质草坪的一项最基本、最重要的作业。

1. 草坪修剪的意义

修剪的目的在于使草坪经常保持平整养观，以充分发挥草坪的坪用功能。修剪的作用主要包括以下几个方面。

1）提高草坪品质，使草坪整齐、美观，而且具有较高的坪用价值和经济价值

修剪后，改善盖度、密度、匀度、强度、青绿度，合理地积累有机质层，控制芜枝层，使草坪整齐美观，更显示出草坪的经济价值、观赏价值和使用价值。一般草坪草在能忍受的修剪范围内，修剪得越短，草坪越显得统一，叶质越好，越发美丽动人。

2）合理的修剪可促进分蘖，促进草坪生长、分枝，进而形成致密的草坪

修剪能强烈地抑制草坪地上部顶端生长，促进分枝、分蘖及其生长，同时依赖其未被

伤害的幼叶、分蘖基部及分蘖节匍匐枝、地下茎等进行再生,从而形成致密的草坪,使草坪具有更好的弹性和良好的触感,形成更加致密的草毯。

3)改善通气性,减少病虫害的发生

修剪剪去部分枝叶,改善通透性,光照能进入草坪基层,从而使草坪草健康生长。

4)有效地抑制杂草生长,提高其美观性

一般双子叶杂草的生长点都位于植株顶部,通过修剪,可剪去生长点,从而达到抑制杂草生长的目的;双子叶杂草生长点位于植株基部,修剪后减少了叶面积,降低了竞争能力。周期性的重复修剪也防止杂草种子的形成,减少杂草的种源。

但是,过度修剪会造成草坪的退化,所以合理修剪十分必要。大部分草坪草忍受修剪的能力是有限的,一般的留茬高度为 4 cm 左右。

2. 修剪的原则

1)修剪的原理

修剪会去掉部分叶组织,对草坪来说是一个损伤,但它们又会因再生能力而得到恢复。草坪草之所以能频繁地被修剪,是因为草坪草的生长点很低,再生能力极强。如 20 cm 的野牛草修剪到 5 cm 高,仅需 3 周时间就可以长回 20 cm 高;草地早熟禾修剪后只需一周就可以恢复原来的高度。主要原理如下。

a. 再生物质的供给

草坪修剪后,为了再生,必须为其提供必要的物质供给。再生所需要营养物质供给中,草坪草修剪后被保留的留茬起着重大作用。留茬指未被修剪去的叶和尚未伸展形成叶的分蘖芽(或生长点、叶原基)。

留茬、匍匐茎和根系都能为草坪草的再生提供养分,不同的草坪草种类为再生提供养分的储藏器官是不同的,主要是留茬、匍匐茎,其次是根。但无芒虎尾草主要的储存器官是根。

b. 再生部位

草坪草的再生部位主要有三个:一是剪去的上部老叶片可继续生长;二是未被伤害的幼叶尚能长大;三是基部的分蘖节可产生新的枝条。

由于留茬、匍匐茎和根具有储藏营养物质的功能,能保障再生对养分的需要,所以草坪是可频繁修剪的。

2)修剪原则

草坪修剪应遵循 1/3 原则,即任何一次修剪,被剪掉的部分小于草坪草总高度的1/3。一般草坪草适宜的留茬高度为 3 ~4 cm,当草坪草长到 6 cm 时就应该修剪,遮阴处留茬应高一些。如果修剪量超过 1/3,将会由于叶面积大量损失而导致草坪草光合作用急剧下降,使仅有的碳水化合物全部被用于新的枝、蘖、芽、叶等的生长,从而使根系缺乏足够的养分而停止生长或大量死亡,导致草坪质量逐步下降,杂草、病、虫侵入,养护费用倍增。

由于自然或人为的原因导致修剪不及时,称为失剪。失剪的草坪,草高超过常规修剪高度,仍应遵循 1/3 修剪原则。切忌一次修剪就达到需求的标准修剪高度,而是应该通过少量多次修剪,逐渐剪到需要的高度。例如,草坪要求的高度为 3 cm,而实际草高为 8

cm，操作中应该经过几次修剪后达到4～5 cm，再经几周后修剪至3 cm。失剪后修剪较费工，因此在草坪管理中应尽量避免失剪。

（二）常用草坪修剪机械

自1830年毕尔·布丁发明第一台剪草机以来，剪草机械得到了惊人的发展。

1. 剪草机的类型

1）旋刀式剪草机

旋刀式剪草机是目前最流行的，常用于公园、庭园等大部分绿地及低养护水平的草坪。

a. 特点

修剪作业高度一般为25～120 mm，虽然修剪质量不如滚刀式剪草机好，但价格低廉，保养维修方便，使用灵活。只要刀片锋利，也能达到满意的修剪质量。

b. 工作原理

旋刀式剪草机主要的工作部件是高速水平旋转的刀片，刀片以锋利的刀刃依靠高速旋转的冲力把草割下。其割草机制如镰刀。

2）滚刀式剪草机

滚刀式剪草机常用于高尔夫球场等高水平养护的草坪。

a. 特点

修剪质量最高，修剪高度低，能满足低留茬修剪的需要，一般其修剪高度在3～80 mm，但价格昂贵，保养要求严格，维护费用高。

b. 工作原理

滚刀式剪草机主要由旋转的滚刀和固定的刀床两部分组成。当卷轴旋转时，叶片被卷进锋利的刀床而剪断。

3）割灌机

主要用于林间道旁的不规整、不平坦的地面及野生草丛、灌木和人工草坪的修剪作业。

a. 特点

割灌机修剪的草坪，不太平整，作业后场地显得有些凌乱，但它轻巧、易于携带，具有适应特殊环境的能力，起到了其他草坪修剪机无法替代的作用。

b. 原理

割灌机工作头上的尼龙绳或钢丝高速旋转，与草坪草茎叶接触时将其击碎，从而实现剪草的目的。

用割灌机剪草时要注意安全，操作时穿戴厚的工作服、工作靴、防护眼镜。更换绳或排除缠绕时必须先切断动力。

4）草坪修边机

草坪修边机用于边界修整，切断蔓伸到界限以外的草茎，草坪修边机通常以汽油机或电动机为动力，动力仅供切刀运行，机体则由人推动。

草坪修边机由一组垂直刀片组成，这些刀片装在马达轴或由小型三角皮带驱动的轴上。刀片突出于草地边缘，且高速旋转，锐利的刃口像旋转式割草机一样将草坪垂直切开。草坪修边机切割的深度由机体前面的滚筒或支撑轮控制，提高滚筒则切割深度增加。

2. 剪草机械选择的原则

总的选择原则是：在达到草坪修剪质量的前提下，选择经济实用的机型。

剪草机的选择要考虑多种因素，如草坪面积、修剪质量、修剪高度、草坪草的种类及品种、可以获得的刀刃设备、剪草机的刈剪宽度及配套动力等。

在坡度较大或不适宜用剪草机的地方，人们还常用割灌机进行草坪修剪作业，同样能达到令人满意的效果。

(三)修剪的时间、频率、高度和方法

1. 修剪时间和频率

修剪频率是指一定时期内草坪修剪的次数。修剪周期是指连续两次修剪之间的间隔时间。修剪次数越多，修剪周期越短。草坪要求定期修剪。

草坪修剪时间和频率应由草坪草的生长速度及草坪的用途来决定，而草坪草的生长速度取决于草坪草的种类及品种、草坪草的生长发育时期、草坪草的养护管理水平及环境条件等。

1)草坪草的生长时期

依草坪草的种类而异，可将其分为四种季节类型：一是春型，一年生草坪草，主要生长期在春季；二是夏型，一年生草坪草，主要生长期在夏季；三是冬型，越年生草坪草，主要生长期在冬季和春季；四是全年型，多年生草坪草，生长期在春、夏、秋季。一般来说，冷季型草坪草有春、秋两个生长高峰，因此在两个高峰期应加强修剪，可一周 1 ~ 2 次，但为了使草坪草有足够的营养越冬，在晚秋修剪次数应逐渐减少。在夏季冷季型草坪也有休眠现象，也应根据情况减少修剪次数，一般两周一次就可满足要求。暖季型草坪草由于只有夏季的生长高峰，因此在夏季应多修剪。一般 4 ~ 10 月期间，每周都要修剪一次草坪，其他时候则两周一次。就全年而论，标准的修剪时间在 5 ~ 6 月，温暖地区为 7 ~ 8 月，运动场等特殊用途草坪的修剪期可在 8 ~ 10 月。

2)草坪草的种类及品种

不同类型和品种的草坪草，其生长速度是不同的，修剪频率也自然不同。生长速度越快，修剪频率越高。在暖季型草坪草中，狗牙根、结缕草等生长速度都比较快。修剪的次数与修剪高度也密切相关。修剪高度越低，修剪次数就越多；反之，修剪的次数越少。总体来说，修剪应高度低、次数多。

3)草坪的养护管理水平

得到大量施肥和灌水的精细养护草坪比一般养护草坪生长速度要快，需经常修剪。如南方高尔夫球场的果岭地带，在生长季需每天修剪，而管理粗放的草坪则可以 1 月修剪 1 ~ 2 次。

4)草坪用途

草坪的用途不同，草坪的养护管理精细程度也不同，修剪频率自然也不同。管理十分粗放的草坪仅在生长季节剪几次就可以了，或根本不用修剪。如游憩草坪人们踏压的较多，修剪次数较少；足球场草坪在使用前2～5 d必须修剪；高尔夫球场和草地保龄球场的草坪，剪草次数更勤，生长季每周2～3次。

2. 修剪高度

修剪高度是指草坪修剪后留在地面上的高度，也称“留茬高度”。待修剪草坪由留茬高度和剪除高度两个要素组成，根据1/3原则，可根据下列公式确定修剪适期：

$$修剪时草高=留茬高度\times 1.5$$

例如，规定留茬高度5 cm的草坪，当草坪草生长高度达到7.5 cm时，即为修剪适期。需要注意的是，修剪作业的时间应在露水晾干后进行，以免加重病害的侵染与蔓延。

1）影响修剪高度的因素

每种草坪草都有一个适宜的高度区间，适宜的修剪高度受下列因素影响：

（1）草坪草种及其品种。不同品种生长特性不同，适宜修剪的高度亦不同。根茎型草坪草略高，匍匐茎型略低。

（2）草坪质量要求。这是最重要因素之一，草坪质量要求越高，修剪高度就越低。

（3）环境条件。潮湿多雨季节、地下水位较高，宜留高茬，干旱少雨时低剪；夏季高温时对冷季型草宜高剪，早春晚秋低温时，对暖季型草宜高剪；病虫害、践踏等损害严重时，局部遮阴生长较弱者宜高剪。

（4）发育阶段。休眠期、开始生长时可强度低修剪。

（5）草坪利用强度。受强烈践踏的运动场草坪，宜高剪；轻型运动草坪稍低剪。

2）修剪高度对草坪草的影响

a. 修剪过低的影响

首先是使草坪草根基受到伤害，大量生长点被剪除，使草坪草丧失再生力。其次是大量叶片组织被剪除后，植物的光合作用能力受到严重限制，草坪草处于亏供状态，结果导致根系减少，耗尽大部分储存养分，使草坪衰败。

b. 修剪过高的影响

将产生一种蓬乱、不整洁、浮肿的外观，同时也会因芜枝层密度的增加给管理上带来很多麻烦。嫩苗会枯萎而顶部弯曲，叶片质地粗糙，也使草坪密度下降。

3）不同草种的修剪高度

常见草坪草的修剪高度如表3-1所示。

3. 修剪方法

正确的修剪方法是修剪质量的重要保证。草坪修剪要注意以下问题。

1）修剪方向

剪草机作业时运行的方向和路线，会显著地影响草坪枝叶的生长方向和土壤受挤压的程度。

a. 修剪会出现的问题

（1）草坪纹理。同一草坪，每次修剪要避免从同一方向、同一路线往返进行，否则，草叶会趋于同一方向定向生长，出现“纹理”现象，而且还会导致草坪草瘦弱，使草坪的均一性下降。

表 3-1　常见草坪草的修剪高度

暖季型草坪草	修剪高度(cm)	冷季型草坪草	修剪高度(cm)
普通狗牙根	2.1～3.8	匍匐剪股颖	0.5～1.3
杂交狗牙根	0.6～2.5	细弱剪股颖	0.8～2.0
地毯草	2.5～5.0	绒毛剪股颖	0.5～2.0
假俭草	2.5～5.0	普通早熟禾	3.8～5.5
中华结缕草	1.3～5.0	草地早熟禾	3.8～5.7
沟叶结缕草	1.3～3.5	多年生黑麦草	3.8～5.1
细叶结缕草	1.3～5.0	一年生黑麦草	3.8～5.1
野牛草	2.5～7.5	苇状羊茅	4.4～7.6
雀稗	5.0～7.5	细叶羊茅	3.8～6.4
钝叶草	3.8～7.6	硬羊茅	2.5～3.4
无芒雀麦	7.6～15	紫羊茅	3.5～6.5

(2)草坪土沟。剪草机轮子在同一地方反复走过,草坪土壤受到不均匀挤压,可能会压实,形成土沟,影响草坪坪面的平整度。

b.克服的方法

(1)修剪时应尽可能改变起点、行进方向、行进路线,最好每次修剪时都采用与上次不同的方式进行。

(2)在剪草机前加刷子,可有利于茎叶的抬高和立起,减弱纹理现象。

2)草坪边缘的修剪

草坪边缘的修剪要视情况而采用相应的方法。越出边界的茎叶,可用切边机或平头铲等切割整齐。毗邻路牙或栅栏,剪草机难以修剪的边际草坪,可用割灌机或刀、剪整修平整。

3)草屑的处理

剪草机剪下的草坪组织总称为草屑。对草屑的处理,目前还有争论。有人认为,应将草屑带出草坪,也有人反对这种做法。

a.将草屑留在草坪中

有人认为,在普通草坪上,只要草屑不是团块状地残留在草坪表面,就不会有什么问题。因为草屑很容易分解,不会导致枯草层的形成。过量施氮肥会加重早熟禾夏斑病的发生,如果不过量施氮肥,低或中度氮肥水平上,都没有差异。

草屑含有丰富的营养元素,是重要的氮源之一。草屑的含氮量可占草坪需氮量的1/3。归还这些养分给土壤,可减少化肥施用量,并使土壤肥力逐渐提高。如果长期带走草屑,最终会使土壤养分失调,同时还需要施用化肥来补充带走的养分。

b.将草屑移出草坪

也有不少草坪管理者强调草屑应带出草坪,他们认为散落在草坪表面的草屑:①影响草坪景观和使用功能;②加快枯草层的发育;③成块草屑的覆盖是病菌和草籽的媒体。

所以综合考虑,草屑应收集在集草袋中,集中处理。一般可做堆肥,再施回草坪中。

c. 综合措施

草屑的去留应视情况而定。如果草屑短、少,最好不要清理出去;如果草屑较长、多,则运出草坪为好。高尔夫球场、运动场等草坪草屑,由于运动的需要,则必须清除出去。

(四)特殊修剪

根据需要、利用目的、草坪的调整或其他原因,不按草坪一般生育规律和1/3原则所实施的修剪,称为特殊修剪。特殊修剪主要有以下几种情况。

1. 草坪冬休眠或夏休眠后的第一次修剪

草坪越冬或越夏,其再生部位有所降低,使积累的养分集中贮藏到地表和地下营养器官中,且萌发不久的草坪高度较低,此次修剪可按各种草种适宜留茬的低限进行。

2. 越冬越夏前修剪

在草坪越冬越夏前修剪,适当提高留茬高度,贮藏足够多的光合产物,以利越冬越夏。

3. 草坪图案的修剪

根据预先设计的草坪图案,运用间歇修剪技术而形成色泽深浅的图形,如彩条形、彩格形、同心圆形等。常用于运动场和观赏草坪。具体做法如下。

1)设计图形

根据场地面积和形状、使用目的和剪草机的剪幅,设计相宜图形。

2)现场放线

用绳索做出标记。球类运动场的彩条或彩格,其条格宽度通常为2~4 m。

3)间歇修剪

按图形标记,隔行修剪,完成一半的修剪量。间隔数日以后,再修剪其余的一半。间歇时间因草种、长势、季节而异,间隔天数为1~3 d。在能显示色差的情况下,间隔的时间越短越好。

注意:同一块草坪的修剪方向应保持一致,以免出现色差。

四、任务实施

(一)场地准备

校园草坪、公园绿地。

(二)材料

剪草机、汽油、机油、工作服等。

(三)分组

把学生分成4~6人的小组进行具体任务实施。每组配一名教师或园林技术员。

(四)实施步骤

1. 确定修剪时间

根据草坪类型、草坪草生长情况,按照1/3修剪原则,确定修剪时间。

2. 确定修剪路线

每组一块草坪定期进行修剪,注意:每次修剪要从不同起点开始。

3. 检查待修剪草坪

拣除石块、砖头、树枝等杂物，对树桩等做一下标记。

4. 检查剪草机

检查刀片是否锋利、修剪高度是否合适、刀架固定螺丝有没有固定好、油加足没有等。对于割灌机，加的油是不是汽油：机油为25∶1等。

5. 做好防护

操作人员要穿好工作服，尤其是操作割灌机时更要做好个人防护。

6. 修剪

在教师指导下进行草坪修剪，调整修剪机风门→打开油门→启动机械→调整好油门→修剪→关闭油门停机。

7. 清洁场地、工具

剪草结束后，将剪掉的草屑运出场外。将剪草机清理干净，长时间不用时，还应将刀片等部位上油保护。

8. 草坪修剪情况记载表

将草坪修剪情况记入表 3-2 中。

表 3-2　草坪修剪情况记载表

草种名称	修剪高度	修剪日期	两次修剪间隔天数	一年修剪次数	备注

五、思考与练习

(1)草坪修剪为什么一定要遵守 1/3 原则？

(2)修剪的作用是什么？

(3)修剪原理是什么？

(4)修剪高度对草坪草有哪些影响？

六、知识扩展——草坪与生态环境

草坪群落是环境的一部分，草坪与其所处的环境有着不可分割的联系。一切自然环境和人工环境都会影响草坪的质量与寿命，这些环境包括了一系列的因素，这些因素的总和决定了植物品种的适应性和生长状况。

(一)草坪草与光

太阳能是绿色植物进行光合作用的能量来源，也是叶绿素形成的条件，光照影响气孔关闭，因而影响 CO_2进入叶片，同时光照还影响大气温度和湿度的变化。在正常情况下，植物光合作用积累的有机物大于呼吸消耗，有机物积累，植物生长。一般植物在很低的光照强度下就可以进行光合作用，但光合强度很低，随着光照强度增加，光合强度也增加，达到一定光强时，光合强度达最大值，以后即使继续增加光照强度，光合强度也不再增加，这种现象叫光饱和现象，开始达到光饱和现象时的光照强度叫光饱和点。在光饱和点以下，随着光照强度降低，光合作用也降低，当光照强度降到一定数值时，光合吸收的CO_2与呼吸放出的CO_2相等，这时的光照强度叫光补偿点。草坪草中大部分草的光补偿点为全日照的2%～5%，光饱和点约为全日照的1/3。所以，在光照强烈的干旱地区和青藏高原地区，植物的光能利用率并不高，主要是由于光饱和点的限制。在不同波长的光中，长波光（红、橙、黄）有利细胞伸长，特别是茎、叶细胞的伸长，波长为660 nm的红光，对茎的高生长极为有利；短波光（蓝、紫）特别是紫外光，则对细胞伸长有明显的抑制作用，对植物有矮化效应。另外，不同的光周期也影响草坪草的生长。

充足的光照是维持一定水平的光合作用、满足植物呼吸和正常生长所必需的。强光照下，草坪草根系生长加快，根茎比增高，叶片变小、变厚，叶片的栅栏组织发达，气孔数增加，细胞壁和角质层加厚，叶绿体数量变少、体积变大，叶片的内外面积比提高，株体变粗壮，干重增加；相反，弱光下的植物叶片变薄、变长、变窄；植株增高；枝条密度降低；节间变长，分蘖数减少；茎秆变细弱，茎生叶变少，直立生长的特征更明显。

许多园林风景绿地建设中，草坪作为背景绿化，与乔木、灌木、花卉一起构成和谐的园林植物群体。占据优势地位的乔灌木的树冠严重影响草坪草旺盛生长所必需的光能的吸收。树冠不仅会影响光照强度，而且枝叶散射、反射、吸收和过滤等作用使光质也发生较大变化，光质的变化，使草坪草正常的光合作用受抑。另外，在遮阳条件下，草坪生长的小环境也会发生一些变化，阴性遮阳条件下草坪相对湿度较高，可诱导某些病害的发生。树冠的遮阳作用不仅减弱了光照强度，而且阻滞空气环流，恒定温差变化，增加了小环境空气中的CO_2含量。

遮阳的影响可归纳为以下几点：

（1）遮阳使有效光合辐射能减弱，导致草坪草叶片细弱、脆嫩、质薄、多汁，枝条变稀，根茎生长量下降，分蘖减少和储存碳水化合物减少。

（2）遮阳条件下，如果草叶相对湿度较高或草坪长时间存有露水，其病害如某些镰孢菌类病害、半知菌类病害、腐霉菌类病害、丝核菌类病害和核盘菌类病害就容易发生和蔓延。因此，遮阳条件下病害是草坪培植最重要的制约因素。单播草坪比混播草坪更易发生病害。

（3）遮阳条件下草坪草抗逆性能变差，耐践踏能力下降。

就遮阳对草坪草生长的不利，在草坪管理措施上有许多调整方法可以用来改善荫蔽条件下草坪的外观质量和抗性：

（1）疏理、修剪树冠枝条，为树下生长的草坪草提供适宜的光照条件。树阴下的斑驳日光是树下草坪草光合作用的重要光源。一般而言，单株树木不会造成严重的遮阳问题，若将3 m以下低垂枝条剪去，早晨或下午的斜射光线就基本能满足草类生长的最低光辐射要求。

（2）致密的灌木丛除疏剪枝条外，还应间伐或疏伐，以促进风的运动，降低相对湿度。间伐时还应考虑主风向，以形成风道。

（3）草坪的修剪高度应尽可能高些，保留足够的叶面积来最大限度地利用有限的光能，促进草坪草根系尽量向深层发展，保持草坪的高密度和高弹性。

(4)灌水时应遵循少次多量的原则，一般当草坪草表现出叶片卷折变为蓝灰色时再灌溉。每次应多灌水，以促进深层根系的发育，避免用少量多次的灌水方法，以防浅根化和发生病害，而且不能施太多氮肥，以免枝条生长过快，根系生长相对下降而使碳水化合物贮量不足。施氮肥过多，草坪草更加多汁嫩弱，更易感病，抗病性也会降低，草坪的耐磨、耐践踏能力下降。

(5)遮阳条件下，应选择某些耐阴性很强的草种及常绿和落叶园林植物用于这类生境的绿化。

(二)草坪草与温度

温度对植物的生长和发育是至关重要的，温度往往决定着植物群落的分布状态。一般来说，某一类型的植物，其生长、发育的温度范围是恒定的，如果超出这个温度范围，植物的生长、发育就会受到影响，甚至受到伤害。过高、过低的温度均是植物生长、发育的胁迫温度。同样，草坪植物中一定的种和品种对其适宜生长的温度要求也有一个范围值，而且在其不同发育阶段有着不同的温度要求，若超过该温度要求，草坪植物的生理过程就会发生一系列的紊乱。以下分别阐述不同温度对草坪植物生长、发育的影响。

1. 草坪草的适宜生长温度

草坪植物对温度的需求都限定在一定范围之内，并在每一发育阶段都有特定的适宜温度范围。实践证明，当温度高于50 ℃或低于0 ℃时，草坪草的生长发育停止，基本无生物活性。大多数植物在10～40 ℃温度范围内正常生长，但其生长或生理代谢最佳时的温度常因种或品种甚至生长部位的不同而异。就枝条生长而言，冷季型草坪草最适温度范围是15～25 ℃，暖季型草坪草的最适温度则为26～35 ℃。对某一特定草坪草种来说，不同生育阶段的最适温度不同，如分蘖最盛时的温度往往略低于枝条生长的最适温度，结缕草枝条生长、根干重、根茎干重、节间长度、叶片和匍匐茎长度等，在27 ℃条件下表现比21 ℃时好就是典型例证。可见，枝条生长最佳时所需温度与草坪草性状表现最佳时的温度并非完全一致。

一般土壤温度对草坪草根系生长的影响大于大气温度。冷季型草坪草根系在10～18 ℃时生长最好，而暖季型草坪草根系生长的最适温度则为24～29 ℃。在深秋，只要土壤不结冻，冷季型草坪草的根系仍能保持生长。如狗牙根和钝叶草在深秋当土壤温度低于10 ℃时，枝叶失绿而根系仍能保持生长。

2. 胁迫温度对草坪草的影响

当草坪草生长在低于或高于其适宜温度条件下时，就产生温度胁迫现象，这时的温度称胁迫温度。每一种胁迫温度都可直接或间接影响植物生理或代谢等方面的变化，进而导致植物的生长发育不良。胁迫温度可分为寒温、冷温和炎热三类，一般将小于0 ℃的温度称寒温，小于12 ℃而大于0 ℃的温度范围称冷温，高于草坪草最适生长温度上限的温度(一般是45 ℃)称炎热。温度胁迫主要指低温胁迫(包括寒温胁迫和冷温胁迫)和高温胁迫(炎热)两方面。

植物适应高温或低温的能力称为抗热性或抗寒性。一般而言，暖季型草坪草对炎热高温具有很强的抗性而易受低温伤害，冷季型草坪草与此相反。草坪草抵抗温度胁迫的方式有三种：避开胁迫、避免胁迫和耐受胁迫。

1)避开胁迫

避开胁迫指胁迫温度出现时，草坪植物不存在而避开胁迫温度的危害。如一年生早熟禾在一年较凉爽的时期生长旺盛，在夏季高温抑制其生长之前，已经完成其生活周期并结实，而避开胁迫温度危害。这些植物既不回避也不能忍耐胁迫温度，但能通过产生种子而免受危害，并靠种子的自繁经久不衰。绝大多数草坪草为多年生植物，一般很难避开胁迫温度。

2)避免胁迫

避免胁迫是草坪草免受不良环境危害的一种适应能力，当温度胁迫出现时，草坪通过某种适应方式可以避免发生危害。如在高温季节，当冷季型草坪草位于建筑物附近，往往可以避免热害；而生长在寒冷条件下的暖季型草坪草在建筑物或散热孔附近越冬较好。根茎比丛生枝条或匍匐茎处于土壤的更深层，受胁迫温度的影响小，抗性也随之提高。如狗牙根在表土层中产生大量的根茎，抗胁迫温度的能力很强。

3)耐受胁迫

耐受胁迫是指植物处于温度胁迫下，具有对这种不良环境条件的抵抗能力，它能使植物防止或减轻胁迫温度造成的危害。对草坪而言，不仅要具备抵抗不良温度的能力，还应具有防止、减轻或修复不良温度造成伤害的能力。大多数草坪草具有度过胁迫温度的能力，耐受性强的草坪草种还能够避免与温度胁迫有关的伤害。

3. 高温对草坪草的影响

高温也是对草坪草产生伤害的主要因素之一。高温胁迫对草坪草的危害，主要是高温造成植物过度蒸腾失水，引起细胞脱水，进而形成一系列的代谢失调，使植物的枝条和根系生长缓慢，分蘖、草层密度及叶面积减小等。暖季型草坪草具有极强的耐热性，高温常是影响冷季型草坪草广泛应用的首要限制因子。在高温或持续高温条件下，冷季型草坪草会出现叶片萎蔫、颜色变淡、生活力下降、根系变浅等现象，严重时则导致植株死亡。

灌溉对草坪草的耐热性有一定的影响，因此高温到来之前对草坪地实施多量少次的灌水，会提高草坪草的耐热性。

4. 冷温对草坪草的影响

冷温胁迫就是冰点以上的低温胁迫。当气温降到12 ℃以下0 ℃以上时，热带和亚热带气候区的植物常受冷温胁迫。冷温胁迫对暖季型草坪草的影响较大。冷温胁迫对草坪草造成危害的主要症状是膜透性提高、水分平衡失调、光合作用下降、呼吸作用先升后降、有机物水解过程加剧等。

5. 寒冻胁迫对草坪草的影响

寒冻胁迫是指草坪草生长在温度低于0 ℃条件下的温度胁迫现象。暖季型草坪草不能适应北方气候主要就是受寒冻胁迫限制。冰点以下的低温或霜冻均会伤害草坪草，引起叶片萎蔫或卷曲、叶面黄化等现象。当超过草坪草生长的临界温度值时，细胞的结构和功能被破坏，生物膜透性丧失，引起草坪死亡。

草坪草对寒冻胁迫的耐受能力因种及其品种的不同而异。如冷季型草坪草种，匍茎剪股颖、普通早熟禾和草地早熟禾耐寒性最强，一年生早熟禾、紫羊茅和小糠草次之，多年生黑麦草最不耐寒。

据报道，施肥对草坪草特别是暖季型草坪草的越冬率和耐寒能力有影响，暖季型草坪草枯萎前和冷季型草坪草在秋末最后一次修剪前后，是生长季最后施氮的时期，此时，少量施氮肥对草坪草越冬有利。

（三）草坪草与水分

水分是草坪草生长与生存最重要的因素之一。快速生长的草坪草含水量占草坪草总质量的75%～90%，含水量过低或过高均会影响草坪草生长与外观质量。

1. 植物体内水分的功能

植物体内水分的功能主要有：维持细胞膨压；作为植物体内运输养分和有机化合物的介质；以材料参与包括光合作用在内的各种化学反应及代谢过程；构成细胞内大部分活的原生质；通过蒸腾作用缓冲植物体温的波动对植物的影响。

2. 大气水分的几种形式及其对草坪草的影响

影响草坪管理的几种水分形式包括降水、灌溉水、水蒸气和露水。一个地区的降水量及其分布对该地区植被数量与种类有重要影响。如我国华北地区降水偏少，耐旱性强的草坪草如野牛草和结缕草生长良好，而草地早熟禾、细弱剪股颖等冷季型草坪草虽然绿色期较长，但易受到干旱的胁迫。相反，我国华东沿海地区、华南等降水量较多的地区，其自然降水即可满足草坪草生长的需要。在草坪的建立和养护管理中应该考虑降雨的时期及雨量等。

水蒸气在大气中所占比例较小，但它也是草坪生态环境中的重要因素之一。大气中水蒸气含量影响降水、气温和蒸腾强度，而这些因素又制约着草坪草和其他植物种类的分布与生长状况。草坪草周围空气相对湿度影响病原微生物生长与生存，从而影响草坪草发病率。

清晨的露珠是水蒸气在植物叶表面凝结的表现。叶尖吐水是其中的一个过程，它是植物体内水分通过叶边缘的排水孔或新修剪叶片伤口向外溢出而形成的。叶尖吐水是当植物吸水快而蒸腾强度小，根部水压增加的条件下产生的现象。吐水产生的液体含有植物体内形成的各种简单有机化合物和矿质元素，这些物质在叶表面积累会明显地促进病原菌繁殖，从而增加植物发病率。而且液体中水分蒸发后，留下的盐分积累在叶面上，可导致叶尖灼伤。

冷凝是露水形成的另一个过程。当叶片由于辐射降温而使叶温低于周围气温时，空气中的水蒸气则在叶片表面凝结成露珠。冷凝和蒸发是两个相反的过程，冷凝过程中潜热转化为显热，使辐射冷却引起的叶温下降变缓。露水形成一般发生在晚间，尤其是晴天的夜晚较易发生。在寒冷季节，当夜间温度降至冰点以下时，露水会冻结而形成霜。受霜冻的草坪草茎叶组织僵硬，如在此时践踏草坪或在草坪上进行机械作业，会对草坪草造成严重的机械损伤。一旦受到机械损伤，草坪草需要等新组织长成后才能恢复。因此，一般要等草坪霜冻消失后才可以在草坪上行走。

露水对草坪群体既有有利的一面，又有不利的一面。露水能够推迟早上蒸腾开始的时间，有利于减少水分消耗。在夏天，露水可大大延迟叶温开始上升的时间，一般推迟到叶面露水蒸发后才使叶温上升。露水的存在有助于各种农药的施用。但露水可导致草坪发病率升高，尤其是高尔夫球场果岭或其他低修剪的草坪。为消除露水这种不利影响，传统做法是在清晨采用竹竿拍打、拖拉或者喷水等方式除去叶面上的露水，以减少病原菌传播。

另外，冬季冰雪覆盖草坪，如时间不长，有利于减少草坪失水或践踏造成的危害。但是，如果覆盖时间过长，也会引起病害发生。因此，降雪前通常在果岭上施用一些预防性杀菌剂，减少病害发生的机会。有时冬季降雨后会在草坪表面形成一层冰，短时间冰层覆盖一般不会对草坪草造成直接危害，但是冰层融化时如排水不良，被水淹没的草坪草茎顶端可能吸收大量水分而导致抗寒性降低。如果此时气温骤然下降形成冻结，会对草坪草造成直接危害。因此，部分除去冰层可减小冻害发生的可能性。

（四）草坪草与土壤

土壤是植物生长的基础，草坪草生长过程中所需要的水分和矿质营养主要来自于土壤，同时，土壤的表面是水、热交换的界面，温度变化剧烈，对植物的根系和地面芽有深刻影响，特别是寒冷地区，地表的急剧升温有利于地面芽植物安全越冬。在草坪建植过程中，土壤耕作是最基础的工作，也是人们能实施技术手段的场所，如施肥、灌水、松土、镇压、打孔透气等都是通过土壤来改善草坪草的生活环境。

由于气候、成土母质和土壤发育过程不同，土壤类型很多。根据土壤质地将土壤分为黏土、壤土、沙土三大类；按土壤溶液 pH 值分为酸性土、中性土和碱性土。一般在炎热多雨地区，土壤淋溶作用强，上层土壤中矿质积累少，土壤多呈酸性；而在干旱少雨地区或海滨地下水位高的地区，土壤中盐分积累多，土壤呈碱性。由于草坪草的原产地和生长环境的不同，对土壤的酸碱性忍受能力差别很大。大多数园林植物要求中性或微酸性（pH 值 6.0～7.0）土壤，对碱性适应能力强的草坪草有早熟禾、高羊茅、野牛草、结缕草、苔草等。在盐碱地建植草坪必须对土壤进行脱盐处理，同时要选择耐盐碱性强的种类，草坪草中结缕草、狗牙根、钝叶草是耐盐性强的暖季型草，匍匐剪股颖、高羊茅和多年生黑麦草是耐盐性较强的冷季型草。

（五）草坪草与风

风是空气流动形成的。风速和风向对草坪有很大的影响。贴近草坪的局部区域，水蒸气、二氧化碳或其他物质浓度相对比上部空气浓度大，这些物质可以借助于风的运动向周围扩散，草坪上空的“新鲜”空气也可以传输到草坪枝叶层中，从而取代其内的“污浊”空气。同样，通过风的运动，使草坪与空气中的温度差异降低。由于风使叶片表面的界层变薄，使得草坪蒸发增加，另外，风也可以带来土壤颗粒或其他杂物，易造成草坪叶片磨蚀和其他方面的损害。一般说来，少量的土壤颗粒不会对草坪产生损伤，反而可以作为地表覆土，有益于枯草层的分解。但是，风沙大的地区，大量尘土覆盖草坪叶片或埋掉草坪，可直接影响植物光合作用与呼吸，对草坪产生大的危害。

风对草坪影响的利与弊，主要取决于风的强度。每小时几千米的空气流动，在炎热的夏季有利于加速草坪的散热。风加速叶面干燥可以减少病菌侵染的机会。一般情况下，在空气流动受阻的地方，草坪病害较为严重。

在地形高的部位，常因通风太好，土壤干燥太快，则需要较多的灌溉。在冬季，没有冰雪覆盖的草坪，常因风大，造成草坪失绿或草坪死亡，像这样的地方，应建立挡风护篱，如乔木、灌木、土堆或其他人造景观地形，可以大大减轻冬季由风引起的失绿问题。

风也是杂草、真菌孢子等其他物质及病菌的传播媒介:空气中的工业及其他类型的污染物也是依靠风来扩散的。空气中的二氧化硫、氟化物、臭氧及其他含氧气体,可以直接危害草坪,使草坪退化和抗性减弱。

任务三 草坪施肥

一、任务分析

频繁的修剪带走大量养分,要保持草坪旺盛的生长和诱人的绿色,就必须对草坪进行施肥。通过科学的施肥,一方面提高土壤肥力水平,为草坪草的生长提供充足的营养物质;另一方面还可以提高草坪草的抗逆性,延长草坪绿期,维持草坪应有的功能。

草坪施肥方案的制订,首先要了解草坪的营养特性,其次还要了解土壤肥力的状况。因土施肥、因草施肥,才能发挥施肥的最佳效果。

二、任务目标

能力目标:能够根据草坪草生长情况选择草坪肥料,能够进行正确的草坪施肥。

知识目标:了解草坪施肥的目的,掌握草坪肥料的种类、草坪施肥的方法。

素质目标:培养学生分析能力、计算能力和环保意识。

三、相关知识

(一)草坪肥料

草坪植物的正常生长发育,除需要充足的阳光、温度、空气和水分外,还必须有充足的养料补充。草坪植物一般是多年生的,一次种植,多年利用,为保持草坪草良好的绿色度,增加绿化效果,延长使用期,就需要施用相应的肥料。

1. 草坪施肥的目的

增加土壤肥活性,为草坪植物的良好生长供应充足的肥料,改善土壤的理化性质,促进土壤团聚体的形成,为草坪植物提供良好的生活环境条件,为土壤微生物创造有益的生存环境,从而保证草坪适宜的密度,增加草坪的绿度,延长草坪植物的绿色期,提高草坪抗病虫害能力,促进草坪健康生长,充分发挥草坪园林绿化的作用。

草坪草的施肥,不仅要了解植物营养的特性,还要了解土壤肥力、肥料特点等。草坪草施肥方案的制订取决于草坪草的类型和环境因素,草坪草的种类不同,土壤状况不同,以及修剪、浇水方式的差异也会决定施肥方案,因而制订一个合理的施肥方案,必须因地制宜、因草而宜达到优化组合,发挥最佳草坪绿化效果。

2. 常用肥料的种类及效用

凡是施入土壤中或是喷洒于草坪草地上部分,能直接或间接地供给草坪草养分,使其生长繁茂、色泽鲜绿正常,并改善土壤结构,逐步提高土壤肥力的各种物质,都称为草坪肥料。

1）草坪肥料的分类

草坪肥料的种类很多，按肥料种类和性质，可以分为有机肥料和无机肥料两大类。有机肥料主要分为厩肥、堆肥和绿肥。无机肥料也称为化肥，种类和品种很多，常根据其特点，进行相应分类。

a. 按形态分类。

肥料按形态分类主要是对氮肥进行分类。

（1）铵态氮肥，如碳酸氢铵、硫酸铵等。

（2）硝态氮肥，如硝酸铵、硝酸钙、硝酸钠等。

（3）酰胺态氮肥，如尿素等。

b. 按用途分类

肥料按用途分类主要分为追肥和基肥。基肥主要以长效和缓效性肥为主，配合部分速效肥料；追肥主要以速效肥为主，进一步分为土壤用肥和叶面用肥两类。

c. 按营养成分分类

肥料按营养成分分类可分为氮肥、磷肥、钾肥、复合肥和微量元素肥料等。

d. 按化学性质分类

（1）碱性肥料，包括生理酸性肥料（如氯化铵、硫酸铵等）和化学酸性肥料（如过磷酸钙、重过磷酸钙）。

（2）碱性肥料，包括生理碱性（如硝酸钙等）和化学碱性肥料（如氨水等）两大类。

（3）中性肥料，如尿素。

e. 按溶解性分类

肥料按溶解性分类主要针对磷肥进行分类。

（1）水溶性磷肥，如过磷酸钙、重过磷酸钙。

（2）弱酸溶性磷肥，如钙镁磷肥、钢渣磷肥等。

（3）难溶性磷肥，如磷矿粉等。

2）常用肥料的肥效及应用

a. 厩肥

厩肥是最普遍的有机肥料，包括家畜的粪尿和垫草等。厩肥除含有多量有机质和氮、磷、钾营养元素外，还含有其他元素，故在草坪应用上称为完全肥料。厩肥适合作基肥使用，使用前要充分腐熟。

b. 堆肥

堆肥是杂草、皮壳、垃圾、灰土及部分粪尿等混合物堆积起来，通过微生物的分解作用制成的有机肥料。其肥效成分取决于掺土多少，多为速效肥，养分含量近于厩肥，草坪施肥多用作基肥及表施。

c. 氮肥

氮肥是草坪追肥的主要肥料，主要肥料有硫酸铵、硝酸铵、碳酸铵、氯化铵、氨水和尿素等，多以铵盐形式存在，易溶于水，易被植物吸收，是速效肥料。常用作种肥、基肥和追肥。

d. 磷肥

磷肥是含磷的化学肥料，有效成分为磷酸（P_2O_5）。常用磷肥有过磷酸钙、重过磷酸钙、钙镁磷肥等。常用作基肥，也有作追肥施用。

e. 钾肥

钾肥是草坪栽培常用的一种化学肥料，主要种类有草木灰、硫酸钾、氯化钾等。钾肥多作速效肥料，以秋后施用效果好。

f. 微肥

微肥主要指微量元素肥料，用量少，应因地、因草、因时制宜。施用浓度也应严格控制，以免造成肥害。

3）肥料的选用

合适的肥料选择是制订高效施肥计划所要考虑的重要内容之一。一般说来，选择肥料要注意以下几个方面：一是养分含量与比例；二是撒施性能；三是水溶性；四是灼烧潜力；五是施放后见效时间；六是残效长短；七是对土壤的影响；八是肥料价格；九是贮藏运输性能；十是安全性。例如，肥料的物理特性好，不宜结块且颗粒均一，则容易施用均匀。肥料水溶性大小对产生叶片灼烧的可能性高低和施用后草坪反应快慢也影响很大。缓释肥残效较长，每单位氮的成本较高，然而高出的成本往往可以通过减少施用次数以节约用工费用和保持平稳的草坪质量效果来得以补偿。

（二）草坪施肥计划和实施

制订施肥计划首先要确定在一年中需要施用的肥料总量，然后确定氮肥的量，氮、磷、钾的比例，再计算出对应的磷肥的施用量，其次确定施肥的时间和每次使用的肥料种类与数量。

1. 施肥量的确定

1）影响施肥量的因素

施肥量既不能过多，也不能过少，否则就会导致一系列问题。确定草坪合理的施肥量主要考虑以下列因素：

（1）草坪草本身的需肥特性。不同的草坪草和同种草坪草的不同品种的需肥量不同。如匍匐剪股颖和狗牙根等生长较快的需肥量大，钝叶草和紫羊茅等生长较慢的需肥量小。

（2）草坪土壤的需肥状况。根据测定土壤养分状况确定用肥的数量和比例。

（3）养护管理水平。低养护水平的草坪，仅为了维持现有高质量的草坪，供氮水平可低，而高养护水平的草坪和需尽快恢复由于病虫侵害、环境胁迫而生长较弱的草坪，需较高的氮水平；新建草坪所需要的氮较成坪要高。

（4）环境条件。当环境条件适宜草坪草快速生长时，要供应充足的氮、磷、钾，以提高对植株的抗旱、抗寒、抗胁迫能力。但在胁迫到来之前或胁迫期间，要控制肥料施用或谨慎施用。当环境胁迫除去之后，应该保证一定的养分供应，以利于伤害后的草坪草迅速恢复。

（5）土壤物理状况。沙质土壤持肥力差，易于通过渗漏淋失，施肥应采用少量多次的方式或施用缓释肥料，以提高肥料的利用率。

（6）栽培管理措施。草屑是否移出草坪及草坪灌溉量的大小对施肥量有较大影响，如草屑的残留可减少草坪30%的施肥量。修剪高度不同施肥量也有差异，低矮的施肥量少于正常的施肥量。

2)施肥量的确定

确定施肥量的具体方法一般有三种,即植物营养诊断法、土壤测定法和田间试验法。植物营养诊断可用外观诊断法,即当植物不能从土壤中得到足够营养时,它们的外表和生长状况会发生变化,依据缺素症即可判断出可能缺乏的营养元素,这需要诊断者经验特别丰富。土壤化验的结果对磷、钾肥用量的确定具有指导意义。

草坪草需要施用多少肥料取决于多种因素,包括期望的草坪质量高低、空气条件、生长季节的长短、土壤质地、光照条件、践踏强度、灌溉强度、修剪碎叶的去留等。应根据土壤养分测定结果和草坪植物营养状况及施肥经验综合确定施肥量。

在良好的生长条件下,氮肥的施用量每次不要超过60 kg/hm^2,在温度增加到胁迫水平时,冷季型草坪草施氮量不要超过 30 kg/hm^2,如施缓效氮肥,可适当增加,但不可超过 180 kg/hm^2(具体参考表 3-3)。草坪每年施肥两次,氮: 磷: 钾为10: 6: 4(氮的 1/2 为缓效肥),一次施肥为 70 ~ 90 kg/hm^2。如果分两次施入,第一次我国南方秋季施肥量为 40 ~ 50 kg/hm^2,北方春季施肥量为 30 ~ 40 kg/hm^2;第二次施肥为 5 月期间,施肥量为 30 kg/hm^2,氮: 磷: 钾为10: 8: 6。追无机肥料应控制适宜的浓度,否则会引起草坪的“灼烧”。一般硫酸钾、硫酸铵、尿素的浓度不高于 0.5%,过磷酸钙不能超过 3%。对于一些刺激性较强的无机肥料,更要注意施用量,如尿素粒施为 70 ~ 90 kg/hm^2,如超过 150 kg/hm^{2}就会毁叶伤根;硝酸铵喷施浓度不能超过 0.5%,否则会损伤叶片或幼茎。

表 3-3　不同草坪草月补纯氮量　(单位:g/m^2)

草种	施肥量	相当尿素
野牛草	1 ~ 2	2.2 ~ 4.4
紫羊茅、加拿大早熟禾、假俭草、地毯草	1 ~ 3	2.2 ~ 6.6
结缕草、中华结缕草、黑麦草、普通早熟禾、早熟禾	2 ~ 5	4.4 ~ 11.1
草地早熟禾、匍匐剪股颖、细弱剪股颖、狗牙根	3 ~ 8 ~ 10	6.6 ~ 17.7 ~ 22.2

2. 施肥时间和次数

1)施肥时间

当温度和水分状况均适宜草坪草生长的时间是施肥的最佳时间,当有环境胁迫或病害胁迫时应避免施肥。

冷季型草坪草最重要的施肥时间是夏末,10 月和稍迟的晚秋施肥利于根系的生长与春季返青;第二次施肥在初次生长高峰之后即仲春至春末,对于高质量的草坪草最好在春季进行第三次施肥。暖季型草坪草最重要的施肥时间是春末,第二次施肥宜安排在初夏或仲夏,初春和晚夏也都是必要的。

2)施肥次数

施肥次数很大程度上取决于养护水平的高低,肥效缓释程度与施肥次数也有关。

(1)低养护管理草坪。一年只施一次肥,冷季型草坪草秋季施用,暖季型草坪草初夏施用。

(2)中等养护管理草坪。冷季型草坪草春、秋季各施用一次。暖季型草坪草春季、仲夏、秋初各施用一次。

(3)高等养护管理草坪。在草坪草快速生长的季节,无论冷季型、暖季型草坪草最好每月施一次。

3. 施肥方法

草坪的施肥方法可分为基肥、种肥和追肥。正确掌握施肥方法是充分发挥肥效、保证草坪植物生长的重要条件。

1)基肥及施用

a. 基肥的作用

在草坪植物播种或栽植之前,结合土壤耕作施用的肥料称为基肥。作用有二:一是对土壤的培肥作用,提高土壤肥力,改良土壤性质,如增加土壤有机质,施用石灰改良土壤酸性等;二是施足草坪植物整个生育期需要的肥料。对于迟效性的有机肥料,作为基肥施在土壤深处。因此,基肥应与耕翻相结合进行,充足的基肥可使草坪植物整个生育期中,从土壤中源源不断地得到养分的供应,保证旺盛而持续地生长。

b. 基肥施用量及时期

基肥以有机肥为主,施用量因种类、土壤肥力和草坪植物不同而异。一般基肥的施用量为 3.5 ~4.5 kg/m^2。施肥时间因建植新坪时间及各地季节而变,施肥时间应在播种或栽植前 2 ~3 个月施入土壤中。

c. 基肥施用方法

基肥施用方法可分为撒施、条施、分层施用和混合施肥。撒施是主要施入方法,均匀施入土层中。条施肥料集中、用量少、肥效高,适用于镶嵌式草坪。

2)种肥及施用

a. 种肥的作用

在播种或栽植的同时,将肥料拌入种子或作为种衣包在种子表面,与种子同时埋入土壤中,或施在种子或种苗的附近的肥料为种肥,草坪植物施种肥,既节省肥料,又收效快。也称发苗肥,使幼苗生长更健壮。

b. 种肥的施用量

种肥要少而精,一般用质量高、无大烧伤作用的肥料,做到少施、见效快、不流失、不挥发为好。常用混合肥料,制成包衣剂或颗粒剂,如迟效性有机肥,必须充分腐熟后使用。

c. 种肥施用方法

种肥的施用方法因播种方法而异。如采用沟播、穴播者,对应采用沟播或穴播;撒播者可混肥施;也可用肥料液浸种,干后播种;也可使种子包衣,干后播种。

3)追肥及施用

a. 追肥的作用

在草坪植物生长期间,喷洒于叶表面或施入根旁的肥料称为追肥。追肥可及时供给草坪植物以各种养分,从而提高其旺盛的生命力,使植株健壮,有很强的竞争力和再生力,实现草姿美、草色绿的要求，提高草坪绿化效果。

b. 追肥施用量及注意事项

追肥是草坪植物生育期间补给的肥料，要少施和勤施，否则会引起烧苗或徒长。要采取看苗追肥、看土施肥、看肥追肥（液体肥可注意浓度）、看水追肥。一般追肥和灌水同时进行。

c. 追肥的施用方法

追肥的肥料主要是速效肥，有撒施、条施、穴施、随水灌入，以及把无机肥料、微量元素或外源激素等结合人工降雨或用喷雾器叶面施肥。

四、任务实施

（一）场地准备

选择一处校园内草坪或所在城市的草坪。

（二）材料准备

有机肥、各种草坪专用肥、喷灌设施等。

（三）分组

每 2 人一组。

（四）实施步骤

1. 追肥时间确定

根据草坪草生长情况和气候状况确定施肥时间。

2. 计算施肥量

根据草坪草生长情况、肥料特性计算出合理施肥量。

3. 施肥

将施肥草坪分成与分组相等的若干等份，计算每等份草坪需肥量，每位学生用容器盛装每等份草坪需肥量的一半，在不同的起点同时开始均匀撒肥。

4. 灌溉

施肥后对草坪进行灌溉，了解草坪排灌系统，结合追肥进行喷灌操作，观察水的射程及喷水效果。

五、思考与练习

（1）草坪施肥的目的和任务是什么？

（2）一般草坪一年施几次肥？

六、知识扩展——草坪植物营养生理

在草坪草生长发育过程中，有 16 种营养元素被认为是完成其生命周期所必需的，称为草坪草必需的营养元素。它们是 C、H、O、N、P、K、Ca、Mg、S、Fe、Mn、Cu、Zn、B、Mo、Cl。其中 C、H、O 来源于空气和水，其他来自于土壤。N、P、K 的需求量比其他元素要多，称为三大营养元素。

(一)氮素营养

1. 氮素的含量与分布

除C、H、O外,N是草坪草生长需要量最多的营养元素。一般地,正常生长的草坪草干物质中,氮素含量通常为3% ~5%。比较而言,氮素比其他15种元素更容易缺乏,因为氮素不易被固定于土壤,受淋溶和挥发作用影响,大量氮素被损失掉。大量分析结果表明,幼嫩器官和种子含氮素较多,而茎秆特别是老茎秆中,含氮量则较少。

2. 氮素的吸收与代谢

草坪草从根际土壤吸收的氮素形态主要是无机态氮素,即铵态氮或硝态氮。此外,也可以吸收少量的有机态氮,如尿素。草坪草氮素的代谢过程为:氮素的吸收→氨基酸的形成及其变化→储藏可溶性含氮化合物的合成→蛋白质和核酸的生成与分解。

3. 氮素缺乏与过多的症状

草坪草当氮素供给不足时,下部叶片过早枯死,易产生锈病、心腐病等疾病。表现为生长缓慢,植株稀疏低矮,叶片渐黄,病虫害多发,绿化效果差。

氮素供给过多,叶的绿度增加,变为暗绿色,叶组织内水分含量提高,易受机械损伤,对镰孢菌等病菌的抗性减弱。修剪后的恢复能力减弱。

氮肥充足时,叶片嫩绿,枝叶繁茂,植株高大,光合作用强,绿化美化效果好。低保养水平的草坪,每年应补给0.5 kg/100 m^2的氮素,而高保养水平的草坪,氮素的年补给量可达到5.5 ~7.5 kg/100 m^2的水平。

(二)磷素营养

1. 磷素的含量与分布

正常发育的草,其P_2O_5的含量占干物质的0.4% ~0.7%,冷季型草坪草磷的含量比暖季型草坪草高。

磷在植物体内多集中于幼芽和新叶、根顶端生长点附近的细胞等代谢活性强的场所。

磷在植物体内易于移动,但施入土壤中时易被铝、铁和钙固定,不溶解,因此不为草坪草所吸收,其利用率比氮低,仅为5% ~15%,因此施磷肥必须综合考虑植物能吸收的量是多少。

2. 磷素的吸收与代谢

草坪草吸收的磷主要是正磷酸(H_3PO_4)。被吸收的磷在植物体内以离子、无机盐或有机态的形式存在,并与许多重要的生理作用有关。草坪草磷供应充分时,无机态磷的含量高于有机态的;反之,无机态磷的含量减少,有机态磷的含量则保持较稳定的值。磷对提高植物的抗病性、抗寒性和抗旱能力也有良好的作用。磷在植物体内多集中于幼芽和新叶、根顶端生长点附近的细胞等代谢活性强的场所。

3. 磷素缺乏与过多的症状

当土壤缺磷时,其由老叶向新叶移动,使老叶过早死亡。新叶的生长发育也受抑制,减少出叶数,分蘖少。长期缺磷会使草坪草由红褐色变为紫褐色,最后枯死。轻者在草坪草茎部有某些色素沉积,叶变为暗色,使草坪草颜色变坏。草坪草的抗性也受影响。

磷素营养过多不仅造成草坪草植物生长期缩短,成熟期提早,植株矮小,分蘖少,而且引起锌、铁、镁等元素缺乏,叶片呈现缺绿症,从而造成草坪粗糙,影响草坪植物的品质。

磷的有效性主要取决于土壤的 pH 值，当土壤 pH 值低于 6.0 或高于 7.0 时，土壤中的磷就处于非溶解状态，故适当调节土壤 pH 值可提高磷的有效性。

（三）钾素营养

1. 钾素的含量与分布

正常生育的草坪草，其干物质中 K_2O 的含量为 1.5% ~4%，当含量低于 1.2% 时，大多数的草坪草呈现出缺钾症状。钾的含有率高达 5% ~7% 时，草坪草也能正常生长，这表明草坪草储藏钾的能力高于他种元素。

在草坪草中被吸收的钾，以离子态水溶性无机盐的方式存在于细胞及组织中，不作为特殊的有机化合物存在。钾在植物体中的分布与蛋白质的分布一致，多数分布在茎、叶部分，特别集中在植物的幼嫩组织中。钾与组织内物质代谢的正常进行，如原生质结构的保持，细胞液的 pH 值、渗透压的维持，以及有机酸的代谢密切相关。

2. 钾素的吸收与代谢

钾通常以离子（K^+）的形态被草坪草吸收，并以离子态水溶性无机盐的方式存在于细胞及组织中。由于钾盐易溶于水，钾在土壤中尤其是沙性土壤中淋溶很严重，所以频繁的修剪之后，必须补充钾素。施钾的原则是少量多次，以提高钾肥的利用率。

钾在许多生理过程中起到了调节和催化剂的作用。钾促进细胞壁的形成，使植物对热、冷及霜冻的抗性增加；能加速同化作用，促进碳水化合物的转移、蛋白质的合成和细胞的分裂；能增强植物的抗病力，并能缓和由于氮肥过多所引起的有害作用；能减少蒸腾，调节植物中水分平衡，提高抗旱性。在严冬季节可以促进植物体中淀粉转化为可溶性糖类，从而提高了植物的抗寒性。

3. 钾素缺乏与过多的症状

钾供给不足时，草坪草的氮代谢和碳水化合物的平衡被打破。首先是叶绿色变浓，进而叶的基部乃至老叶叶脉绿色消退、黄化，变为褐色，表现为老叶和叶缘先发黄，进而变褐、焦枯，出现褐色斑点或斑块。草坪色彩变劣，抗性减弱，易受机械损伤，染病率高。

钾过多，会影响植物对钙、镁和其他养分的吸收。

由于钾盐易溶于水，在沙性土壤中因淋洗而损失严重。在黏粒含量高的土壤中，大量的钾可以被固定下来，但土壤中的钾多数呈无效态。大量钾离子可以被伊利石、蛭石固定在晶层间，而且释放过程也较缓慢。冷季型草钾的含量高于暖季型草，通常冷季型草干物质中含 K_2O 为 2.5% ~3.5%，而暖季型相应为 2.0% ~2.5%。钾的吸收率较磷高，一般施量为氮素量的 1/2 ~1/3。钾易受淋溶作用的影响，其程度胜于氮，施钾肥时应予注意。

（四）其他营养元素

1. 中量元素

1）钙

草坪草中钙含量为 0.2% ~0.5%，仅次于氮和钾。钙通常以 Ca^{2+} 的形式被吸收，钙是细胞壁的重要组成元素，在植物体内具有缓冲作用。此外，钙在植物体内不易移动，当土壤中钙不足时，根的发育将极为不良，在生长点附近和幼叶边缘变为红棕色并延伸到中脉，卷曲是缺钙的症状，当缺钙时草坪易得枯萎病和红丝病。在生长期，如果土壤不能保证钙的供给，则根及留茬中钙的转化利用状况将恶化。

2）镁

镁约占叶绿素构成元素总量的 2.7%。镁通常以 Mg^{2+} 的形式被根系吸收。镁离子是许多酶的活化剂，也是维生素的重要组成成分，对碳水化合物的代谢、移动起着重要的作用，镁有助于磷的吸收。镁在植物体内活动性相对较强，可以由老的组织转移到新组织中去，在草坪草中缺镁时，就不可能形成叶绿素，而使叶脉间呈现出黄化症，但发生在下部老叶。

3）硫

硫是草坪草的必需元素，但一般不以化肥的形式施用。硫以 SO_4^{2-} 的形式被根系吸收或通过叶片吸收气态氧化物而进入植物体内。当缺硫时，蛋白质的合成受阻，叶绿素的形成也不良，表现出与缺氮一样的症状。硫的含量较低，通常达氮含有率的 1/10 就行了。

2. 微量元素

微量元素包括铁、锰、锌、钼、硼、铜、氯 7 种。

1）铁

含量低，难以移动。缺铁时幼叶叶片变黄，继而变白。

2）锰

缺锰时叶片下垂、失绿（中脉之间发黄和出现条带），有小的坏死斑点布满叶片，严重时整个叶片失绿、萎蔫、卷曲。

3）锌

缺锌时叶片发暗、变薄、失绿、皱褶、脱水，进而变白，生长缓慢。

4）钼

缺钼时下部叶片褪绿变灰，脉间有黄色斑点。

5）硼

硼有效性低，缺硼时生长点发育受阻，叶片脉间失绿、变红。

6）铜

铜是酶的成分，为呼吸作用的触媒，参与叶绿素的合成及糖类与蛋白质的代谢。植物缺铜将引起缺绿症，幼嫩叶片首先发黄。

7）氯

草坪草一般不缺氯。缺氯时，植物茎和根生长受到抑制。

任务四　草坪特殊养护

一、任务分析

草坪除了修剪、施肥和灌水等主要管理措施，在草坪出现或预料会出现问题时，还需要采取一些特殊养护措施，如表施土壤、滚压等，这些措施通常仅作用于 8 cm 以内的表土层。土壤状况严重恶化时，必须进行草坪更新，重新建植草坪。

二、任务目标

能力目标：能够对草坪进行复壮养护、退化草坪更新等特殊养护。

知识目标：了解草坪退化的原因，掌握草坪特殊养护的方法。

素质目标：培养学生分析、解决问题能力，培养敬业精神。

三、相关知识

（一）草坪更新复壮

1. 草坪退化原因

草坪退化的原因很多，大致有以下几点：

（1）养护管理不善。不科学的养护管理使草坪土壤性状变差，枯草层过厚，杂草和病虫害严重，导致草坪草生长减弱，草坪自然更新能力差，未老先衰。如过度修剪导致草坪退化，过度干旱导致土壤板结，氮素营养过剩、磷钾营养不足导致草坪草抗逆性下降，病虫害严重等。

（2）草坪已到衰退期。草坪建植几年后，草坪草已到正常的衰退期。

（3）草种选择不当。草种选择不当，不能完全适应当地的气候、土壤条件，或不能满足草坪的坪用要求，出现生长发育不良。如运动草坪选用了耐践踏力不强的草种，使用过程中必然出现草坪衰退现象。

（4）过度使用。例如过度践踏导致的草坪衰退。公园、住宅区、学校等开放性的草坪及运动场草坪都容易出现这种情况。

2. 草坪复壮方法

1）养护复壮法

对于养护不善造成的草坪退化可对症下药，清除致衰原因，加强全面的超常养护管理。由于枯草层过厚引起的草坪生长不良，可以进行垂直修剪、梳耙、表施土壤等作业加以改善。由于杂草丛生而影响到草坪草生长发育时，可人工拔除杂草或施用除草剂消灭杂草。由病虫害引起的草坪退化，也可施用杀虫剂、杀菌剂防治。不管是哪种情况，都要多种养护管理措施配合使用，进行全面的超常养护管理，才能达到草坪复壮的目的。

2）补种复壮法

对于已经造成大面积土壤裸露的草坪，则需补种、补植或补铺。对于寿命较短、寿限将至的草坪，可根据草坪草的生长情况，每年或间隔相宜年份对草坪进行补种复壮。

（1）补播。补播的具体做法是：在最佳播种季节，先对草坪进行修剪、打孔等作业，然后撒播原建草坪草种的种子，让种子落入孔内或松土上，之后进行表施土壤、灌溉等作业。撒下的种子萌发成新植株后，即形成新老植株并存和交替相继的格局，达到延长草坪使用期限的目的。注意：所用种子应与原草坪草种一致，并应进行适当的催芽、拌肥、消毒等播前处理。

（2）补植。补植的具体做法是：先标出需补植的草坪，用铲子铲除原有草皮，然后翻土、施肥、平整、开沟（一般沟深5～8 cm，沟距15～20 cm），将匍匐枝种植在沟里、压紧，使匍匐枝与土壤接触良好，最后灌溉。

（3）补铺。补铺的具体做法是：先标出要补铺的草坪，用铲子铲除原有草皮，然后翻土、施肥、平整、滚压、铺草皮，最后灌溉、轻轻滚压，使草皮根系与土壤接触良好，之后加强水肥管理，几周后可恢复原有草坪景观。

（4）抽条法。匍匐剪股颖、草地早熟禾、狗牙根等具有匍匐茎、根状茎的草坪草，形成草坪到一定年限后，营养器官密集老化，蔓延能力衰退。这类草坪可以每隔几年在草坪上每隔 70 cm 挖取 30 cm 更新带，然后疏松土壤，用掺有堆肥或泥炭的改良壤土或沙垫平，垫平用的土壤结构与草坪原土壤结构相同。不久，草坪存留部分发出的新匍匐茎、根状茎蔓延入肥土中，布满新植株，1～2 年后，对留的条状草坪重复一次，如此循环往复，3～4 年后就可全面复壮一次。

3. 退化草坪的更新

草坪长期使用导致土壤板结，根系生长严重受阻，草坪严重退化；多年生杂草入侵，导致草坪群落组成不良更替；病虫害危害严重，草坪产生大面积空秃；枯草层过厚等情形时，草坪无保留、养护价值而进行重新建植的过程叫更新。

更新、修复操作技术要求同草坪建植，包括坪床准备、草种选择、种植和培育四项。

（二）滚压（碾压）

滚压是用压辊在草坪上边滚边压。适度滚压对草坪是有利的，尤其在发生冻害的地区，要获得一个平整的草坪，在春季滚压是十分必要的。

1. 滚压的效应

滚压的效应反映在草坪栽培和利用两方面。

1）在栽培上的作用

（1）能增加分蘖和促进匍匐枝的伸长。

（2）可抑制匍匐枝的浮起，使节间变短，草坪变密。

（3）抑制杂草的侵入。

（4）对草坪的坪床作一定程度的修整。

2）在利用方面的效应

（1）可对因霜、冻胀和融化而引起的土壤形变予以修整。

（2）可对草皮及草坪面的不平予以修整。

（3）对蚯蚓等动物搅乱的草坪面进行修理。

2. 方法

1）滚压机

滚压可用人力推重滚或用机械进行，重滚为空心的铁轮，可通过调节轮内的装水或装砂重来调节滚轮的重量。镇压时手推轮重为 60～200 kg，机动滚轮为 80～500 kg。

滚压的重量依滚压的次数和目的而异，为了修整床面则宜少次重压（200 kg），由播种产生的幼苗则宜轻压（50～60 kg）。

2）滚压时间

草坪宜在生长季进行滚压，但滚压时间通常要视具体情况而定。如出于栽培的要求则在春－夏的生育期进行较好；若出于利用的要求，则宜在建坪后不久、降霜期、早春开始修剪期进行。

3）滚压注意事项

（1）滚压一定不能过度。

（2）草坪弱小时不宜滚压。

(3)在土壤黏重、太干或太湿时不宜滚压。

(4)滚压通常都结合修剪、表施土壤、灌溉等作业进行。

(三)打孔

打孔是用打孔机械在草坪上打出许多孔洞的一种中耕方式。打孔有实心的锥体和空心的尖齿两种。空心的是从草坪地上打孔并挖出土芯的作业,也叫除心土或心土耕作。

1. 打孔的作用

打孔比其他中耕措施深,而且去除了一部分土壤,极大地改变了草坪土壤的容重与表面积。

1)改善土壤通气性

一般2.5~5.0 cm土层的土壤是紧实的,打孔能改善土壤通气性,有利于土壤气体交换及有毒气体的释放。

2)改善土壤的渗透性、供水性和蓄水性

打孔能改善土壤的吸水性和保水性,提高表层紧实或枯草层过厚土壤的渗透能力,加速长期潮湿土壤的干燥。

3)改善土壤的供肥性和保肥性

打孔能提高土壤阳离子的交换能力,并改善土壤对养分的保持能力和供给能力。

4)促进草坪草的生长发育

打孔能促进根系的生长发育及对土壤养分的吸收,促进根系向更深处生长,使草坪草抗旱性增强;促进洞顶上枝条的分枝与生长,使草坪更葱郁;打孔还能加速枯草层和有机残体的分解,促进草坪草的生长发育。

5)打孔不利影响

主要是草坪外观暂时受到影响,打孔毕竟会破坏草坪表面的完整性。由于露出草坪土壤层,因而会造成草坪草的脱水。同时,还会带来杂草及地下害虫的问题。

2. 打孔的方法

1)打孔机械

草坪打孔机械有手工打孔机和动力打孔机两种基本类型。

a. 手工打孔机

手工打孔机是在一个金属框架上,上端装有两个手柄,下端装有4~5个打孔锥(有空心和实心两种)。作业时用脚踏压金属框,使打孔锥刺入草坪,然后将打孔锥拉出。这种打孔机主要用于小面积草坪及一般动力打孔机作业不到的地方,如树根附近、花坛周围及运动场球门杆周围。

b. 动力打孔机

动力打孔机有小型手扶式打孔机和大型拖拉机牵引的打孔机组。小型手扶打孔机适用于各种草坪的打孔作业,大型动力打孔机适用于大面积草坪的打孔作业。

动力打孔机具也可分为以下两种类型:一类是带有可垂直运动的空心管的打孔机,另一类是带有广口杯或空心管的滚筒式打孔机。低修剪的草坪上适合用垂直运动型打孔机,打孔深、地面破坏小,但效率较低。由于垂直打孔机在打孔的同时向前移动,所以操作必须缓慢进行。滚筒式打孔机是把打孔杯或空心管固定在筒壁上,工作效率高于前一种,但对草坪草表面破坏性大，打孔深度不如垂直运动型。

一般打孔机的打孔直径 1 ~2.5 cm，孔深随土壤紧实度和打孔设备功率而变，最大可打到 7.6 cm 深，大功率打孔机还能打得更深。土壤含水量对土壤紧实度影响较大，增加土壤含水量可加深打孔深度。

2）打孔时间

打孔的最佳时间是草坪生长旺季、恢复力强而且没有逆境胁迫时。冷季型草坪草最适宜的打孔时间是夏末秋初，暖季型草坪最好在春末夏初进行。

3）打孔注意事项

（1）注意作业时间。

打孔容易造成草坪脱水，故夏季一般避免打孔。干热天气打孔后必须立即灌溉。

（2）土壤太干或太湿时，不应进行打孔作业。

（3）打孔应配合其他作业进行。

①配合施沙作业。通常打孔后或打孔时都进行施沙等作业，当打孔后不用土壤或沙填充时，草坪根系和附近的土壤会很快把洞填满，降低打孔的效果。而施沙可以有效地改善打孔对草坪外观的破坏，同时也使打孔的效果更好、更持久。

②配合拖耙或垂直修剪作业。打孔产生很多土条，移走土条会带来很多问题，所以在大面积草坪上，人们常采用拖耙或垂直修剪等措施把土条原地破碎，这样，一部分土壤回到洞内，其余的土壤留在枯草层内，加速枯草层分解，促进草坪草生长发育。

③配合施药作业。打孔后施用除草剂，能有效地控制打孔后杂草和地下害虫的问题。

（四）表施细土

1. 表施土壤的作用

（1）对于凹凸不平的坪床面，可起到补低拉平、平整坪床表面的作用。

（2）对不定芽、匍匐茎的再生和生长有促进作用，对改善草坪表土的物理性状有良好的作用，延长草坪的绿期。

（3）能防止草坪的徒长和利于草坪的更新。

（4）控制枯草层。沙、有机质、土壤混入枯草层后，能改善微生物的生存条件，加强微生物的生存条件，从而加速枯草层的分解。

由于草坪表施土壤具有上述作用，在草坪实践中就产生了一系列有特定目的的表施土壤作业。如促进草皮块形成的覆土，为改善通气状态的覆土，施肥和药剂的覆土，保护草坪表面的覆土等。

2. 表施土壤的时间

1）表施土壤条件

（1）在非常贫瘠的土壤（未施肥的心土、页岩、沙地等）上建草坪时，在表层覆盖一层沃土是很有用的。一次施土厚度不宜超过 0.5 cm。表施土壤后，就用金属刷将地拖平，以使土壤落到草皮上。

（2）当草坪表层由于不规则定植，使新生草坪极不均一时，一次或多次表施土壤可填补新生草皮的下陷部分。

（3）由能产生大量匍匐枝禾草和匍茎剪股颖组成的草坪上，定期表施土壤有利于消除严重的表面絮结。

2)表施土壤时间

在草坪草的萌芽期及生长期进行最好。冷季型草坪草通常在春季和秋季,暖季型草坪草通常在春末夏初和秋季。

3)表施土壤的理化要求

表施土壤将形成草皮表面的新耕作层,表施的土壤应具备如下性质:

(1)与床土无多大差异。

(2)肥料成分含量较低。

(3)具有沙、有机物和土壤改良材料的混合物。

(4)混合土含水分较少。

(5)用筛筛过的土壤。

(6)不含杂草种子、病菌、害虫等有害物质。

表施土壤最好的材料是土、沙和有机物的混合物,其适量的组合为土:沙:有机物=1:1:1或2:1:1。

4)注意事项

(1)施土前必须先对草坪进行修剪。

(2)土壤材料应干燥,并过筛。

(3)施肥在施土前进行。

(4)施后必须拖平。

(五)拖平

把一个重的钢丝网或其他相似的机具拉过草坪表面的作业称拖平。在取心土、表施土壤后,常通过拖平去除粘在叶子上的土壤,粉碎打孔后留在草坪表面的心土;在覆盖或草坪修复更新时,使草坪中的种子进入土壤,拖平有助于提高种子的发芽率和成活率。垂直修剪后也常用拖平的方法去除草坪表面的有机残体。

注意,进行拖平操作时,土壤既不能过干,也不能过湿,尤其是心土,太干土壤会形成硬块,太湿易形成黏条,并涂污草坪。拖平也可以用刷子、扫帚等其他工具。

(六)垂直修剪

垂直修剪是借助安装在高速旋转水平轴上的刀片进行近地表面垂直刈割或划破草皮,以清除草皮表面积累的芜枝层或改进草皮通透性为目的的一种养护措施。

1.垂直修剪的意义

1)提高草坪的平齐性

当刀片安装在上位时,可切掉匍匐枝上的叶,从而提高草坪的平齐性。

2)加速枯草层分解

当刀片安装在中位时,可粉碎打孔留下的土条,使土壤重新混合,有利于枯草层的分解。

3)清除草坪枯草层

当刀片安装在下位时,能有效地清除枯草层,使空气、水分、养分、农药进入土壤,有利于草坪草根系的吸收,有效地防治病虫害,促进草坪草的生长发育。

4) 改善土壤通透性

刀片深度还可调节,使之刺入土壤中,以达到划破草皮、提高紧实土壤的通气透水能力。

2. 垂直修剪的方法

1) 垂直修剪的机械

垂直修剪机的种类很多,按照垂直修剪刀片的大小和多少,可分为手推式和自走式两种。工作宽度 35 ~ 50 cm,工作深度 0 ~ 7.6 cm,可由装在机器前面或后面的调节滚筒或轮子来控制。刀片的安装位置一般有上、中、下三种位置,能达到不同的垂直修剪效果。

2) 垂直修剪时间

最适合垂直修剪的时间是草坪草生长旺盛,环境胁迫小,恢复力强的季节。冷季型草坪草最适宜垂直修剪时间是夏末秋初,暖季型草坪草最好在春末夏初进行。此外,垂直修剪还应在土壤和枯草层干燥时进行,这样能使草坪受到的破坏最小,也便于垂直修剪后的管理操作。

3) 垂直修剪的注意事项

(1) 垂直修剪清除枯草层会拔出大量活的植株,所以对浅根性的草坪草可能是有害的,操作前,一定要进行必要的试验,以确定适宜的垂直修剪时间、深度、方法等。

(2) 垂直修剪后,碎屑积聚,应立即清除,以免影响光合作用,特别是在炎热的天气条件下。

(3) 垂直修剪应在土壤和枯草层干燥时进行,这样可使草坪受到的破坏最小,也便于垂直修剪后的管理。

(4) 垂直修剪一定要配合其他养护管理措施进行。如深层垂直修剪常随草坪更新一起进行,几次垂直修剪后,为覆播创造了良好的种床。

(七) 湿润剂

湿润剂是一种特别的表面活化剂,它可以减少液体与固体间的表面张力,从而有效地增加液体对固体的湿润度,其有效性取决于它增加液体在固体表面延展性程度。表面活化剂分为阴离子、阳离子和无离子三种类型。阴离子湿润剂在土壤中容易被淋溶掉,起作用的时间短。阳离子表面活化剂可与带负电荷的黏土颗粒或土壤有机胶体紧密结合,不易被淋洗掉,在土壤中可长时间发挥作用,一旦干燥就能变成完全防水的土壤。无离子湿润剂在土壤中最不易被淋溶掉,起作用的时间最长,它分为酯、醚、乙醇三种类型。酯类湿润沙子的效果最好,醚对黏土的效果最好,乙醇剂对土壤有机质的湿润效果最好。

湿润剂用量随土壤类型的不同而有所不同,一般在疏水性土壤中,湿润剂浓度达到 300 ~ 400 mg/kg 就可以。因为土壤微生物的降解作用,土壤的湿润剂的浓度会逐渐降低,所以每个生长季节施 2 次或更多次的湿润剂。

湿润剂不但可以改善土壤的可湿性,还可以减少蒸发带来的水分损失,减少降雨后的地表径流,减少土壤侵蚀,防止干旱和冻害发生,提高土壤水分和养分的有效性,促进草坪草生长。另外,还能减少露水发生,减少病害。但如果施用量过多,湿润剂可能会粘在叶片上而未进入土壤,从而对草坪草造成伤害。由于不同的草坪草对湿润剂的敏感性,因此在新草坪上施用时,要先进行小面积的试验,以保证安全。

（八）草坪染色剂

草坪着色就是用喷雾器或其他设备，将草皮颜料溶液喷于植物表面的一种过程。草坪染色剂一般为蓝绿色到鲜绿色，其颜色受染色剂特性、施用量、施用次数、处理前草坪的颜色等因素的影响，草坪染色剂有不同的用途。

1. 草坪染色剂的用途

（1）主要用于冬季休眠的暖季型草坪的染色，一般可保持一个冬季，但目前大多改用覆播黑麦草或其他冷季型草坪草。

（2）装饰生病或退色的草坪。如比赛前，通过染色装饰一下高尔夫球场或其他运动草坪。

（3）用于草坪标记。

2. 草坪染色剂的用法

1）染色机械

喷雾机，要求喷雾机压力足而且喷雾细，以达到均匀一致。

2）染色时间

根据染色用途而定。一般为秋末冬初或比赛前。

3）染色方法

在草坪干燥、温度6 ℃以上喷洒效果最好。喷洒时，人在前，避免施后践踏，出现不均匀的斑块。如果以前没有施用过，最好事先做小面积试验。

喷一次染色剂可保持70～100 d，而且不会被雨水冲洗掉。使用时要注意，一旦增绿剂喷到不该喷的地方，立即用水冲洗，干了就不容易清洗。

使用前应先修剪好草坪，并且要保证草坪干燥状态下，再进行标线或绘图。使用后，可配合草坪修剪去除染色剂。

（九）切边

用切边机将草坪的边缘修齐，使之线条清晰，增加景观效应的一种管理措施。通常在草坪旺盛生长时进行。由于边际效应，草坪边缘的草坪草生长旺盛，需要切边以保持草坪形状。切边的同时还可以结合清除杂草。切边机具有一组垂直刀片装在轴上，刀片突出草坪边缘，刀片高速旋转时将草坪垂直切割。切割时注意刀片不能与石头相撞，否则机器会突然跳起，易发生事故。

（十）交播、封育

1. 交播

交播是快速改良草坪和延长草坪绿色期的有效技术措施。交播通常采用生长力强，建坪迅速的草坪种。在亚热带地区，暖季型草坪群落的休眠期用冷季型草坪草重播，使冬季获得一个良好外观的草坪，称为交播或覆播、追播、插播。

1）场地准备

在整个生长季节中均进行枯草层控制，在不妨碍交播的草坪草萌发的情况下，细心地确定萌前除草剂的施用时间，控制一年生早熟禾杂草，施肥要有利于减少暖季型草坪草的竞争，同时还要促进交播草坪草的生长。

a. 枯草层控制

枯草层不利于交播的冷季型草坪草的生长和存活。在枯草层中生长的幼苗易受冻、践踏和其他逆境的损伤。为了有利于幼苗生长，减少枯草层的厚度和改善残存枯草层状况，要采取措施确保冷季型草坪草的生长发育。

在温度适宜的生长阶段，经常覆土和轻度纵向修剪有利于控制枯草层。在交播之前50～60 d时就应安排本年最后一次打孔作业，交播前临时打孔导致草坪草集中于孔中丛生，造成幼苗分布不均匀。

b. 施肥

交播前2～4周内不能施肥，以减少暖季型草坪草的竞争。但覆播时应包括施肥，以便能够满足氮、磷、钾供应，使冷季型草坪草迅速生长。

c. 杂草控制

在交播前50～90 d时，在打孔耕作和覆土后立即施用一次萌前除草剂，常用的除草剂有地散灵、氟草胺和拿草特。拿草特对一年生早熟禾进行苗后处理具有极佳的效果。交播期间，在除草剂有毒残留的地方，要使用活性炭，避免除草剂抑制交播的草坪草的萌发和生长。

2）草坪品种选择

一般用匍匐剪股颖或多年生黑麦草单独或与细羊茅混合起来对狗牙根草坪草交播。播种量要比在温暖气候下建造永久草坪的播种量大很多。对于多年生黑麦草，典型的播种量是120～200 g/m^2，在狗牙根或其他暖季型草坪草中，由于一年生黑麦草价格较低，具有兼容性，仍然被普遍用于交播，播种量一般为24～50 g/m^2。

3）建植程序

交播时间是交播建坪成功的关键。时间合适，暖季型草坪草的竞争达到最小，同时有利于冷季型草坪草的萌发和幼苗生长。时间安排得太迟，由于气温较低，建植速度大大变慢。一般在初霜来临前20～30 d覆播为宜。因初霜每年的时间不同，故在日平均温度23 ℃时进行交播。

确定播种时间后，就要进行播种、播后拖平、灌溉及覆土等。如果暖季型草坪草太密，交播的草坪草种难以落到草坪土壤上，则有必要进行拖耙，使所有种子进入草坪，落到土壤上。灌水可以使草坪草种子在草坪中下沉，到达土壤表层后便开始萌发。

4）播后管理

播后最大问题有病害、暖季型草坪草的竞争和幼苗冻害。交播时要使用杀菌剂处理种子，为了把以后的病害减少到最低程度，应喷洒预防性的杀菌剂。

暖季型草坪草与冷季型草坪草之间的激烈竞争是难免的，施肥技术在减少竞争方面起重要作用，避免过量施用氮肥，这样可大大降低竞争，但施肥要足以能维持冷季型草坪草生长的需要。

冻害对交播幼苗的影响也很大。特别是交播的第1个月，如出现低温，将会对刚刚出苗的草坪草产生不利的影响，提高修剪高度是减少冻害的一个办法。

2. 封育

封育就是封场育苗、封闭场地，禁止使用。其目的就是给草坪提供一个没有干扰的生长机会,使其积累足够的贮藏养分,恢复和提高生长发育的能力,促进草坪的自然更新。一般开放草坪经过一定的使用期限后,均需定期或不定期地进行封育。因此,它是开放草坪特需的管理项目。

1)类型

按封育目的可分为常规封育和特需封育。

a.常规封育

它是根据草坪草生长发育规律所施行的定期性封育,通常均在每年草坪草萌芽返青阶段施行。如夏绿型草坪在春季返青阶段封场,冬绿型草坪在秋季返青阶段封场,常绿草坪在"换蘖期"封育等。

b.特需封育

根据特定需要而施行的临时封育管理。如各种球类运动草坪在重大赛前所施行的封育管理;对退化草坪进行培育复壮所施行的封育管理;施用芽型除草剂处理土壤后,为保护表面封闭药膜而施行的封育管理等。

2)封育起讫期的确定

常规封育按育草需要而定。夏绿型和冬绿型草坪以开始萌芽或返青为起始期,至长成稠密的新生枝叶为止,一般需1~1.5个月;常绿草坪则伴随换蘖期的始终,一般需1个月左右。终止封育的具体日期,可视草坪草的长势、长相确定,通常封育期内新生草坪,经1~2次修剪后再过1周,即可开放使用。特需封育的起讫期,根据实际需要确定。

3)封育管理

封育的目的在于育苗。搞好封育期管理的关键,在于事前要有周密的设计,制订切实而有效的实施方案。常规性封育旨在为草坪草的全年生长奠定良好基础,管理重点通常是水肥管理、松土与培土、受害草坪修补等,同时兼顾杂草和病虫害的防治。

四、任务实施

(一)场地准备

寻找一处需要特殊养护的草坪。

(二)材料准备

打孔机、垂直修剪机、压辊、汽油、机油、工作服等。

(三)分组

学生分成三组,每组配备一名指导教师,操作一种园林机械。

(四)实施步骤

1.检查机器

学生在教师的指导下检查机器,如油是否充足、主要部件螺丝等是否松动等事项。调节垂直修剪机刀片位置达到不同深度,刀片在上位时,刀片刚刚划着草坪;刀片在下位时,可刺入枯草层以下。调节压辊的质量,手推滚轮重60~200 kg,机动滚轮重量为80~500 kg。

2.熟悉各种机械

教师介绍打孔机、垂直修剪机、压辊的使用方法及注意事项,进行示范性操作。学生学习操作方法。

3. 各种机械操作

每一机械为一操作岗位,操作人员要穿好工作服,每一组分别在教师的指导下进行机械操作,一种机械熟练后,以组为单位换岗。

4. 完成特殊养护

在教师指导下完成草坪的特殊养护任务。清除剪下的草屑。

5. 清洁工具

任务结束后,应将机械清理干净,长时间不用时,还应将刀片等部位上油保护。

6. 填写草坪特殊养护措施表

写出草坪打孔、垂直修剪和滚压的操作过程及注意事项,并填入表3-4中。

表3-4 草坪特殊养护措施表

机械种类	孔径(mm)	深度(mm)	质量(kg)	操作前草坪状况	一周后状况
打孔机					
垂直修剪机					
压辊					

五、思考与练习

(1)草坪何时需滚压?滚压时应注意哪些问题?

(2)清除草坪枯草层的方法有哪些?

六、知识扩展——草坪草的化学促控技术

(一)草坪草的促进生长技术

由于土壤养分的缺乏、管理不当或气候异常等原因,有的草坪生长缓慢,长期不能成坪,绿化效果不好。解决的办法除了加强水肥管理等措施外,可采用化学药剂促进草坪生长。

1. 药剂及使用方法

1)药剂

赤霉素,俗称“920”,是一种植物激素,具有刺激植物细胞分裂,促进细胞伸长,加速植物生长的作用。农用赤霉素为白色粉末,不溶于水,使用时先用适量的95%工业酒精溶化,然后加水成使用浓度。

2)使用方法

药剂浓度按草龄不同而异,一般幼草为5~10 mg/kg,半年龄以上草为10~20 mg/kg。配制方法为1 g赤霉素加水1 kg为1 000 mg/kg,若配制成10 mg/kg浓度则加水100 kg,余者类推。药配好后用喷雾器均匀喷雾,用药量一般为7~10 g/hm^2,喷药时选择傍晚或阴天,有利于药液吸收。

2. 注意问题

一块草坪地的草生长高矮不同,高草少喷,矮草适当多喷。一般喷药后5~7 d草色

变嫩绿色，生长加快；若效果不明显，喷药后10 d按原浓度再喷一次，即可达到理想效果。

（二）草坪草的控制生长技术

草坪草生长旺季，每天可长高1～2 cm，若5～10 d不修剪，就会出现生长参差不齐，甚至倒伏现象，影响观赏效果。用化学手段控制草坪草生长，则能减少修剪次数。

1. 药剂及使用方法

1）药剂

多效唑，是一种植物生长调节剂。其作用机制是能使植物细胞间隙变小，起到使植物高生长减慢、节间变小、叶片变厚、颜色变深等作用，从而抑制其生长。农用多效唑为灰褐色粉末，用水即可溶化，对人畜危害较小。

2）使用方法

将多效唑1 g加水5 kg配成浓度为200 mg/kg溶液进行喷施。在草坪生长速生期应用，一般在修剪后2～3 d内喷雾。若效果不明显，7 d后再喷一次，用药量为100～150 g/hm^2。

2. 注意问题

喷药时浓度不可过大，以免使草坪草生长抑制过强。造成草坪生长停滞；喷药要均匀。一旦发生用药过量，可用赤霉素1～2 mg/kg每3 d喷药一次，连喷2次。使用多效唑后的草坪也应进行正常管理，只能减少修剪次数1/2或1/3，不能完全停止修剪。

七、任务考核

任务考核项目、内容、标准、方法如表3-5所示。

表3-5　任务考核

序号	考核项目	考核内容	考核标准	考核方法
1	草坪灌水	灌水时间的确定、灌水量的确定（20分）	掌握植株观察法、土壤含水量目测法确定灌水时间；能够确定灌水量	分组考核
2	草坪修剪	修剪的原理、修剪的方法（30分）	掌握修剪1/3原则，正确确定修剪时间、频率、高度	分组考核
3	施肥	施肥方法（20分）	正确确定肥料种类、施肥量、施肥时间、施肥次数	分组考核
4	草坪特殊养护	草坪特殊养护方法（30分）	掌握草坪复壮、滚压、打孔、表施土壤、拖平、垂直修剪方法	分组考核

项目四　草坪保护

任务一　草坪病害识别与防治

一、任务分析

草坪病害是影响草坪质量、降低草坪利用年限的重要因素之一,各种病原菌的侵染和危害,使草坪出现变色、枯死、萎蔫、腐烂等症状,轻则影响草坪观赏和利用价值;重则使草坪草成片死亡,造成建植失败。因此,掌握草坪上的主要病害症状与发生规律,可以有针对性地进行防治,从而有效控制草坪主要病害的发生与危害。

通过识别草坪病害的病状和病征,确定病害的种类,进而进行综合防治。

二、任务目标

能力目标:根据草坪发病症状,对常见的草坪病害能准确识别和判断;能对草坪常见病害进行综合防治。

知识目标:掌握草坪常见病害及危害,掌握草坪常见病害防治方法。

素质目标:通过对草坪病害的识别和判断,培养学生的观察力,养成实事求是的科学态度。

三、相关知识

草坪草在其生长发育过程中,受到病原生物的侵染或不良环境的作用时,发生一系列生理生化、组织结构或外部形态的变化,其正常的生理功能偏离到不能或难以调节复原的程度,生长发育受阻甚至死亡,最终破坏景观效果并造成经济损失的现象称为草坪病害。

(一)草坪病害的分类

引起草坪病害的各种原因称为病原。草坪病害发生的原因分为两大类:非传染性病害(又称为生理性病害)和传染性病害两种。

1.非传染性病害

非传染性病害的发生,取决于草坪和环境两方面的因素。草坪草对外界各种不良因素具有一定的适应性,但不同品种适应性有差异,当超过其适应范围时,草坪草就会生病;环境因素包括土壤缺乏草坪草必需的营养或营养元素的供给比例失调、土壤中盐分过多或水分过多或过少、土壤酸碱度过大或过小、土温过高或过低、光照过强或不足、栽培管理条件不适宜(施肥、农药药害等)、环境污染产生有毒物质或有害气体等。环境条件是引发草坪病害的主要因素。任何一种病原物都有适宜其自身的生长与繁殖的温度、湿度和光照条件。此外,除了温度和湿度,遮阴也容易诱发草坪病害。

非传染性病害只局限于受害植株本身，不具有传染性，其常见症状为草坪草变色（如缺少草坪生长所必需的营养元素时）、畸形（如因干旱而萎蔫）、枯死（如温度过高或过低）等。

2. 传染性病害

传染性病害是由病原微生物引起的病害。引起草坪病害的生物称为病原物，主要包括真菌、细菌、病毒、类病毒、类菌质体、线虫等。它们对草坪草都具有不同程度的寄生能力和致病能力，并具有很强的繁殖力和传播能力。主要症状表现为草坪本身的反常状态（如变色、斑点、腐烂、萎蔫、畸形）和病原物构成的病症（如霉状物、粉状物、粒状物、脓状物等）。这类病害在适宜条件下可以在植株间传染蔓延，甚至造成流行，是草坪病害防治的重点和难点。

（二）草坪病害的致病过程

草坪草病害发生始于病原物侵入寄主植物。细小的孢子或菌核发芽之后，萌发管生长在植株表面，通过气孔、水孔、皮孔及茎叶修剪的创口、其他伤口或细胞壁产生侵入。真菌可在植株体中形成菌丝体，并释放毒素，使植物细胞中毒，失去完整结构以致最终死亡。此外，伴随真菌的摄养和生长，植物也会因营养物质发生转移而使组织遭到破坏。病原物在寄主植物体内的定植，就表明该植物已经被侵染，经过几天或几周的潜伏期后，开始出现病症。

（三）草坪病害的常见症状

草坪病害的症状是识别和诊断病害的依据，病害的病状包括病状和病征。病状是草坪植物本身发病后所表现出来的生理、解剖和形态特征的变异，简单地说，就是草坪草寄主本身的不正常表现，凡是植物病害都有病状。病征是草坪植物病状表现部位的外部依附着的可见的真菌、细菌和高等寄生植物的病原体，主要是真菌的菌丝体或子实体（繁殖体）；病毒、线虫和生理性病害则无病征。

病状和病征合称症状（草坪草生病后所表现的病态称为症状）。草坪植物病害的症状类型可以归纳为变色、坏死、腐烂、畸形、萎蔫及斑点病类、白粉病类、锈病类、发霉或煤污病类等。

（四）北方常见的草坪病害

1. 褐斑病（*Rhizoctonia solani*）

褐斑病（见图4-1）危害极为严重。只要在草坪能生长的地区就能发生，该病寄主广泛，能侵染所有已知的草坪草，造成草坪草植株的腐烂死亡，甚至造成草坪大面积秃斑，极大地破坏草坪景观。褐斑病具有病原物复杂、发病率高、传染迅速、危害严重等特点。

褐斑病主要侵染植株的叶、鞘、茎，引起叶腐、鞘腐和茎基腐，根部往往受害很轻或不受害。感病后草坪出现大小不等的近圆形枯草圈，条件适合时，病情发展迅速，枯草圈直径可从几厘米很快扩展到2 m左右。由于枯草斑中心的病株较边缘病株恢复得快，结果枯草斑就呈现出了环状或“蛙眼”状，即其中央绿色，边缘为枯黄色环带，严重时引起整株死亡。

褐斑病病原菌为立枯丝核菌，从寄主叶、叶鞘或根部伤口侵入。修剪过的草的顶端也是丝核菌侵入的主要部位。枯草层较厚的老草坪，菌源量大，发病重。低洼潮湿，排水不

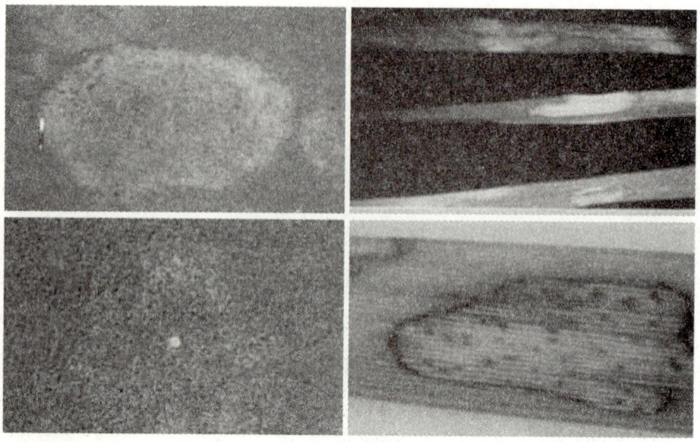

图 4-1　**褐斑病**(图片参考北京市神州桑田生物技术研究所网站)

良;田间郁蔽,小气候湿度高;偏施氮肥,植株旺长,组织柔嫩,冻害、灌水不当等因素都极有利于病害的流行。

2. 腐霉枯萎病(*Pythinm* spp.)

腐霉枯萎病(见图 4-2)又称油斑病,发病迅速、破坏力强、寄主范围广泛,短时间内就可造成草坪草大面积死亡,形成秃斑,极大地破坏草坪景观,其中以冷季型草坪受害最重。在高温高湿条件下其侵染速度极快,能在一夜之内毁坏大面积草坪,是一种毁灭性病害。

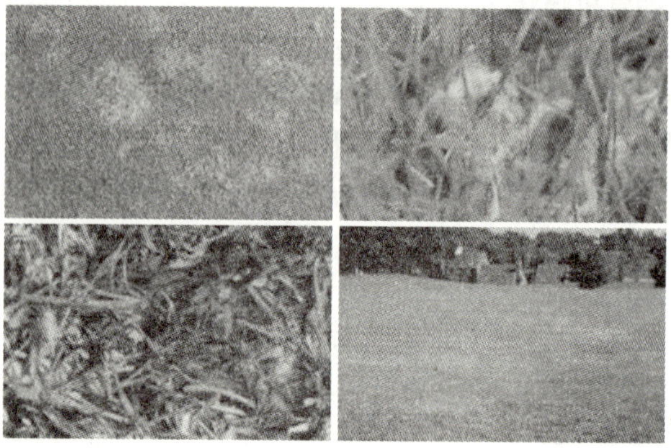

图 4-2　**腐霉枯萎病**(图片参考北京市神州桑田生物技术研究所网站)

在夏日有露水的早上,发病草坪表面黏滑,呈水渍状,其上布满白色棉絮状菌丝。干燥时菌丝体消失,叶片萎缩并变成红棕色,整株枯萎而死,最后变成稻草色枯死圈,边缘可见到一层黑色油渍状病株贴在地表。受害草坪草根系呈黑色,腐烂。腐霉枯萎病主要发生在 6 ~ 9 月,气温持续在 25 ℃以上,且水分充足,湿度达 90% 持续 14 h 以上时,或者是有降雨的天气,可大发生。病菌可以随修剪工具传播,所以有时会沿剪草机的作业路线呈长条形发生。

3. 夏季斑枯病

夏季斑枯病(见图 4-3)又称夏季环斑病、夏季斑,是夏季高温高湿时发生在冷季型草坪上的一种严重病害,在生长较密的草地早熟禾草坪上,能够造成大小不等的枯斑。夏初开始表现症状,发病草坪最初出现凹陷、枯黄色圆形的小斑块,直径 3 ~ 8 cm,以后斑块逐渐扩大成为圆形或马蹄形枯草圈，直径可达 40 cm，最大可达 80 cm。之后草株褪绿变成枯黄色，整株死亡。

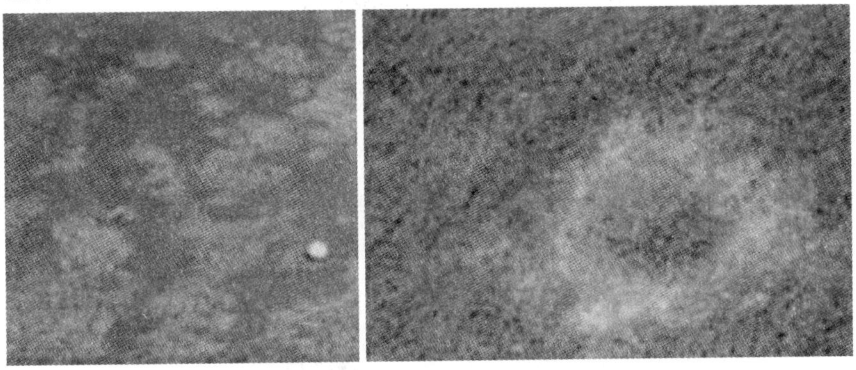

图 4-3　夏季斑枯病

4. 镰刀菌枯萎病(*Eusarium roseu_ Fusarium fricinctum*)

镰刀菌枯萎病(见图 4-4)又称蛙眼病、根腐病，可以侵染多种禾草，是草坪上普遍发生的重要病害之一，严重破坏草坪景观。该病可造成草坪草苗枯、根腐、茎腐、叶斑、叶腐等一系列复杂症状。幼苗出土前后被侵染，种子根变褐腐烂，严重时造成烂芽和苗枯。成株叶片受害，病叶上最初为水渍状暗绿色枯萎斑，后变红褐色到褐色，病斑多从叶尖向下或从叶鞘基部向上变褐枯黄。草坪受害时的症状，开始时出现淡绿色小的斑块，随后变成黄枯色，在高温干旱条件下，病草枯死呈稻草色，病斑圆形或不规则形，直径 2～30 cm，病区内几乎全部草株发生根、茎干腐，有时出现叶斑或不出现叶斑，湿度高时，茎基部可出现白色至粉红色的菌丝体，在适宜的温湿条件下，使草坪大面积发生叶斑。

5. 币斑病(*Lanzia* spp.，*Moellerodiscus* spp.)

图 4-4　镰刀菌枯萎病(图片参考百度图片)

币斑病(见图 4-5)又称钱斑病或圆斑病，是绝大多数草坪上的常见病害，尤其是高尔夫球场草坪。单株草坪草受害叶片，开始产生水浸状褪绿斑，最后变成白色病斑，病斑边缘棕褐色至红褐色，病斑可扩大延伸至整个叶片，病斑常呈漏斗状，从叶尖开始枯萎的也十分常见。成坪草坪上出现圆形、凹陷、漂白色或稻草色的枯草斑，斑块大小从 5 分硬币到 1 元硬币不等，因而得名为币斑病。温暖而潮湿的天气、形成重露凉爽的夜温、土壤干旱瘠薄、氮素缺乏等因素都可以加重病害的流行。

6. 锈病(*Puccinia* spp.)

锈病(见图 4-6)能够危害绝大多数草坪草，是一种较严重的真菌病害。其中，以冷季型草坪草中的黑麦草、高羊茅、草地早熟禾及暖季型草坪草中的狗牙根、结缕草受害最重。

受害草株生长不良，叶片和茎秆变成不正常的颜色，草坪草生长矮小，严重时导致草坪死亡。锈病的病原菌为锈菌，是一种严格的专性寄生菌，离开寄主就不能存活。春、秋两季发病重，当温度在 20～30 ℃时，有利于锈菌孢子的形成，尤其是叶片比较湿润，利于

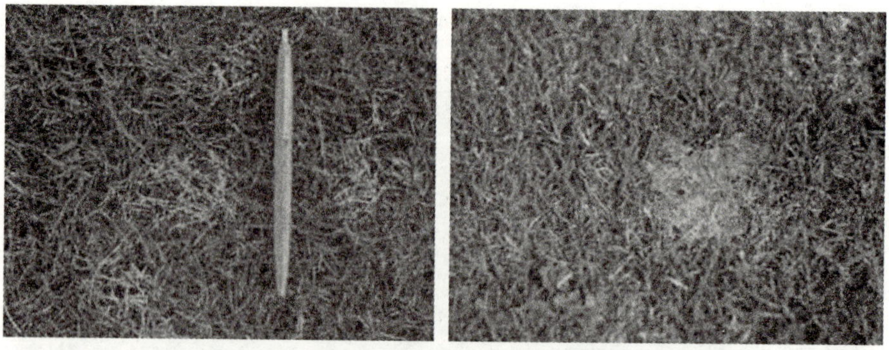

图 4-5　币斑病(图片参考中国园林网)

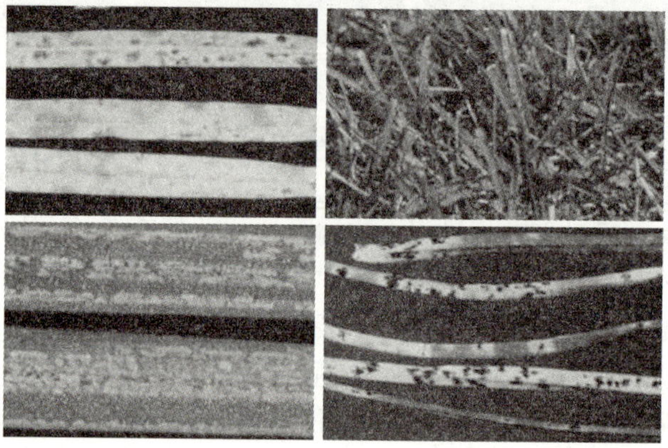

图 4-6　锈病(图片参考北京市神州桑田生物技术研究所网站)

夏孢子的萌发和侵入。

7. 白粉病(*Brysiphe graminis*)

草坪白粉病(见图 4-7)广泛分布于世界各地,是草坪禾草常见病害。可侵染狗牙根、草地早熟禾、细叶羊茅、匍匐剪股颖、鸭茅等多种禾草和大、小麦等农作物,其中以早熟禾、细羊茅和狗牙根发病最重,是早熟禾和羊茅属草的重要病害。

白粉病主要侵染草坪草叶片和叶鞘,也危害茎秆和穗部。受侵染的草皮呈灰白色,像是被撒了一层面粉,受到震动会飘散。随着病情的发展,叶片变黄,早枯死亡,一般老叶较新叶发病严重。温度较低,潮湿多雾,长期的低光照,病害发展极为严重,氮肥过量施入可促使此病的发生。该病主要降低光合效能,加大呼吸和蒸腾作用,造成植株矮小、生长不良,甚至死亡,严重影响草坪景观。

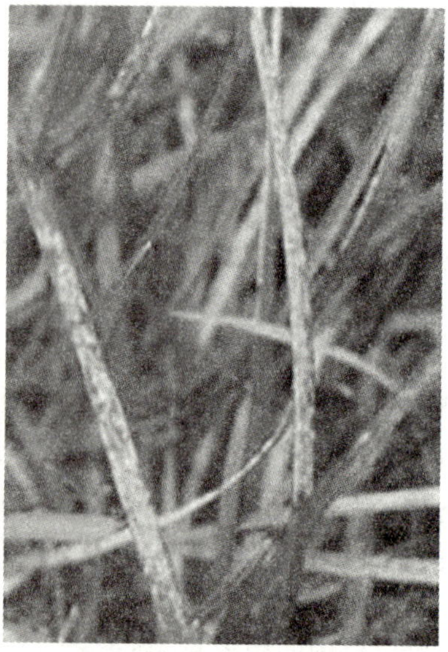

图 4-7　草坪白粉病
(图片参考百度图片)

(五)草坪主要病害的防治方法

草坪病害是草坪管理者感到最棘手的问题之一。

当某种病害发生时，轻者会降低草坪外观质量，严重者会在短时间内毁灭整个草坪，造成不可估量的损失。因此，防治草坪病害，对保证草坪的质量和持续性有重要意义。病害发生应具有寄主植物、病原物和适宜环境三个条件。所以任何增加寄主抗病性、控制病原物和改变环境条件的方法都可有效地防治病害。草坪病害防治的目的在于保证草坪草能够健康地生长和发育，从而获得较好的景观效应，防治的总体策略应是："预防为主，综合防治"，以栽培防治为基础，加强草坪的科学养护与管理，以化学防治为主导，因地制宜地配合应用其他防治方法，大力选育抗病品种，开发实用的生物防治技术。

1. 加强种子的检疫和检验

对于已经确定的检疫性病害或新发现的应该进行检疫的病害，在疫区和保护区之间进行有效的控制；对于进口或国内调运的种子，应该进行现场或产地检验，或抽样进行室内检验；对于可疑的、当时无法确定是否带有检疫性病害的材料，要通过隔离的温室或苗圃进行种植，或在室内进行分离培养等，做进一步的检验、对外检疫工作。

2. 选用抗病草种混播

选用不同的抗病草种混合建植草坪是防治多种草坪病害的有效措施之一。对夏季斑枯病来说，这种措施是最经济有效的方法，多年生黑麦草最抗夏季斑枯病，其次为高羊茅、匍匐剪股颖、草地早熟禾等。对腐霉枯萎病应当以草地早熟禾为主，适当混合高羊茅、黑麦草建植草坪。锈病则应采取以草地早熟禾、多年生黑麦草和高羊茅以7∶2∶1的比例混合播种，或者采取不同品种的草地早熟禾混合播种建植草坪来防治锈病的发生与危害。

3. 采用合适的栽培措施

1）适地适草

适地适草以培育健康的草坪。及时除去杂草、适时深耕细耙、及时处理病害株和病害发生地、加强水肥管理等以避免病害发生。草坪土壤的酸碱度应控制在 pH 值 6.5 ~ 6.8。

2）科学施肥

草坪大多数建植在城市范围内，土壤质地肥力通常很差。故需定期施肥，以保证草坪生长需求。测土施肥，根据草坪草习性合理施用氮、磷、钾肥，控制氮肥的用量，增加有机肥的施用比例。施肥时因季节而异同时要兼顾有机肥与化肥的结合施用。重施秋肥，轻施春肥。施肥要少量勤施，平衡施肥。

3）合理灌溉

要防止草地长期干旱和过分潮湿。避免大水漫灌和串灌，保持良好的排水功能，保证草坪既不干旱，也不过湿。旱季水分管理的策略应是浇水要浇足浇透，使水分渗到根层，然后间隔到干透时再浇第二次，做到干湿交替。避免一天多次浇水和每次浇水的时间过短。土壤水分过多或者积水会影响草坪的根系生长，还会为各种病原菌特别是根腐菌的活动和侵染创造条件。浇水应在清晨进行，避免傍晚浇水。这样可防止因叶湿期延长而有利于病原侵染。清晨浇水还有除露作用，以利于草坪草叶表的自由水尽快干掉。夏季午间高温时可适当往草坪叶部少量喷水以适当降低叶表温度，避免灼伤。多雨季节要及时排水，防止水淹。

4）及时修剪，收集草坪修剪的断草

草坪的修剪应当严格按照"1/3 修剪"的原则，草高不超过 10 cm 或枯草层厚度超过 2

cm 就要及时进行修剪。一般留草高度 5 ~ 6 cm，在草坪草处于易感病时期，或在感病初期，所有割草机均应装袋收集修剪断草。特别是在修剪染病草坪时尤应收集修剪断草，避免割草时因断草带菌使病原菌散播。带菌的断草收集后应立刻集中堆肥、深埋处理或其他灭菌处理。禁止未加处理露天堆放。

在高温潮湿、叶面有露水时，不宜进行修剪。修剪时应先健康草坪或植株，后感病草坪或植株，以免病菌随修剪工具而传播扩散。

5）草坪机械和维护器具的灭菌与卫生处理

草坪维护和生产过程所用的机械器具应定期清洗，避免带菌。如有草坪局部染病，操作时应先维护健康草坪，最后再维护染病处。操作结束后，所有器具应用漂白粉液或其他杀菌剂即刻进行清洗灭菌，以杜绝草坪病害的人为散播。

4. 合理使用药剂防治

药剂防治就是使用化学药剂杀死或抑制病原物，防止或减轻病害的危害。化学防治具有作用迅速、效果显著，使用方法易于掌握的优点，是防治草坪病害的重要手段。但同时，化学防治又往往对人有毒、对生态环境造成不同程度的污染和破坏，甚至还可能对草坪产生不同程度的药害。因此，应当科学合理地使用化学药剂，选用高效、低毒、低残留的品种，同时提高化学药剂的使用技术，减少用药量，降低残留量，减少药液的飘移。防治时期、药剂种类和施药技术是决定化学防治效果优劣的关键因素。播种期和病害发生初期是防治草坪病害的最佳时期，处理方法为：播种期进行药剂拌种或种子包衣处理；发病初期选用适当的农药及时进行药剂防治。

1）药剂拌种或种子包衣处理

药剂拌种或种子包衣处理是防治草坪褐斑病、烂种、猝倒、腐霉枯萎病、镰刀菌枯萎病、锈病和根腐病等病害的有效措施之一。褐斑病可以选用草病灵 2 号、3 号或甲基立枯灵、五氯硝基苯、粉锈宁等药剂，按种子量的 0.2% ~0.4% 拌种或用作种子包衣剂。草病灵 2 号、3 号可以兼治夏季斑枯病、腐霉枯萎病和镰刀菌枯萎病，粉锈宁可以兼治得氏霉叶枯病、锈病和云纹斑等病害。腐霉枯萎病还可以选用代森锰锌等；夏季斑枯病和镰刀菌枯萎病还可以选用乙磷铝、代森锰锌、甲基托布津等；锈病还可以选用三唑类药剂如三唑酮、速宝利、立克秀、羟锈宁等药剂，按种子质量的 0.2% ~0.3% 拌种，对病害的控制均有不同程度的作用。

2）播前土壤处理

播前土壤处理可以有效杀灭土壤中的各种病原菌和其他有害生物，是防治草坪病害的有效措施之一。可以消灭土壤中存在的病菌和害虫，大多数细菌在 50 ~60 ℃时死亡。

土壤消毒的方法有：药剂消毒法和蒸汽消毒法。药剂消毒最常用的是福尔马林消毒，既经济又有效。消毒时，土壤需要干燥。可用喷壶将消毒液浇注于耕松的土壤中，用湿草帘或塑料薄膜覆盖，使药剂充分发挥作用。经 2 ~3 d 后除去覆盖物，再经 10 ~14 d 待无气味后，即可进行播种和栽植；土壤用量不多时，可用大蒸笼蒸熏。蒸汽温度在 100 ℃左右，消毒时间 40 ~60 min。

3）草坪发病初期或病害发生前进行药剂防治

在草坪草未被侵染之前，根据气候、环境条件、病原菌的种群密度和经验使用杀菌剂来抑制病害孢子的萌发侵染或病原菌的扩散，以预防病害发生，称为预防性防治措施。病原菌大量侵染繁殖之前是病害防治的最佳时期，应当及时选用适当药剂进行防治。

(1)褐斑病(Rhizoctonia solani)。

危害范围：褐斑病是一种由立枯丝核菌引起的真菌病害。此病害较为普遍，有草坪的地方均有褐斑病的发生，尤以冷季型草受害最为严重。此病害在形成病害表现之前，草坪一般都已受到病菌的侵染，一旦发现大面积发病时，已是非常严重，防治变得非常困难。

诊断要点：此病易在高温高湿的炎热夏秋季节发生。北方地区一般集中在5~9月；南方地区则是3~10月。进行病症观察时，首先观察叶片和叶梢。叶片先变成黄绿色，然后萎蔫变成淡褐色斑点，进而死亡。初始时期病斑形状为长条形或纺锤形，不规则，长1~4 cm，后侵入茎秆。当出现小型枯草斑块时，预示病害即将大面积发展。发病时的典型特征是在草坪上出现粗略圆形的淡褐色斑区，直径0.1~1.5 m，边缘呈现褐色圆环。

防治措施：选用甲基立枯灵、五氯硝基苯、代森锰锌、百菌清、50%灭霉灵可湿性粉剂、甲基托布津等药剂拌种，用药量为种子量的0.2%~0.4%。成坪草坪要早期防治，可用代森锰锌、百菌清、甲基托布津可湿性粉剂等800~1 000倍喷雾，也可用灌根或泼浇法，控制发病中心。成熟草坪抓紧早期防治，控制初期病情是药剂防治的关键，因此必须在症状显现前的一段时间，即病菌开始侵染时用药，才能有效地控制病害；当看到明显病症时，就已有大面积的草坪受到影响，如果天气又持续高温高湿，此时，无论用什么药，效果都不会很好。

(2)腐霉枯萎病(Pythinm spp.)。

危害范围：主要由腐霉菌在高温高湿条件下引起的根部、根茎部、茎和叶变褐腐烂，是危害草坪最严重的一种病害。在条件适宜时，一天内将毁灭大面积草坪，所有冷季型草坪草及狗牙根均会感染此病。

诊断要点：发病初期叶片呈水渍状和黑色黏滑状，然后变成褐色或白色；早晨可在受侵染的植株上观察到絮状的灰色或白色的菌丝体；病斑呈2~5 cm圆形状，若未能及时防治，小病斑会连接融合成大而不规则的病斑；在高温(26~35 ℃)、潮湿气候易发病，土壤排水不良、草坪氮肥施肥量过多也会引发此病。

防治措施：选用灭霉灵或杀毒矾药剂拌种是防治烂种和幼苗猝倒的简单、易行和有效的方法，用药量为种子量的0.2%。高温高湿季节选用甲霜灵、乙膦铝、杀毒矾和甲霜灵锰锌等药剂，配成800~1 000倍药液进行喷雾，控制病害。高温高湿季节前要及时使用杀菌剂控制病害。对已建草坪上发生的腐霉病，防治效果较好的药剂有甲霜灵、乙膦铝、杀毒矾、代森锰锌等。为防止病害产生抗药性，使用药剂时应将触杀型的和内吸型的混合使用或者交替使用。使用浓度、次数和间隔时间视病情而定。一般使用浓度500~1 000倍或更低，间隔10~14 d。

(3)夏季斑枯病。

危害范围：是由 *Magnaporthe* poae 引起的一种严重的真菌性病害，常发生在夏季高温季节。

诊断要点：初期叶部、根冠部、根状茎部呈黑褐色，后期维管束变成褐色；草坪出现环形、瘦弱、生长较慢的小斑块，草株变成枯黄色，多呈圆形斑块，斑块大多不超过40 cm；多发生在炎热多雨天气后的高温天气，空气湿度大，气温在 23～35 ℃；其与褐斑病的最大区别是斑圈为枯圈；病原菌一般沿根、冠部和茎组织蔓延。

防治措施：播种时用下列药剂拌种、包衣或土壤处理，均对夏季斑枯病有较好的防治效果，如乙膦铝、代森锰锌、甲基托布津、灭霉灵、多菌灵等农药拌种，用药量为种子量的 0.2%～0.3%。成坪草坪应于春末、夏初土层 5 cm 深度温度 18～20 ℃时开始用药进行茎叶喷雾和灌根，内吸传导性杀菌剂为防治的主要药剂种类，可选用 64% 杀毒矾可湿性粉剂、95% 绿亨 1 号、70% 代森锰锌、70% 甲基托布津可湿性粉剂、50% 灭霉灵可湿性粉剂、50% 乙膦铝可湿性粉剂等，一般使用浓度在 500～1 000 倍液，间隔 15 d 左右，连续使用 2～3 次，药液量 300 mL/m^2 左右，灌根时药液量还可增加。

(4)镰刀菌枯萎病(*Eusarium roseu_ Fusarium fricinctum*)。

危害范围：是一种由镰刀菌侵染致使草坪枯萎的病害，发病普遍，危害严重。在北京发病率高达 50% 以上，主要危害草地早熟禾。

诊断要点：草坪先萎蔫，然后枯萎；草坪出现形状不规则的病斑，病斑直径小至几厘米，大至 60 cm；病斑区有"蛙眼"现象；靠近土壤表面的叶片与茎上能观察到粉红色的菌丝体。多发生在高温（27～35 ℃）和炎热气候，土壤及草土层过厚等条件易发生该病。

防治措施：建植草坪时要进行药剂拌种或种子包衣，选用灭霉灵、绿亨 1 号、代森锰锌、甲基托布津等药剂拌种，用药量为种子量的0.2%～0.3%。在病害发生的初期，使用 70% 甲基托布津可湿性粉剂、50% 苯菌灵可湿性粉剂、50% 多菌灵可湿性粉剂 800～1 000 倍，每隔 10～15 d 喷施 1 次，连喷 3～4 次。在施用杀菌剂之后，应使药液充分湿透草丛下的土壤。在发生根颈腐烂症状始期，可施用多菌灵、甲基托布津、灭霉灵、杀毒矾等内吸杀菌剂。

(5)币斑病(*Lanzia* spp.，*Moellerodiscus* spp.)。

危害范围：草坪常见病害，为茎叶部病害。危害狗牙根、早熟禾、结缕草、紫羊茅等草种。

诊断要点：草地上可观察到细小、环形、凹陷、漂白或稻草色小斑块；斑块直径较小，一般不超过 6 cm；清晨可观察到白色、棉絮状或蜘蛛网状菌丝体；叶片开始为水浸状褪绿斑，逐渐变成枯黄色。有深褐色或紫红色边缘，病斑常呈漏斗状，有白色小斑点。

防治措施：加强管理，科学施肥，合理灌溉；定期修剪，修剪后配合预防性施药，币斑病发病前要适时喷洒杀菌剂，可选用的药剂有百菌清、敌菌灵、丙环唑、粉锈宁、甲基托布津、扑海因、代森锰锌等。

(6)锈病(*Puccinia* spp.)。

危害范围：由柄锈菌引起。有叶锈、冠锈和条锈等。危害结缕草、草地早熟禾、高羊茅、黑麦草等草种。

诊断要点：初染病植株部位有淡黄色斑，后由于病菌实体破裂散放孢子，使病斑成为锈色；在病斑处可清晰观察到含孢子的疱状突出物；易在气温 15～30 ℃、潮湿的气候条件下发病。

防治措施：锈病选用三唑类杀菌剂，防治效果好且作用的持效期长。常见品种有粉锈宁、羟锈宁、特普唑(速宝利)、立克锈等，在播种时用药拌种，用药量可按播种量的

0.2%～0.3%。一般发病早期，常用25%三唑酮可湿性粉剂1 000～2 500倍液，12.5%特普唑(速保利)可湿性粉剂2 000倍液等喷雾。通常在修剪后，用15%粉锈宁乳剂1 000倍喷雾，间隔20～30 d后再用1次，防治锈病效果可达90%以上。

(7)白粉病(*Brysiphe graminis*)。

危害范围：由白粉菌引起。易侵染草地早熟禾、细羊茅与狗牙根。

诊断要点：叶片表面覆盖着白色至灰色的粉状菌丝体与孢子；叶片上出现1～2 mm大小的褪绿斑点，以正面较多；霉斑表面散生的白色粉状物受震动易飘散；发病条件：中低温(12～21 ℃)气候潮湿可导致发病。草坪长期遮阴，空气流通不良及氮肥施肥量过多，均会促使该病发生。

防治措施：白粉病也选用三唑类杀菌剂。可在播种时用三唑类药剂进行拌种，药量为种子量的0.2%～0.3%。生长期喷雾，一般在发病早期(以封锁发病中心为重点时期)，修剪后用25%三唑酮可湿性粉剂2 000～2 500倍液、12.5%特普唑(速保利)可湿性粉剂500倍液、70%甲基托布津可湿性粉剂1 000～1 500倍液或50%退菌特可湿性粉剂1 000倍液等。

(8)蘑菇圈(*Fairyring*)。

危害范围：蘑菇圈病全国各地都有发生，可危害各种草坪草。

诊断要点：春季和夏初，潮湿的草坪上可出现环形或弧形的深绿色或生长迅速的草围成的圈。蘑菇圈最初的外观一般是病草围成一个小圆圈或出现一束担子果。疯长的草坪草形成的带宽10～20 cm，在疯长的草坪圈内部偶尔出现由瘦弱的、休眠的或死草围成的同心圆圈。有时候在死草围成的环带里出现旺长的草形成的次生环形带。土壤干旱时，特别是在秋季，最外层疯长的草围成的圈可能消失，使得最外层圈里的草死亡而内层圈的草旺长。在温和天气，降雨或大水漫灌之后，病菌可在外层疯长的草坪草环带里产生蘑菇。蘑菇圈开始时很小，但可迅速扩大，直径从几厘米至无限大，有时也可突然消失。

防治措施：蘑菇圈可用溴甲烷、氯化苦和甲醛对土壤进行熏蒸或更换病土；大面积发病时，春季或秋季可结合草坪打孔，浇灌75%百菌清可湿性粉剂或50%苯菌灵可湿性粉剂。

4)药剂防治注意事项

为了能获得良好的防治效果，使用药剂应注意以下事项：

(1)药剂浓度。浓度过高会造成药物的浪费，浓度过低则无效果。

(2)喷药时间和次数。喷药的时间过早会造成浪费或降低药效，过迟则大量病原物已侵入寄主。喷药次数主要根据药剂残效期的长短而定，一般隔7～10 d喷一次，共喷2～5次。雨后应补喷，喷药应考虑成本，节约用药。

(3)喷药量。喷药量过少不能对植株各部位周密地加以保护，过多则造成浪费。

(4)防止抗药性的产生。应当尽可能混合施用或交替施用各种杀菌剂，以防止抗药菌丝的产生和发展，决不要长期在同一草坪上使用单一药物。

四、任务实施

（一）场地准备

选择一处草坪病害样地。

（二）材料及工具

手持式放大镜、照相机或录像机、喷雾器等。

各类杀菌剂。

（三）实施步骤

1. 观看

所有常见的草坪草病害的挂图及相关幻灯片。

2. 识别

以常见的病害为代表，辨识其症状特点及病原形态。

（1）褐斑病。辨析草坪草褐斑病的危害状。用挑针挑取菌丝镜检，观察菌丝的分枝处是否呈直角，分枝处是否缢缩，分枝处是否形成了隔膜，用放大镜观察菌核的外部形态。该病害主要结合发病现场及资料图片进行观察识别。

（2）腐霉枯萎病。辨析该病害的危害症状。用挑针挑取菌丝镜检，观察菌丝有无隔膜，能否见到姜瓣状的孢子囊和孢囊梗，该病害主要结合发病现场及资料图片进行观察识别。

（3）夏季斑枯病。辨析草坪草褐斑病的危害状。仔细检查病组织，是否会发现典型的网状稀疏的深褐色至黑色的外生菌丝，病草的根部冲洗干净，直接在显微镜下检查，是否会看见平行于根部生长的暗褐色匍匐状外生菌丝。该病害主要结合发病现场及资料图片进行观察识别。

（4）镰刀菌枯萎病。辨析该病害的危害状。用挑针挑取白色或粉红色的霉层镜检，其大型分生孢子是否为镰刀形，厚垣孢子是否为球形，该病害主要结合发病现场及资料图片进行观察识别。

（5）锈病。辨析草坪草锈病的危害状。镜检草坪草锈病的夏孢子及冬孢子堆。注意辨识其形态，冬孢子双胞、长椭圆形、有柄、壁厚；夏孢子单胞、椭圆或长椭圆形、呈黄褐色至红褐色、无柄、壁薄。

（6）白粉病。辨析草坪草白粉病危害状。同时用挑针分别挑取白粉及小黑点，制片镜检分生孢子、闭囊壳及附属丝。用挑针轻轻挤压盖玻片，注意观察挤压出来的子囊及子囊孢子。

3. 病害防治

（1）现场识别和观察本地常见的草坪主要病害的发病症状。

（2）草坪病害综合防治技术。

五、思考与练习

（1）仔细观察常见的草坪病害，掌握特征并准确识别。

（2）了解常见的杀菌剂并能熟练地配比使用。

(3)调查当地草坪病害种类,制定防治措施。

六、知识扩展——草坪病害的诊断

在草坪病害防治中,准确的诊断是前提条件。只有查出草坪病害发生的原因,作出正确的诊断,才能对症治疗。

(一)田间观察法

在发病草坪现场,可以借助手持放大镜来进行初步的诊断。因为不同病害表现的发病特点和症状特征不同。

1. 非传染性病害发病特点和症状特征

非传染性病害的发生是各种不适宜的环境条件所致,因此发病与立地条件(如地形地势、坡向坡位、土壤性质等)、当年气象因子变化、栽培管理是否恰当等关系密切。这类病害的发病特点是:在草坪上病害开始出现时一般表现在较大面积内均匀发病;发病程度可由轻到重,但没有由点到面的扩展过程。非传染性病害的症状特点为只有病状而无病征表现。因此,非传染性病害可以通过上述几个方面初步确定。

2. 传染性病害发病特点和症状特征

传染性病害由病原物侵染所致,发病特点是:草地上的病株一般呈分散状态,发病时间不一致,有先有后,先形成逐个的发病中心,然后才由此逐渐向四周扩展蔓延开来,具有由点到面的传播蔓延过程。传染性病害在一定的条件下在病害发生的某一个阶段具有病征表现,且各类不同病害有其固有的、相对稳定的独特性。掌握这些特点有利于传染性病害的诊断。如真菌病害的病部有粉状物、霉状物、粒状物、锈状物或各种特殊的结构等。细菌病害的病斑周围常呈水渍状或油渍状,潮湿时在病部表面可见滴状或薄膜状脓状物。确定细菌性病害还可利用一种简便的方法——菌溢法:采取病叶,在病健部交界处剪取一小块组织,放在滴有灭菌水的清洁载玻片上,加上盖玻片,然后对光观察,可见切口处有云雾状或放射状污浊黏液溢出。

症状观察时,一定要注意症状的复杂性。有时不同的病害可以具有相似的症状,如镰刀枯萎病和腐霉枯萎病都可造成草坪草根腐、叶腐等症状;有时一种病害可能出现几种不同的症状类型,例如镰刀枯萎病既可引起叶斑,又可引起颈腐,还可以引起萎蔫等多种症状。草坪草的并发性病害和继发性病害也是使症状复杂化的原因之一。所谓并发性病害,就是当草坪草发生一种病害的同时,又有另一种病害伴随发生。当草坪草发生一种病害后,可相继发生另一种病害,这种继前一种病害而发生的病害称继发性病害。因此,识别病害症状时千万不能忽视症状的复杂性。但只要多留心、勤观察,很好地掌握各种症状的特点,以及它们之间的变化规律,就能够做好病害诊断工作。

(二)室内镜检法

在田间不能确定具体病害的情况下,可以通过田间采集新鲜的病害标本,采用病症诱导和显微镜检查分析进行诊断。

对于真菌病害,若标本上病症发育良好,可直接进行显微镜检查,否则需诱导病症产生或由病部分离纯化病原菌后再进行显微镜检查。

(1)病征诱导。将新鲜病叶、病茎或病根洗净表面泥土后置于底部铺有吸水纸的培养皿内,吸水纸先用蒸馏水湿润,将培养皿盖好后置于适宜的温度和光照条件下培养,使病斑上或其他病变部位上生出菌丝体和子实体。

(2)显微镜检查。取一干净的载玻片,中心滴 1 ~ 2 滴蒸馏水,然后将病害标本上的病原菌子实体和菌丝体,用"挑、刮、拨"等方法转移到载玻片的水滴上,再盖上盖玻片,用低倍镜或高倍镜观察菌体形态。

(三)病原物的分离培养接种法

若草坪上发生一种新的传染性病害时,对于病原物的鉴定应遵循柯赫原则,依照下列步骤进行诊断和鉴定:

(1)在发生病害的植株上常伴随有一种微生物存在。

(2)该微生物可在离体条件下的人工培养基上分离纯化得到纯培养物,对其性状进行观察和记录。

(3)将纯培养物接种到相同品种的健株上,表现出相同症状的病害。

(4)从接种发病的植物上再分离到其纯培养,性状与原来的记录(2)相同。

如果进行了上述四步鉴定工作得到确实的证据,就可以确认该微生物即为病原菌。

任务二　草坪害虫识别及防治

一、任务分析

草坪害虫对草坪的危害影响很大,有的害虫咬食草坪草的汁液,使草坪草形成缺刻或萎蔫枯黄;有的昆虫本身的活动并不直接损害草坪,但它们在草坪上活动,叮咬、吸血、蛰人,危害人类健康;还有的昆虫是病害的媒介,它们传染病害而使草坪受到损害,有时会使整个草坪遭到破坏,完全失去使用价值。

准确鉴定草坪害虫,熟悉其特点对进行有效的综合防治具有重要意义。

二、任务目标

能力目标:通过草坪害虫的形态特征,准确识别害虫,能对草坪常见虫害进行防治;能正确使用植保机具。

知识目标:掌握常见草坪害虫识别特征,了解草坪害虫生活习性、危害;掌握常见虫害的防治方法。

素质目标:能够认识到草坪虫害防治的重要性,在学习中培养责任心和责任感。

三、相关知识

(一)草坪害虫的分类

草坪害虫种类繁多,包括环节动物的线虫、节肢动物的昆虫。草坪害虫主要通过咀嚼和刺吸来采食草坪草。它们直接取食草坪草的组织和汁液,有时也传播病原物,从而影响草坪草的正常生长。根据害虫取食方式分,有咀嚼式口器(蝗虫、蛾类幼虫等)、刺吸式口器(蚜虫、叶蝉等)、锉吸式口器(蓟马)等;按其危害方式,可分为食根昆虫、食枝叶昆虫和掘穴昆虫三大类；依其栖息取食部位、生态条件，可分为土栖类、食叶类、蛀茎潜叶类和刺吸类四个生态类型。它们都以各自的方式危害草坪，造成叶残根枯，影响草坪景观。害虫的类别不同，其防治措施也有所差异。

（二）草坪常见害虫及其防治

1. 黏虫［*Leucania aeparata*（Walker）］

分布与危害：黏虫是鳞翅目夜蛾科的害虫，俗名夜盗虫、行军虫、天马等，是世界性分布的、对禾本科植物危害极大的害虫，在我国分布也较广。该虫幼虫危害性较大，是一种暴食性害虫，大量发生时，常把叶片吃光，轻则造成草坪秃斑，重则将整片地吃成光秃，必须重播。能危害黑麦草、早熟禾、剪股颖、结缕草和高羊茅等多种草坪草。因其群聚性、迁飞性、杂食性、暴食性而成为全国性重要害虫。

识别特征：成虫体长 15 ~ 17 mm，体灰褐色至暗褐色。前翅灰褐色或黄褐色。环形斑与肾形斑均为黄色，在肾形斑下方有 1 个小白点，其两侧各有 1 个小黑点。后翅基部淡褐色并向端部逐渐加深。老熟幼虫体长约 38 mm，圆筒形，体色多变，黄褐色至黑褐色，头部淡黄褐色，有“八”字形黑褐色纹，胸腹部背面有 5 条白、灰、红、褐色的纵纹。

生活习性：黏虫对草坪的危害主要在幼虫期，是一种危害严重的害虫。它的食性很杂，最喜食禾本科作物或草坪草。在大发生时，甚至把树叶也吃光。低龄幼虫多食叶肉部分，因而叶表面仅出现橘黄色的斑点，或因叶肉被食，叶片表面被蛀食后呈剥离痕迹。幼虫共 6 龄，1 ~ 2 龄幼虫白天潜藏在植物心叶及叶鞘中，高龄幼虫白天潜伏于表土层或植物茎基处，夜间出来取食植物叶片，3 龄以后食量增加，开始从叶片边缘蚕食，形成缺刻，到5 ~ 6龄时，幼虫进入暴食期，造成严重的危害。幼虫取食草坪草，取食多在夜晚进行，所以也常被称为“夜盗虫”。轻则造成草坪秃斑，重则使大面积草坪被啃光，必须重播。黏虫喜欢较凉爽、潮湿、郁闭的环境，高温、干旱对其不利，成虫有较强的趋化性和趋光性。

防治方法：

（1）诱杀防治。

利用黑光灯灯光诱杀成虫，或利用成虫的趋化性，用糖醋液诱杀，按糖、酒、醋、水为2∶1∶2∶2的比例混合，加少量辛硫磷。还可用稻草或麦草做成草把插入草坪中，诱集雌蛾产卵，然后处理草把消灭虫卵。

（2）化学防治。

应在幼虫 3 龄前及时喷药防治。

在幼虫发生期内喷洒敌百虫、辛硫磷、溴氰菊酯、西维因、40% 乐果乳油 1 000 倍液等进行防治。

2. 草地螟［*Loxostege sticicalis*（Linnaeus）］

分布与危害：该虫在我国北方普遍发生。食性广，可危害多种草坪禾草，初孵幼虫取食幼叶的叶肉，并常在枯草垫层或碎石上吐丝结网，白天隐蔽，夜间咬食草坪草叶片和根茎，在草坪上称为“草皮网虫”，3 龄后食量大增，可将叶片吃成缺刻、孔洞，使草坪失去应有的色泽、质地、密度和均匀性，甚至造成光秃。

识别特征：成虫体较细长，9 ~ 12 mm，体灰褐色，有光泽；前翅灰褐色至暗褐色，中央稍近前缘有 1 个近似长方形的淡黄或淡褐色斑，翅外缘黄白色，并有 1 串淡黄色小点组成的条纹；后翅黄褐色或灰色，沿外缘有 2 条平行的黑色波状纹。老熟幼虫体长 16 ~ 25 mm；头部黑色，有明显的白斑；前胸盾黑色，有 3 条黄色纵纹；胸腹部黄褐色或灰绿色，有明显的暗色纵带间黄绿色波状纹；腹部每节背面有 6 个暗色的毛瘤，呈三角形排列（见图 4-8）。

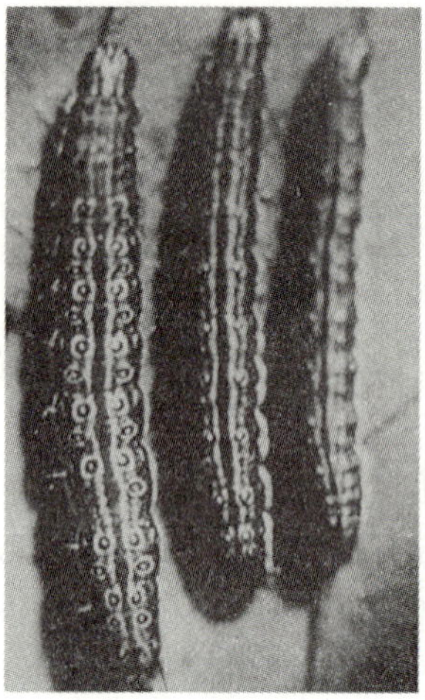

幼虫

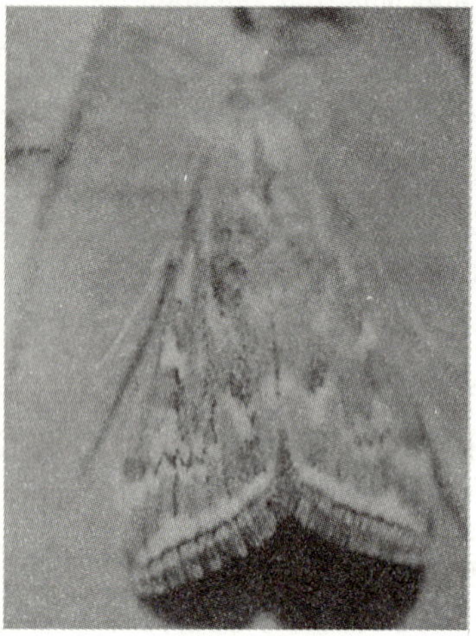

成虫

图 4-8　草地螟（图片参考句容天绿园林开发服务部网站）

生活习性：幼虫取食叶片，咬断叶柄，发生严重时叶片被吃光，仅剩纤维状白色茎秆。草地螟每年发生代数随分布地区而不同，以老熟幼虫在土中结茧越冬，次年春季化蛹羽化。该虫 1 年发生 2 ~ 4 代。成虫昼伏夜出，趋光性很强，有群集远距离迁飞的习性。幼虫发生期在 6 ~ 9 月。幼虫活泼、性暴烈，稍被触动即可跳跃，高龄幼虫有群集迁移习性。

防治方法：

（1）人工防治。春夏季结合田间管理，铲除草坪周围杂草，可消灭卵和初孵幼虫；或利用成虫白天不远飞的习性，用拉网法捕捉。

（2）药剂防治。用 50% 辛硫磷乳油 1 000 倍液，或用每克菌粉含 100 亿活孢子的杀螟杆菌菌粉或青虫菌菌粉 2 000 ~ 3 000 倍液喷雾。

一天中最好的防治时间是傍晚，此时幼虫由枯草层中出来觅食，会取得预想的效果。草地螟的迁进与气候关系比较大，要注意地区间联合防治，加强预测预报，适时防治。

3. 蝗虫

分布与危害：属直翅目蝗总科。蝗虫食性杂，可取食多种植物，但喜食草坪禾草，取食草叶和嫩茎，大发生时可将草全部吃光。一般白天取食，下午四至五时为取食高峰，日落后取食少。在干旱年份管理粗放的草坪上易发生，多在 5 ~ 9 月发生。是一种世界性害虫，种类较多。

识别特征：触角丝状，前翅狭长，后足跳跃足。

生活习性：一般每年发生 1 ~ 2 代，绝大多数以卵块在土中越冬。一般冬暖或雪多情况下，地温较高，有利于蝗卵越冬。4 ~ 5 月温度偏高，卵发育速度快，孵化早。秋季气温高，有利于成虫繁殖危害。多雨年份、土壤湿度过大，蝗卵和幼蝻死亡率高。干旱年份，在管理粗放的草坪上,土蝗、飞蝗则混合发生危害。蝗虫天敌较多,主要有鸟类、蛙类、益虫、螨类和病原微生物。

防治方法:

(1)药剂喷洒。发生量较多时可采用药剂喷洒防治,常用的药剂有2.5%敌百虫粉剂、3.5%甲敌粉剂等喷粉防治,每公顷30 kg;50%马拉硫磷乳剂或75%杀虫双乳剂或40%氧化乐果乳剂1 000 ~1 500倍液喷雾。

(2)毒饵防治。麦麸(米糠)100份+水100份+1.5%敌百虫粉剂2份(或40%氧化乐果乳油等0.15份)混合拌匀,每公顷22.5 kg。随配随撒,不能过夜。阴雨、大风、温度过高或过低时不宜使用。

(3)化学防治。用化学药剂如锐劲特、卡死克、50%马拉硫磷乳剂、40%氧化乐果乳剂1 000 ~1 500倍液喷雾防治;或者用2.5%敌百虫粉剂、3.5%甲敌粉剂等喷粉防治。

4. 斜纹夜蛾[*Prodenia litura*(Fabricius)]

分布与危害:鳞翅目夜蛾科,世界性害虫,分布广泛,具暴发性,虫口密度大时,能在短期内将草坪吃成"光秆"。可危害黑麦草、早熟禾、剪股颖、结缕草、高羊茅等多种草坪草。

识别特征:成虫体长14 ~20 mm,全体灰褐色;前翅黄褐色至淡黑褐色,多斑纹,以前缘近中部至后缘外方有3条白色斜纹而得名。幼虫一般6龄,老熟幼虫体长38 ~51 mm,头部褐色,胸腹部颜色变化大,为土黄、青黄、灰褐或暗绿色(见图4-9)。

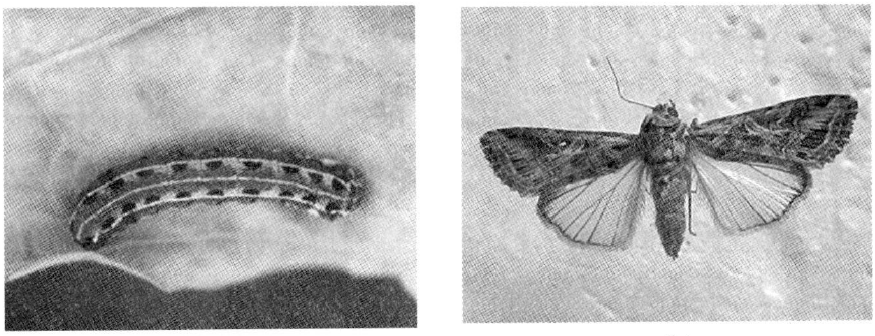

幼虫　　成虫

图4-9　斜纹夜蛾(图片参考湖南林业科学数据分中心网站)

生活习性:1年发生多代,斜纹夜蛾发育适温为29 ~30 ℃,高温年份和季节有利其发育、繁殖,低温则易引致虫蛹大量死亡。成虫有趋光性和趋化性。初孵幼虫群集叶片背面,取食叶肉;2龄后分散,4龄以上的幼虫白天躲在草层基部或土缝中,傍晚出来取食。幼虫有假死性。老熟幼虫入土1 ~2 cm化蛹。幼虫3龄以前取食叶肉,叶片呈现白纱状斑,4龄后进入暴食期,将叶片咬出缺刻,甚至把叶片吃光,并排出大量虫粪,污染草坪。

防治方法:

(1)诱杀成虫。利用成虫的趋光性,用黑光灯,红糖6份、白酒1份、米醋3份加少量敌百虫的混合液盛在盆里,黄昏时放入草坪诱杀成虫。

(2)清洁草坪,加强田间管理,同时结合日常管理采摘卵块,消灭幼虫。在防治幼虫时,3龄是防治适期,可用2.5%敌百虫粉剂3 g/m²喷粉、5%杀螟松3 g/m²喷粉、90%晶体敌百虫1 500～2 000倍液喷雾、80%敌敌畏乳油1 000～1 500倍液喷雾、50%杀螟松乳油1 000～1500倍液喷雾、24%万灵水剂1 000倍液喷雾、40%氧化乐果800倍液喷雾或马拉硫磷600倍液喷雾等均可有效防治斜纹夜蛾的幼虫。

5. 蚜虫

分布与危害：蚜虫又称“蜜虫子”、“腻虫”。属同翅目蚜总科。危害草坪草的主要种类有麦长管蚜、麦二叉蚜、禾谷缢管蚜等，在我国各地均有分布。以成蚜与若蚜群集于植物叶片上刺吸为害，严重时植株生长停滞，发黄、枯萎。蚜虫排出的蜜露会引发煤污病，污染植株，并招来蚂蚁，造成进一步危害。

识别特征：体微小而柔软。

生活习性：以上3种蚜虫在我国各地均有分布，1年可发生10余代甚至20代以上；在生活过程中可出现卵、若蚜、无翅成蚜和有翅成蚜等。在生长季节，以孤雌胎生进行繁殖。

防治方法：

（1）生物防治。利用瓢虫、草蛉、食蚜蝇、蚜茧蜂、蚜小蜂和蚜霉菌等天敌控制蚜虫，应注意天敌的保护和利用。

（2）农业防治。冬灌可降低地面温度，对蚜虫越冬不利，能大量杀死蚜虫；有翅蚜大量出现时及时喷灌可抑制蚜虫发生、繁殖及迁飞扩散；趁有翅蚜尚未出现时，将无翅蚜碾压而死，减轻受害；清除杂草，早期摘除卷叶。

（3）药剂防治。早春发芽前喷石硫合剂、石油乳剂、机福乐以杀卵；生长期喷雾；地下施药：观赏植物、花卉、苗木、林木等，地下施呋喃丹颗粒剂。

6. 蛴螬

分布与危害：蛴螬是鞘翅目金龟总科幼虫的统称。危害草坪的蛴螬种类很多，主要有华北大黑鳃金龟、毛黄鳃金龟、铜绿丽金龟、中华弧丽金龟和白斑花金龟等。大多出现在3～7月，栖息于土壤中取食萌发的种子造成缺苗，咬断或咬伤草坪草的根或地下茎，并且挖掘形成土丘，发生数量多时可使草坪草植株枯萎，变为黄褐色，甚至死亡，严重影响草坪美观。被咬断根系的草皮很容易被掀起，可以像卷草皮卷一样把大片草皮卷起来，这时在草根及地面上能见到许多蛴螬。

识别特征：幼虫蛴螬型，统称蛴螬，体肥大，身体乳白色，腹部无足并向腹面弯曲，弯曲呈“C”形，肥大，柔软，多皱，头部褐色，上颚显著，腹部肿胀，腹部末节腹面具有由钩状、针状及短锥状刚毛组成的覆毛区或排列整齐的尖刺列。头大而圆，多为黄褐色，生有左右对称的刚毛，刚毛数量的多少常为分种的特征。成虫触角为鳃叶状，前足呈半开掘式，体近椭圆形，略扁，体壁及翅鞘高度角质化，坚硬。成虫统称金龟甲，前翅硬化如刀鞘。

生活习性：蛴螬共3龄。1、2龄期较短，第3龄期最长。蛴螬终生栖生土中，其活动主要与土壤的理化特性和温湿度等有关。大多出现在3～7月，多数金龟是昼伏夜出。多数种类成虫有趋光性，但不同种及雌、雄间差异很大。成虫有假死性。牲畜粪、腐烂的有机物有招引成虫产卵的作用。

防治方法：

（1）诱杀防治。成虫有假死性，可人工震落捕杀；利用成虫的趋光性，可设置黑光灯进行诱杀;可以用频振式捕虫灯或黑绿单管黑光灯诱杀成虫;还可取长 20 ~ 30 cm 的榆、杨、刺槐等的树枝,浸入 40% 氧化乐果乳油 30 倍液中,傍晚时插入草坪诱杀成虫。

(2)化学防治。可喷洒敌百虫、二嗪农、毒死蜱、50% 辛硫磷乳油 1 000 ~ 1 500 倍液、40% 乐果或氧化乐果乳剂 800 倍液,随后淋水让药液渗入土中毒杀蛴螬。或每亩用 3% 呋喃丹 3.5 ~ 5.5 kg、3% 甲基异硫磷颗粒剂 5 ~ 7 kg,与细沙混合均匀,撒施入草坪中,而后用水浇透毒杀蛴螬。

(3)灌水淹杀蛴螬。

7. 地老虎

分布与危害:地老虎是鳞翅目夜蛾科切根夜蛾亚科的害虫,又名地蚕、切根虫。在我国有小地老虎、大地老虎和黄地老虎,也是世界性大害虫。分布广、数量大、为害重,低龄幼虫将叶片啃成孔洞、缺刻,高龄幼虫白天潜伏于草坪草根部的土中,傍晚和夜间切断草坪草近地面的茎部,致使其整株枯死,发生数量多时,往往会使草坪呈现"斑秃",造成严重危害,是绿地、草皮等的主要害虫之一,由于绿地不能翻耕,更有利于其繁殖,受害的草坪成片死亡。

识别特征:

(1)小地老虎(见图 4-10):幼虫体长 55 ~ 57 mm,头宽 3 ~ 3.5 mm,体形稍扁,黄褐色至黑褐色,体表粗糙,满布龟裂状的皱纹和黑色微小颗粒。成虫体粗壮,长 16 ~ 23 mm,全体暗褐色;前翅有几条深色横线;在内线与中线间有一环形斑,中线与外线间有一肾形斑;在肾形斑外侧有一个三角形小黑斑,尖端向外,与其相邻的亚缘线处有 2 个相似的三角形黑斑,尖端向内,这 3 个黑斑组成的"品"字形,是识别本种的主要特征;后翅灰白色。

图 4-10　小地老虎(图片参考百度知道网)

(2)黄地老虎:幼虫体形常呈圆筒形,体色变化较大,黄褐色,有光泽,有的背线、亚背线、气门线暗色。表皮多皱纹,颗粒不显。成虫体长 14 ~ 19 mm,身体黄褐色;前翅上的横线不明显,而环形斑与肾形斑则很明显;后翅灰白色。

(3)大地老虎:幼虫体黄褐色,体表多皱纹,微小颗粒不明显。

生活习性：小地老虎属世界性害虫，在我国各地广泛分布，由南向北发生代数逐渐减少，一年发生1～7代。黄地老虎多与小地老虎混合发生，1年发生多代，东北地区2或3代，华北地区3或4代。成虫昼伏夜出，有很强的趋光性与趋化性。幼虫一般有6龄，1～2龄幼虫一般栖息于土表或寄主叶背和心叶中，昼夜活动，3龄以后白天入土约2 cm处潜伏，夜出活动。大地老虎在全国各地一年发生一代。成虫趋光性不强，交尾后第二天就能产卵，卵一般散产于土表或生长幼嫩的杂草茎叶上，4龄以前的幼虫不入土蛰伏，常在草丛间啮食叶片，4龄以后的幼虫伏于土表下，夜间出土为害。地老虎喜温暖潮湿的环境，一般以春、秋两季危害较重。

防治方法：

(1)诱杀防治：诱杀成虫的目的是直接消灭成虫和降低虫口数量。

以黑光灯诱杀成虫：利用成虫的趋光性，设置黑光灯诱杀，效果显著。在成虫发生期设置黑光灯，灯下放置盛水的大盆，水面上加入机油或敌百虫等触杀性好的农药。利用灯光诱杀成虫，应选择无月光、风速小、温暖的前半夜进行。也可以以糖醋酒液诱杀成虫，配方为白酒∶清水∶红糖∶米醋＝1∶2∶3∶4，调匀后加入1份2.5%敌百虫粉剂，放在盆里。天黑前放在草坪上，置于约1 m高处，天明后收回。每5～7 d更换一次诱杀液。

(2)化学防治：可用敌百虫或用50%辛硫磷1 000倍液、50%甲胺磷800倍液、2.5%溴氰菊酯1 000倍液地面喷洒。

8. 金针虫

分布及危害：是鞘翅目叩甲科的昆虫。主要种类有沟金针虫、细胸金针虫。广泛分布于我国北方。幼虫咬食刚发芽的种子、根，咬断苗木幼茎，被害处不整齐，呈刷状(乱麻状)，苗木长大后，幼虫为害根系，被害苗渐变黄，枯死，造成缺苗断垄。金针虫很少大量发生到对草坪产生严重危害的程度。

识别特征：金针虫身体细长，圆柱形，略扁；多为黄色或黄褐色；体壁光滑、坚韧，头和体末节坚硬。成虫体狭长，末端尖削，略扁；多暗色；头紧镶在前胸上，前胸背板后侧角突出呈锐刺状，前胸与中胸间有能活动的关节，当捉住其腹部时，能作叩头状活动；主要种类有沟金针虫和细胸金针虫。沟金针虫，体长20～30 mm，金黄色，体宽而略扁平，背中央有一细纵沟，末端分二叉；细胸金针虫体长20～25 mm，淡黄色，圆筒形，末端圆锥形，不分叉。

生活习性：在每年4月和9、10月危害严重，咬食草坪根部及分蘖节，也可钻入茎内危害，使植株枯萎，甚至死亡。

防治方法：

(1)栽培防治：对沟金针虫发生较多的草坪应适时灌溉，保持草坪的湿润状态，抑制其发生，可减轻其危害。而对细胸金针虫发生较多的草坪则宜维持适宜的干燥，以减轻危害。

(2)化学防治：撒施5%辛硫磷颗粒剂，用量为30～40 kg/hm^2；或用50%辛硫磷乳油1 000倍液喷浇根际附近的土壤。

9. 蝼蛄

分布及危害：蝼蛄属直翅目蝼蛄科，是在我国发生较普遍的害虫，危害草坪的主要有东方蝼蛄与华北蝼蛄。东方蝼蛄以南方危害严重。蝼蛄的成虫与若虫均产生危害，一种危害方式是咬食地下的种子、幼根和嫩茎，把茎秆咬断或撕成乱麻状，使植株枯萎死亡。另一种危害方式是在表土层串行，形成大量的虚土隧道，使植物根系失水、干枯而死。

识别特征：身体长圆筒形，触角短，前足粗壮，开掘足，端部开阔有齿，适于掘土和切断植物根系；前翅短，后翅长（见图4-11）。

生活习性：蝼蛄为昼伏夜出型昆虫，以晚9～11时活动旺盛。喜欢在温暖潮湿的壤土或沙壤土中生活。土壤温度对其活动影响很大，一年中有春季与秋季两个危害高峰时期。夜间活动，有趋光、趋马粪、趋土粪、趋化（香）习性。

图4-11　蝼蛄（图片参考昆虫爱好者论坛）

华北蝼蛄3年1代，以成、若虫越冬，3、4月上升地面穿凿隆起的隧道，顶起8～10 cm长的新鲜虚土虫道，为活动特征；东方蝼蛄1年1代，以成、若虫越冬，3、4月开始活动，在地面顶起一小堆新鲜虚土，为活动特征。

防治方法：

（1）诱杀防治：利用黑光灯诱杀。每50亩安装一个20 W黑光灯。特别在闷热天气、雨前的夜晚更有效。可在晚上7～10时点灯诱杀。

（2）毒饵诱杀：用80%敌敌畏乳油或50%辛硫磷乳油0.5 kg拌入50 kg多汁的鲜草、鲜菜及蝼蛄喜食的块根、块茎或炒香的麦麸、豆饼和煮过的谷子中作毒饵，傍晚均匀撒于草坪上。但要注意防止畜、禽误食；同时注意用药量不要太大，以免有异味引起蝼蛄拒食。

（3）化学防治：可喷施辛硫磷、西维因、50%甲胺磷800倍液或40%辛硫磷1 000倍液，或撒施3%呋喃丹颗粒剂后灌水。

10. 蜗牛

分布及危害：蜗牛危害多种草坪草（以阔叶草为主）。取食植物叶片、嫩茎和芽，初孵时啃食叶肉或咬成小孔，稍大后造成缺刻或大的孔洞，严重时可将叶片吃光或咬断茎秆，造成缺苗；其爬行过的地方会留下黏液痕迹，污染草坪。此外，它们排出的粪便也可污染草坪。

识别特征：蜗牛具有螺旋形贝壳，成虫的外螺壳呈扁球形，由多个螺层组成，壳质较硬，黄褐色或红褐色。头部发达，具2对触角，眼在后1对触角的顶端，口位于头部腹面。卵球形。幼虫与成虫相似，体形较小。

生活习性：每年发生一代，以成贝或幼贝在土中或草坪草根际越冬。每年有春（4～5月）、秋（9～10月）两个危害和产卵高峰。卵产在草坪浅土层松土中。6月以后白天活动较少，但阴雨天恢复活动。环境不适时蜗牛“封口”躲于植株根部或土下。

防治方法：

（1）人工捕捉。发生量较小时，于清晨蜗牛未隐蔽时或在阴雨天蜗牛活动时进行捕捉，可人工捡拾，集中杀灭。

(2)使用氨水。用稀释成70~100倍的氨水,于夜间喷洒。

(3)撒石灰粉。用量为75~112.5 kg/hm²。

(4)施药。撒施8%灭蜗灵颗粒剂或蜗牛敌(10%多聚乙醛)颗粒剂,15 kg/hm²。

11.螨类

分布及危害:草坪螨类在自然界分布很广,危害草坪草的螨虫是蛛形纲、蝉螨类的一些植食性种类,主要有麦岩螨、麦圆叶爪螨等,分属蜱螨目中的四爪螨科(叶螨科)和叶爪螨科(走螨科),危害草坪禾草。以刺吸式口器吸取植物汁液。被害叶先呈白斑,后变黄,轻则影响生长,造成植株矮小,重则整株干枯死亡。秋苗严重受害后,抗寒力显著下降。主要发生危害时期在春、秋两季,天气干旱时发生重。

识别特征:其体长小于1 mm,卵圆形或近圆形,暗红褐色(故称红蜘蛛),无翅,幼螨3对足,若螨与成螨均有4对足。

生活习性:麦岩螨成虫以成虫和卵在草坪草根际及土缝中越冬,每年发生3~4代。2月下旬开始活动。3月上旬气温达5 ℃左右时越冬卵开始孵化。麦岩螨性喜温暖干燥,最适宜温度为15~20 ℃,湿度在50%以下。在一天时间内,成若虫以9~16时活动较多,遇小雨或大露水时,活动停止。麦岩螨主要行孤雌生殖。有群集性和假死性。卵多产于硬土块、秸秆或叶片等处。

防治方法:

(1)农业措施:可利用灌溉灭虫,在其危害期将虫震落进行灌水,使其陷入泥水中死亡。同时,适时灌水能使草坪草生长健壮,增加抗虫能力。在虫口密度大时,耙耱草坪,可大量杀伤虫体。

(2)药剂防治。常用来防治螨类的农药有0.15(苗期用)或0.2~0.3波美度的石硫合剂,5%尼索朗可湿性粉剂或20%三氯杀螨乳油800~1 000倍液、20%双甲脒乳油1 000倍液、50%久效磷2 000倍液等。

12.线虫

分布及危害:线虫又称"蠕虫",属于无脊椎动物线形动物门线虫纲的低等动物。线虫病害在全国各地均有发生,可侵染所有草坪草,除直接危害外,还因它取食造成的伤口而诱发其他病害,或有些线虫本身就可携带病毒、真菌、细菌等病原物而引起病害。草坪线虫病的症状常表现为地上部分茎叶卷曲或组织坏死,形成叶瘿或种瘿。根短、毛根多或根上有病斑,根部形成肿瘤或过多分根,地下部根系组织坏死和腐烂等,由于根部受害,使地上部分的生长势变弱,耐旱、耐热能力弱,常表现为植株矮小,开始时叶片呈淡绿色,逐渐变黄,似严重缺肥缺水状。但更多的情况是在草坪上出现环形或不规则形状的斑块,被害后形成的草坪病枯斑块直径小的为5~6 cm,大的可达150~160 cm。当天气炎热、干旱、缺肥和其他逆境时,症状更明显。

识别特征:线虫属两侧对称,体大多两端稍尖,细长如线,极小,平均长1.2 mm,肉眼不易看见,并具透明隔腔。病原线虫蠕虫形,长0.35~2.5 mm,宽0.015~0.035 mm。有些种的雌虫成熟后梨形,无色,在显微镜下可见线虫的口针。由于线虫危害造成的症状往往与管理不当所表现的症状相似,因此对线虫病的识别除要进行认真仔细的症状观察外,唯一确定的方法是在土壤和草坪草根部取样检测线虫。

生活习性：存在于土壤中，并以土壤中的真菌、细菌、小的脊椎动物及高等植物的某些组织、器官为食。大都生活在土壤耕作层中，尤其在草坪草的根际中最多。线虫的活动一般在18～23 ℃时旺盛，对草坪的危害在3～6月和9～10月较严重。喜欢生活在高温潮湿又通气的土壤中。线虫在土壤中自动蠕动，活动范围极其有限，一个生长季节也很少超过1 m。但线虫的传播能力很强。

防治方法：防治线虫首先要保证使用无线虫的种子、无性繁殖材料和土壤来建植草坪，对已被线虫侵染的草坪进行重种时，最好先进行土壤熏蒸；浇水也可以控制线虫病害。多次少量灌水比深灌更好。主要是因为被线虫侵染的草坪草根系较短、衰弱，大多数根系只在土壤表层，只要保证表层土壤不干，就可以阻止线虫的发生。合理施肥，增施磷钾肥。适时松土，清除枯草层。还可以进行化学防治，施药应在气温10 ℃以上，以土壤温度17～21 ℃的效果最佳。还要考虑土壤湿度，干旱季节施药效果差。一般播种前在草坪坪床上进行土壤熏蒸可杀除线虫，熏蒸剂有溴化钾、三氯硝基甲烷及二氯丁二烯等；在被害草坪上，每间隔30 cm挖穴，穴深15 cm，每穴注入二嗪农或克线磷药液2～3 mL，在施用药液之前，板结的土壤应使用机具松土，并清除枯草层的未分解有机物，这样可获得杀除线虫的显著效果。在春季返青后或秋季土壤温度13～16 ℃时使用杀线虫剂效果最好，至少每年施用药液一次，连续施用2～3年，可彻底杀除线虫。

（三）草坪害虫的综合防治

草坪害虫的破坏严重影响了草坪的质量，所以一定要对草坪害虫进行综合防治。草坪虫害的综合防治是对害虫进行综合控制的体系，它从生态系统的角度出发，根据害虫种群动态及害虫与环境间的相互作用，将害虫控制在经济损失允许的水平之下，从而获得最佳的经济、生态效益和社会效益。

1. 防治原理

（1）调控害虫的种群数量，控制在经济允许的受害水平以下。

（2）杜绝和减少外来虫源，创造不利于害虫发生而有利于草坪生长的条件，在害虫大发生时采取有效措施控制其危害。

（3）贯彻“预防为主，综合防治”方针。

2. 防治方法

草坪虫害防治的主要途径有3个方面：第一是控制田间的生物群落，即减少害虫的种类和数量，增加天敌的种类与数量；第二是控制主要害虫的种群和数量，使其被抑制在能够危害草坪的数量水平之下；第三是控制草坪易受虫害侵袭的生育期与害虫发生的相互关系，使草坪能避免或减轻受害。草坪虫害防治的基本方法归纳起来有植物检疫、栽培措施防治、物理和人工防治、生物防治、化学防治。

1）植物检疫

植物检疫是国家以法律手段防止有害生物蔓延的一项行政措施。植物检疫也称法规防治，是根据政府制定和颁布的法规，由检疫部门对国外或国内地区间引进或输出的种子、种苗等进行检疫，防止危险性病、虫、杂草种子输入。植物检疫是病虫草害防治的第一道防线，是预防性措施。目前，我国绝大部分冷季型草种是从国外调入，传入危险性害虫的风险很大，因而必须加强草种检疫。

2)栽培措施防治

栽培措施防治方法是在全面认识和掌握害虫、草坪植物与环境条件三者之间相互关系的基础上,运用各种栽培管理措施,压低害虫种群数量,增强草坪的抗虫抗逆能力,创造有利于草坪生长发育而不利于害虫发生的环境条件。栽培措施防治法大都能与常规的草坪管理措施结合,因而简便、易行、经济、安全,但有时速度较慢。

合理的栽培管理能使害虫引起的损失降低到最低,主要措施包括:选用抗虫草种、适地适草、播前深翻晒地、施用充分腐熟的有机肥作为基肥、选择适宜的播种期、适时浇水管理、合理施肥修剪和清除枯草层等,使草坪草健壮生长,提高对害虫的抵御能力。选用抗虫草种、品种,如多年生黑麦草品种为近年来培育的抗虫新品种。选用抗虫品种从长远观点看,其优点是使害虫的危害大大降低,减少了杀虫剂的使用。随着我国转基因技术的不断发展,大批的抗虫草坪草品种将会不断问世;适地适草,应根据当地的生态特点选择最适草种(品种),否则草坪草生长不良,抗逆性差,也容易受到害虫的侵袭;播前深耕晒地,于播种前2~3个月对土壤进行深翻细耕,深25~30 cm,使地下害虫(卵)裸露地表,随挖拾虫除虫,或冻死、被天敌啄食而降低数量;选择适宜的播种期,根据草坪对环境条件的要求来选择合适的播种期,草种大体可分为冷季型草和暖季型草;适时浇水管理,可促进草坪草健康生长,避免因过干或过湿而胁迫草坪,从而提高草坪的抗虫能力;施肥时要考虑到氮、磷、钾的平衡,既要促进草坪健康生长,又要防止草坪徒长,同时还应防止因施肥不当引起土壤酸碱度的大幅度变化,合理施肥能改善草坪的健康状况并可提高草坪的抗虫能力。

合理修剪可以直接降低害虫的数量,但修剪时也会通过剪草机携带传播害虫。因而应根据天气、虫害发生情况等来确定修剪时间,如蚜虫身体柔嫩,且喜欢危害草坪草的嫩梢,当蚜虫大发生时,可结合修剪,连同蚜虫一同剪除,同时在剪草的过程中也能将蚜虫的大部分个体揉搓而死。麦秆蝇、瑞典秆蝇、稻小潜叶蝇危害较重时,可将有虫的茎叶剪除,并集中烧毁。对于在叶部产卵的害虫,修剪还有利于降低虫口密度;及时清除枯草层,由于枯草层可为多种害虫提供越冬场所,并影响草坪的通气与透水性,降低草坪草活力及其抗性,因而应及时清除。一般枯草层的厚度不应超过1.5~2 cm。

3)物理和人工防治

物理防治是利用光、热、温度等对害虫的影响,并根据害虫的反应规律进行防治。如用黑灯光诱杀某些夜蛾和金龟子,用糖醋液诱杀地老虎和黏虫的成虫,用高温或低温杀灭种子携带的害虫等。

利用人工或各种简单的器械捕捉或直接消灭害虫的方法称捕杀法。人工捕杀适合于目标明显易于捕捉的害虫,如捉杀危害茎叶的黏虫幼虫、草地螟幼虫、斜纹夜蛾幼虫;利用捕虫网捕杀蝗虫;结合清除枯草层,捉杀小地老虎、蛴螬、金针虫和蝼蛄等地下害虫。结合灌溉,震落草坪草叶片上的红蜘蛛,随流水冲走。对于不能迁飞只能靠爬行扩散的害虫,为阻止其迁移危害,可在未受害区周围挖沟,害虫坠落沟中后予以消灭。如当黏虫幼虫、斜纹夜蛾幼虫大发生并出现群体迁移现象时,可采用此法进行控制。该类方法的优点是不污染环境,不伤害天敌,不需额外投资,便于开展群众性的防治,特别是在劳动力充足的条件下,更易实施。缺点是效率低,费时多。

4)生物防治

生物防治是应用有益生物及其产物防治害虫的方法。保护和释放天敌昆虫,利用昆虫激素和性信息素,利用病原微生物及其产物来防治害虫等。如防治蛴螬有效的病原微生物主要是绿僵菌,防治效果达90%;或者用天敌控制害虫,如:大眼蝽袭击麦长蝽的卵和若虫,可减少麦长蝽的虫口密度。生物防治的优点是不污染环境,对人、畜安全,能收到较长期的防治效果,但也有局限性,目前用于草坪害虫的实例不多,国内正在开展用"生物农药"防治害虫的工作,已取得显著效果。

5)化学防治

化学防治就是利用化学农药来防治害虫,是防治草坪害虫的主要手段,该法具有见效快、防效高、快速、使用方便等优点,尤其当害虫刚发生时更是必要的措施,是目前防治害虫的主要方法。但其突出的缺点是容易杀伤天敌、污染环境、使害虫产生抗药性和引起人、畜中毒等。随着人们环保意识的逐渐增强,农药残留、环境污染、生态平衡等问题日益受到人们的重视。因此,要选用对环境安全、人畜无毒无害或低毒、低残留的药剂品种,并尽量限制和减少化学农药的用量及使用范围。在草坪建植与养护管理的过程中,使该法更加简便、安全、有效、经济,是一个亟待解决的问题。下面就化学防治技术的有关要点简述如下。

(1)选择合适的农药类型。

首先要准确诊断草坪害虫的种类,选择符合环保要求的高效、低毒、低残留农药,同时要坚持对症下药,各种药剂都有一定的毒力作用和防治对象。如防治以咀嚼式口器害虫为主时,选择以胃毒、触杀为主,防止误诊而错下农药,贻误防治适期。在防治时最好选用矿物性药剂、特异性农药及高效低毒低残留农药,这样既可以防治害虫,又能保护天敌,维持生态平衡。为了提高药效选择适宜的剂型与使用方法。

(2)适时用药。

适时用药是防治成败的关键,要根据草坪害虫的实际发生情况,力求在害虫的卵孵化盛期、低龄虫期等防治适期用药。一般情况下,在害虫低龄期用药,可达到高效、省药的目的。如灭幼脲类药剂在害虫低龄期时使用效果较好,而高龄期应用效果差。对夜出昼伏习性的害虫,傍晚时要比早上施药效果好。

(3)准确掌握用药浓度和用量。

用药浓度和用量根据防治对象的种类、虫态、龄期与草坪种类生育期及管理状况而定,如浇灌防治地下害虫应比地面喷雾用药浓度大一些;在草坪苗期,或修剪后较修剪前的用量要小。一般来说,药剂浓度越高,杀死害虫的效果越好,但过高的浓度易产生药害;用药太少,又不能取得较好的防效。因此,用药浓度应综合考虑安全、经济、高效等几个方面,既对草坪草无药害,防治效果还要好。

(4)恰当的施药方法。

在水源充足的平地,可用大容量喷雾法。而山坡缺水的旱地,则用低容量或超低容量喷雾法或喷粉法等。用撒毒土的方法进行土壤处理,更能达到简便、有效、经济的目的。

(5)科学混用农药。

科学合理混用农药有扩大防治范围、增效、降低害虫抗性等特点。例如杀虫剂与杀螨剂混用,化学农药与生物农药混用,化学杀虫剂间的混用等。

(6)控制施药次数,掌握合理的施药间隔期。

施药次数过多是目前普遍存在的问题,既增加了成本,又造成害虫抗药性的增加。但若施药次数太少,又不能达到应有的防效。由于一般药剂有效期为7~10 d,因此每次施药间隔期至少为7~10 d。害虫发生较轻时,可延长用药间隔期或不用药。

(7)交替用药,力求兼治。

对同种害虫,尤其是1年发生多代的害虫,不能连续长期使用一种农药,否则会使害虫产生抗药性。因此,提倡不同药剂交替使用。飞虱、叶蝉等害虫往往混合发生,应考虑采用对2种害虫均有效的药剂。

采用化学防治时应考虑以下几个方面的因素:一是准确识别虫害的种类;二是不同的害虫需要采用不同的农药和防治方法才会有效。例如,对于防治食茎、叶的害虫,在施用杀虫剂前应先浇水,草坪干后再进行,待草坪草接近萎蔫时再浇水,以使杀虫剂保持尽可能长的时间,从而达到最佳防治效果。

综合防治草坪虫害应遵循的基本原则是:

(1)正确识别被防治的害虫,分清哪些种类是潜在的危险害虫,哪些有迁移习性,哪些由种子、草皮卷、枝条或土壤传播等;

(2)确定草坪防治的单位:体育场、公园、高尔夫球场等;

(3)提高害虫防治技术;

(4)建立经济限度;

(5)对易发的虫害建立预测模型;

(6)建立有效的害虫防治策略。

四、任务实施

(一)场地

选择一处草坪虫害样地。

(二)材料及工具

1.工具

放大镜、照相机、喷雾器等。

2.常用杀虫剂

敌百虫、马拉硫磷、乐斯本、恶虫威、乐果乳油等。

(三)实施步骤

1.识别各种虫害

(1)观察蝗虫、蜗牛等食叶害虫形态及危害状的识别。

(2)观察蚜虫、螨类等吸汁害虫形态及危害状的识别。

(3)观察地老虎、蛴螬、蝼蛄等食根害虫形态及危害状的识别。

2.草坪虫害防治

在教师的指导下,根据药品使用说明,配比合适的药剂剂量,对发生虫害草坪进行综合防治。

3. 防治效果调查

记录、分析草坪虫害防治效果。

五、思考与练习

(1)仔细观察常见的草坪害虫,如何进行草坪虫害的综合防治?

(2)常见的杀虫剂有哪些?各对哪些害虫有效?如何配制使用?

六、知识扩展

(一)昆虫的生物学知识

1. 昆虫的概念

昆虫属节肢动物门昆虫纲。主要特征是:体躯分为头、胸、腹 3 个体段,头部有触角、复眼、单眼和口器,胸部有 3 对足、2 对翅,腹部具外生殖器及气门。常见的有蝗虫、蛾类、蝇类、蚜虫等。

2. 昆虫的生长发育特性

1)孵化与孵化期

昆虫胚胎发育完成后,从卵壳内破壳而出,这个过程叫孵化。卵从母体产出到孵化为幼虫为止,这段时间成为卵期。在同一个世代中成虫所产的卵,从第一粒孵化开始到全部的卵都孵化完为止,所经过的时间叫孵化期。

2)龄期

龄期是指幼虫相邻两次脱皮所经历的时间。刚孵化的幼虫到第一次脱皮止,称 1 龄幼虫;而后每脱 1 次皮,增加 1 龄,即称 2 龄、3 龄、4 龄,依次类推。

3)化蛹与羽化

幼虫老熟后,最后 1 次脱皮,幼虫变成不吃不动状态,叫化蛹。幼虫从卵内孵化出至化蛹的这段时间,称为幼虫期。蛹经过生理变化,变为成虫。从化蛹时开始到羽化为成虫时为止,所经历的时间称为蛹。

3. 变态

昆虫在发育过程中从外部形态到内部构造都出现一系列变化,称为变态。在形态上常有几个不同的发育阶段。这种变化大致可分为两个类型,即完全变态与不完全变态,前者一生要经过卵、幼虫、蛹、成虫 4 个发育阶段,幼虫与成虫不仅形态不同,生活习性也不一样,且在幼虫和成虫之间有一个不吃不动的蛹,如小地老虎等;后者则只有卵、若虫、成虫 3 个发育阶段,若虫和成虫在形态及生活习性上基本相同,在若虫期和成虫期之间没有蛹期,如红背长蜻等。

4. 繁殖方式

昆虫是卵生动物,多数要经过两性交配后产卵繁殖,如黏虫、华北蝼蛄等;有一些种类未经雌雄交配,卵不经过受精也发育成为新个体,称为孤雌生殖,如部分蓟马;有些虫卵在母体内就能发育为幼体,然后再产出来,称为卵胎生,如蚜虫。

5. 世代和年生活史

1) 世代

昆虫从卵开始变为成虫时止的历程称为 1 个世代,简称 1 代。昆虫可以 1 年发生 1 代或几代,如小地老虎在华北地区 1 年发生 4 代;也可几年发生 1 代,如华北蝼蛄在华北则需 3 年才能完成 1 代。昆虫世代历期的长短主要取决于昆虫自身的内在特性及所在地区的有效积温。

2) 年生活史

1 种昆虫在 1 年中的发育史,或者说从当年的越冬虫态开始活动起,到第 2 年越冬结束止的发育过程称年生活史。昆虫遇到高温或低温而停止生长发育叫滞育,如在冬天发生叫越冬,在夏季发生则称越夏。

6. 生活习性

昆虫的生活习性是指昆虫的活动和行为,种群生物学特性的一部分,并非每种昆虫都具有。研究昆虫习性,找出其中可供利用的特性,对于害虫防治策略的设计和益虫的保护与利用都具有十分重要的意义。

1) 昆虫活动的昼夜节律

绝大多数昆虫的活动如摄食、求偶、交配等均有它的昼夜节律。因此,有日出性昆虫(白昼活动),如蝶类、蜻蜓、步甲等;夜出性昆虫(夜间活动),如蛾类、地下害虫、钻蛀害虫等;弱光性昆虫(黎明和黄昏时活动),如黏虫等。

2) 昆虫的趋性

昆虫对外界刺激所产生的一种强迫性定向反应称为趋性。趋向刺激源称正趋性,避开刺激源称负趋性。昆虫的趋性主要有趋光性、趋化性和趋温性等。昆虫对光产生向着光源方向活动的反应,称为趋光性。各种昆虫对不同光波有不同的反应。大多数夜出性昆虫(如夜蛾、螟蛾)、地下害虫(如蝼蛄)及叶蝉、飞虱、金龟甲等对灯光(特别是短波光线)表现出正趋性。日出性种类(如蝶、蝇、蜂)对日光也有正趋性。昆虫对于化学物质的刺激而产生的反应行为称为趋化性,与昆虫的觅食、求偶、避敌、产卵等密切相关。昆虫感觉器官对温度刺激所引起的趋性活动称为趋温性。昆虫的趋性对昆虫的寻食、求偶、产卵及躲避不良环境等有利。趋性对害虫测报和防治(灯光诱杀、化学诱杀、性引诱、驱避剂使用等)具有重大意义,如黏虫、小地老虎的成虫具趋光性,可利用黑光灯进行诱杀。

3) 昆虫的群集性

同种昆虫的大量个体高密度聚集在一起的现象称为群集性。群集现象可分成两类:临时性群集和永久性群集。临时性群集一般只出现于昆虫生活史的某一虫态和一段时间内,形成群集的条件消失后群体就会分散。如甘蓝夜蛾,初龄幼虫在叶背面群集,2 龄后就分散了。再如苜蓿象甲,在越冬场所群集,春天就分散外出等。

永久性群集则是昆虫终生群聚在一起,一旦群集,很久也不会分散,而且群体向一个方向迁移或做远距离的迁飞,如群居型飞蝗。

4) 昆虫的迁移性

昆虫的迁移性是昆虫典型的迁移现象,是指一种昆虫成群地从一个发生地长距离地迁飞到另一个发生地。昆虫在个体发育过程中,为了满足对食物和环境的需求,都有向周围扩散、蔓延的习性,如蚜虫;有的还能成群结队远距离迁飞转移,如蝗虫、黏虫等。害虫的大量群集必然造成猖獗危害,但如果掌握了它们的群集和迁飞规律,有助于人们掌握害虫消长动态,对害虫进行集中消灭。

5)昆虫的假死性

有一些昆虫在遇到外界的突然震动惊扰后,立即收缩附肢,卷缩一团坠地装死不动,称假死性,如金龟子成虫。这是昆虫逃避敌害的一种自卫反应,人们可以利用昆虫的假死性进行人工震落捕杀或进行虫情调查等。

(二)草坪害虫发生与环境的关系

影响昆虫发生的环境因素主要有气候、生物、土壤等。

1. 气候因素

昆虫是变温动物,体温随环境温度而变。昆虫新陈代谢的速率在很大程度上受环境温度所支配。温度对昆虫的生长发育、成活、繁殖、分布、活动及寿命等许多方面都有重要的影响。一种昆虫完成一定的发育阶段(1 个虫期或 1 个世代)所需的总热量是一个常数。在一定温度范围内,温度越高,生长发育速率越快,反之越慢,极端温度下可引起昆虫死亡;光照影响昆虫的行为,白天(蝶类、蜂类)、夜间(蛾类)、黄昏黎明(蚊子)活动的昆虫不同,而且还会影响年生活史及迁移等。一些昆虫对一定波长的光有趋向性,可利用这种习性进行灯光诱杀;湿度与温度同时存在互相影响,综合作用于昆虫,可加速或延缓昆虫生长发育,影响其繁殖与活动;风会影响昆虫的迁移、扩散活动,如草地螟等具有迁飞特性的昆虫往往会受风的影响。

2. 生物因素

生物因素主要有食物和天敌两类。昆虫对寄主植物有选择性。不同种类的昆虫,其取食范围的大小有所不同,可以是几种、十几种,甚至上百种。吃最喜食的植物时,昆虫发育速度快、死亡率低、繁殖力强。但植物并不是被动的,在长期演化过程中,产生了多方面的抗虫特性,如生化、形态和物候抗虫特性等。天敌有病原微生物、食虫昆虫和食虫鸟类等。目前已有许多微生物制剂被广泛应用于害虫防治中,如苏云金杆菌、白僵菌等。食虫昆虫的种类也很多,如捕食性瓢虫、寄生性赤眼蜂等可以规模生产,用以防治害虫。

3. 土壤环境

土壤是昆虫的重要生活环境,许多昆虫终生生活在其中,大量地上生活的昆虫也有个别虫期生存在土壤中,如黏虫、斜纹夜蛾等昆虫的蛹期。土壤对昆虫的影响主要在它的物理和化学特性两个方面。土壤温湿度的变化、通风状况、水分及有机质含量等不同,对昆虫的适生性影响各异,如蛴螬喜欢黏重、有机质多的土壤,蝼蛄则喜欢沙质疏松的土壤。有些昆虫对土壤的酸碱度及含盐量有一定的选择性。

任务三　草坪杂草及其防除

一、任务分析

草坪建设是现代城市绿地建设中不可缺少的重要组成部分,草坪由于其独特的生态效益、景观效益和经济效益受到人们的重视。随着草坪面积的不断增加，影响草坪质量的杂草问题日趋严重，杂草不仅会影响草坪景观，还会与草坪草争夺光、水、肥、气及热等，还比较容易滋生病虫害，影响草坪的颜色、质地和密度，降低了草坪质量，破坏了草坪的均一性和整齐美观的外表，进而影响草坪的正常使用。杂草中还有一部分有毒和对人体有害的个体，会威胁到人身的安全，造成伤害诱发疾病。草坪杂草的防治是草坪养护的重要内容。

二、任务目标

能力目标：能够识别草坪常见杂草，能正确使用除草剂进行草坪除草。

知识目标：了解草坪常见杂草生物学特性及危害；掌握杂草的防除方法；掌握常见除草剂的选择与使用方法。

素质目标：培养学生的主观能动性，在充分考虑技术安全的前提下，自觉地承担工作任务。

三、相关知识

（一）草坪杂草的概念及危害

草坪杂草是指出现在草坪中起着破坏景观、降低草坪品质、影响使用价值的草本植物。通俗地讲，草坪杂草是指在人们不希望有它的地方生长着的植物，或者说不应该生长的地方生长着的植物，即长错了地方的植物。如果草坪中有其他种植物生长和存在，很可能会影响草坪的颜色、质地和密度，进而影响草坪的正常使用。即使它们是草坪草，这些植物也被认为是草坪草中的杂草。

草坪是城乡绿化和景观生态系统中的重要组成部分，是衡量城市生态建设、园林绿化水平和人均绿地面积的重要标准，可以改善环境、保护裸地、减少水土流失、避免扬尘，还可以为人们提供运动、休闲、娱乐和健身的场所，草坪已经成为现代文明社会不可缺少的部分。然而，在草坪的生长过程中却常遭受各种杂草的危害，杂草与草坪草争夺养分、水分、光照等，轻则有碍观瞻，重则影响草坪草的生长，使草坪草瘦弱、稀疏，甚至还会取而代之，使草坪杂草丛生，严重影响草坪的景观绿化和运动休闲的功能。草坪的建植、管理和养护中，能否有效控制杂草危害已经成为决定其成败的关键因素之一。草坪杂草的危害具体表现在以下几个方面。

1. 争夺水肥，影响草坪草生长发育

草坪杂草与草坪草争夺水分、养分和阳光，侵占草坪地上和地下部空间，影响草坪草光合作用及透气性，干扰草坪草的生长，严重时造成草荒，使得草坪草无法进行光合作用，从而导致草坪草死亡。如马唐、狗尾草、车前草等与草坪草竞争，若不加以管理，2～3 年内草坪即会完全被杂草侵占。运动场草坪质量受杂草的影响也很严重。一些杂草如马唐、狗尾草等不耐践踏，但它们对草坪草的抗性非常强。有些杂草如荠菜、反枝苋等，在同样的水分和温度条件下，其春季萌发和生长速度快于草坪草，如果春季建植草坪，一旦杂草管理滞后，即会造成建植失败。

2. 滋生病虫

杂草是草坪病虫害的中间寄主，由于杂草的抗逆性强，一些病虫利用杂草越冬、繁殖，一旦成熟后就会危害草坪，造成草坪草生长缓慢或死亡，杂草使得病虫长期在草坪上潜伏。如地老虎常在灰菜、车前草、刺儿菜等杂草上越冬、繁殖，次年在草坪中造成虫害。

3. 破坏草坪的美观和均一性，影响观赏价值

杂草破坏环境美观一是降低环境美观度，使草坪看上去杂乱无章，二是使草坪退化，如包茎苦荬菜，一旦侵入草坪，1 ~2 年内就能遍布整个草坪。每年春季苦荬菜萌发最早，草坪草返青后，它就进入开花阶段，此时，草坪就不是草坪，几乎成为荒地。蒲公英、紫花地丁、车前草等杂草，若在草坪中形成小区域，会破坏草坪的统一性，2 ~3 年内侵占草坪，成为杂草群落，使草坪的整齐度遭到破坏。另有一类杂草，如夏至草、藜等杂草及曼陀罗、藜、苋菜、禾本科杂草，侵染力强，它占领土地后，即开始招引病虫，然后自灭，进而造成草坪土壤光秃。其发生与水分关系密切，它们在雨季时生长速度快，一旦侵入草坪，遇雨快速生长，覆盖地面上的草坪草。

4. 影响人畜安全

草坪是人类休闲的地方，一旦有杂草侵入，而且是有毒和有害的杂草，将威胁到人们的安全，造成外伤和诱发疾病。有毒杂草如打碗花、白头翁、曼陀罗、龙葵、毒麦等的种子、乳汁和气味有毒。白茅和针茅的茎，黄茅、狗尾草的芒（能钻入皮下组织）等杂草的细而尖的利器，能钻入人的皮下组织中对人畜有物理伤害作用，使人致病的杂草如豚草会导致呼吸器官过敏，哮喘发作。人体裸露部位一旦碰到荨麻草，会造成蛰伤。

5. 增加养护管理成本

杂草越多，需要花费在防治杂草上的用工量也越多，自然养护成本也越多。

（二）草坪常见杂草

据调查，我国草坪杂草有近 450 种，分属 45 科、127 属，其中以禾本科和菊科杂草的种类与数量最多，危害也最为严重，其次为莎草科、苋科、大戟科、蓼科、豆科和石竹科杂草，这 8 个科占杂草总数的 60% ~70% 以上，其余 37 科占杂草总数的 30% ~40%。

按生活史分类，可分为一年生杂草、二年生杂草和多年生杂草，据此可采用不同的除草剂进行防除。按生物学特点，可将草坪杂草分为单子叶杂草和双子叶杂草。常见的草坪杂草如下。

1. 一年生早熟禾（*Poa annua* L.）

一年生早熟禾又叫冬季禾草，属禾本科早熟禾属，叶片狭窄，顶端船形，小穗小，无刚毛，排列成簇（见图 4-12）。广泛分布于世界各地，常被作为草坪草杂草。在禾本科草坪中，该草现已成为冬、春季发生最为严重的越年生优势杂草，尤其在长江上、中、下游地区建植的高尔夫球场、园林绿地普遍发生，严重影响草坪纯净度和后期草坪复绿生长。适于生长在潮湿、细致、肥沃的土壤中，在潮湿遮阴条件下，草坪土壤板结时发生蔓延。在低温下，在草坪中表现为淡绿色斑块，常在炎热的夏季干枯死亡。一年生早熟禾多为种子繁殖。整个生长季节都长穗，4、5 月抽穗最多。一年生早熟禾不适合作为专门的草坪草，通常被视为冷季型草坪草和暖季型草坪草中的杂草。

其发生规律为：在地表温度周均温达 15 ℃左右，该杂草开始发生，时间为 9 月下旬至

10 月上旬,发生高峰期在 10 月中下旬至 12 月中旬,随着温度逐渐下降,其杂草出苗率也下降,发生量减少。第二年春季气温回升,2 月下旬至 3 月中旬为该类杂草发生第二个高峰期。当周均温达 20 ℃以上,杂草停止发生,时间为 4 月上旬或中旬,5 ~ 6 月种子成熟落地,之后种子休眠 4 个月左右。

图 4-12　一年生早熟禾

2. 马唐(*Digitaria sanguinalis*)

马唐别名抓根草、鸡爪草,为夏季禾本科一年生杂草,喜温、喜湿、喜光,春末和夏末萌发;高 10 ~ 80 cm,秆直立或下部倾斜,膝曲上升,分枝,下部节上易生根。叶鞘通常短于节间,疏生乳突状软毛或无毛,鞘口有毛;叶舌长 1 ~ 3 mm,膜质,先端钝圆。叶片线状披针形,长 5 ~ 15 cm,宽 4 ~ 12 mm,基部圆形,边缘较厚,微粗糙,具柔毛或无毛。总状花序 3 ~ 10 枚,长 5 ~ 18 cm,最后散开,呈指状排列于秆顶;小穗通常孪生,均有柄,一柄长,一柄短,排列于穗轴的一侧;第一颖极小但明显,卵形、坚硬;第二颖长约小穗的一半或稍短于小穗,边缘有纤毛。颖果椭圆形。种子繁殖。穗的顶部具指状突起,在庭院或其他草坪中散生的马唐产生不良的草坪外观,第一次重霜后死亡,在草坪中留下不美观的棕色斑块,为草坪的主要杂草之一(见图 4-13)。

马唐在低于 20 ℃时,发芽慢,25 ~ 40 ℃发芽最快;种子萌发最适相对湿度 63% ~ 92%;最适深度 1 ~ 5 cm。喜湿喜光、潮湿多肥的地块生长茂盛,4 月下旬至 6 月下旬发生量大,8 ~ 10 月结籽,种子边成熟边脱落,生活力强。在野生条件下,马唐一般于 5 ~ 6 月出苗,7 ~ 9 月抽穗、开花,8 ~ 10 月结实并成熟。成熟种子有休眠习性。

图 4-13　马唐(图片参考西勾图库)

3. 狗尾草(*Setaria viridis*)

狗尾草别名谷莠子、莠草,属禾本科一年生草本植物,常与马唐、画眉草、牛筋草一起遍布各个地块,也常形成单一的群落。是小地老虎的寄主,属世界性恶性杂草(见图 4-14)。

幼苗鲜绿色,基部紫红色,除叶鞘边缘具长柔毛,其余均无毛,第一叶长圆形,长 10 ~ 20 mm,宽 2 ~ 3 mm,2 叶、3 叶渐长。叶舌退化为一圈外纤毛。成株秆丛生,直立或基部膝曲上升,高 30 ~ 100 cm,叶片扁平,叶鞘光滑,松弛裹茎,鞘口有柔毛,叶舌具长 1 ~ 2 mm 的纤毛。早苗 6 月初抽穗,圆锥花序紧密呈圆柱状;长 2 ~ 20 cm,穗轴多分枝,每枝生数个小穗,呈球状;小穗长椭圆形,长 2 ~ 2.5 mm;外颖卵形,长为小穗的 1/3,具 3 脉,内颖和外稃与小穗近等长,具 5 ~ 7 脉,内稃膜质,长为小穗的 1/2。小穗基部具 5 ~ 6 条刚毛,长

4～12 mm，绿色、黄色或变成紫色。种子7～9月成熟，与刚毛分离相继脱落下地，经越冬休眠后得到适合的条件才萌发。

种子(颖果)繁殖。颖果阔椭圆形，长约1.4 mm，宽约0.9 mm，顶端钝尖，背面拱形，腹面扁平，表面浅灰绿色或黄绿色，具点状突起排列成的细条纹。发芽适宜温度为15～30 ℃，10 ℃也能发芽，但发芽率低而出苗缓慢，到5～6月土温到达15～30 ℃，出苗进入高峰期。发芽深度为0～3 cm，深层的种子不能发芽，在自然条件下存活10～15年。

4. 牛筋草(*Eleusine indica*)

属禾本科一年生草本植物，别名蟋蟀草、油葫芦草，广布全国各地。茎秆丛生，斜生或偃卧，有的近直立，株高15～90 cm；叶片条形；叶鞘扁，鞘口具毛，叶舌短；穗状花序2～7枚，呈指状排列在秆端，穗轴稍宽，小穗成双行密生在穗轴的一侧，有小花3～6个；颖和稃无芒，第一颖片较第二颖片短，第一外稃有3脉，具脊，脊上粗糙，有小纤毛。颖果卵形，棕色至黑色，具明显的波状皱纹。靠种子繁殖，常生于较湿润的地方(见图4-15)。

图4-14　狗尾草(参考中国植物图像库)

图4-15　牛筋草(参考中国植物图像库)

秋季成熟的种子在土壤中休眠3个多月，在0～1 cm土中发芽率高，深3 cm以上不发芽。发芽需在20～40 ℃变温条件下有光照。恒温条件下发芽率低，无光发芽不良。它在马唐萌发几周后开始萌发，外观上具银色中心和拉链一样的穗。较暖气候下在紧实和排水不良的土壤上能良好生长。

5. 稗(*Echinochloa crusgalli*)

稗属禾本科一年生草本植物。别名芒早稗、水田草、水稗草等，广布全球温暖地区，中国各地都有。茎秆丛生，光滑无毛，基部膝曲或直立，高50～130 cm。叶片主脉明显，条形，无毛；叶鞘光滑，无叶舌和叶耳；圆锥花序稍开展，直立或弯曲；总状花序常有分枝，斜上或贴生，小穗密集于穗轴一侧；须根庞大；颖果椭圆形、米黄色、骨质、有光泽。晚春型杂草，适应性强。平均气温12 ℃以上即能萌发。最适发芽温度为25～35 ℃，10 ℃以下、45 ℃以上不能发芽，土壤湿润，无水层时，发芽率最高。生于湿地或水中，是沟渠和水田及其四周较常见的杂草。繁殖力强，一株结籽可达1万粒左右。化学防除效果较好，在种子萌发前可用除草醚、杀草丹、丁草胺施于表土，种子萌发后可用禾大壮，稗苗二叶期可用敌稗喷雾(见图 4-16)。

6. 野燕麦(*Avena fatua*)

野燕麦属禾本科一年生或越年生草本植物。别名铃铛麦、乌麦,广布全国各地。秆直立单生或丛生,光滑,有 2 ~4 个节,株高 60 ~120 cm。叶片阔条形,叶鞘光滑或基部被柔毛;叶舌透明膜质。圆锥花序直立而疏散,塔形。小穗疏生柄细长,梗弯曲下垂,有 2 ~3 个小花。外稃质地坚硬,下部散生粗毛,芒从稃梢下方伸出,曲膝,可扭转。颖果纺锤形,被浅棕色绒毛,腹面有纵沟。采用种子繁殖,于 9 ~11 月出苗,4 ~5 月开花结实,6 月枯死。是西北、东北、华北等草坪的主要恶性杂草(见图 4-17)。

图 4-16　稗

图 4-17　野燕麦(图片参考中国植物图像库)

7. 荩草(*Arthraxon hispidus* (Thunb.) Makino)

荩草属禾本科一年生草本植物。别名马耳草、黄草,分布在全国各地。草茎细弱,无毛,基部倾斜,株高 30 ~60 cm,具多节,分枝多,着地的节处易生根,叶片卵状披针形,基部呈心形抱茎,除下部边缘生疣基毛外余均无毛;叶舌膜质,长 0.5 ~1 mm,边缘具纤毛;总状花序细弱,总状花序轴节间无毛, 2 ~10 枚总状花序呈指状排列或簇生在秆端;小穗孪生,一有柄一无柄;靠无柄小穗结实,无柄小穗卵状披针形,有 1 花;颖果长圆形。靠种子繁殖。喜湿润的环境。

8. 狗牙根(*Cynodon dactylon*)

狗牙根属禾本科,多年生矮小草本植物,又称拌根草、爬根草。匍匐根状茎发达,覆盖地面或埋于浅土层,质硬,多分枝,节上常生不定根,株高 10 ~30 cm。叶片线形,通常两面无毛;叶鞘微具脊,无毛或有疏柔毛,鞘口常具柔毛,叶舌短或仅具一轮纤毛;穗状花序呈指状排列于秆顶。颖果。暖季型多年生禾草,常见于暖温带气候区内,也可用作草坪(见图 4-18)。

9. 白草(*Pennisetum centrasiaticum*)

白草为多年生草本,秆单生或丛生,直立,株高 30 ~120 cm。叶条形,叶鞘无毛,疏松包茎,有的鞘口和边缘具毛。叶舌短具毛。穗状圆锥花序圆柱形;主轴有角棱,具微毛或无,分枝短;小枝刚毛白色至褐紫色;小穗上有 1 ~2 个花,单生或 2 ~3 枚簇生在总苞内;

第一颖微小;第二颖是小穗的1/2~3/4,有3~5脉;第一外稃与小穗等长;谷粒与小穗近等长。喜生在山坡或路旁较干燥处,是地边、苗圃常见杂草。

10. 看麦娘(*Alopecurus aequalis*)

看麦娘为一年生或二年生禾草。别名麦娘娘、麦陀陀。常生长于温暖多雨的草坪中,分布在我国长江以南温暖多雨的地区。茎直立或基部稍倾斜,秆单生或丛生,株高15~45 cm,叶片线形扁平;叶鞘光滑,叶舌膜质透明。圆锥花序呈狭圆柱形,灰绿色。颖果膜质,卵状至长圆形,基部中央有一芒,无内稃,腹面有纵沟,浅棕色,长2 mm左右(见图4-19)。

图4-18 狗牙根(图片参考植物分类专区网)

图4-19 看麦娘(图片参考中国植物图像库)

11. 芦苇(*Phragmites communis*)

芦苇为多年生草本,别名芦头、芦柴、苇子。分布几遍全国各地。茎秆直立,有节,节下常生白粉,株高1~3 m;叶鞘圆桶形,无毛或有细毛,叶舌有毛,叶片宽披针形或阔条形,圆锥花序分枝稠密,向斜伸展,小穗上第一小花多为雄性,其余全为两性花;根状茎粗壮,匍匐地下,纵横交叉,以根茎繁殖为主。

12. 隐子草(*Muhlenbergia shreberi*)

隐子草为匍匐多年生禾草,在草坪中形成与剪股颖类似的斑块,常分布在暖温带或更暖地区的潮湿、遮阴处。叶片短小、扁平,带有宽的皱折。

13. 匍匐冰草(*Agropyron repens*)

匍匐冰草亦称庸医草,是一种通过强壮秆茎系统向外蔓延迅速的多年生禾草,秆疏丛,高30~60 cm,基部膝曲或匍匐状;叶片常内卷抱于茎秆,暗绿色,具强壮根茎,浅黄白色,切断后能生成新株,向外扩展生长;穗状花序,种子椭圆形。它是寒温地带特别严重的杂草。

14. 剪股颖(*Agrostis palustris*)

剪股颖为冷季型多年生禾草,通过地上匍匐茎蔓延,可形成松散致密的斑块,最终可占据整个草坪。修剪低短,管理适当,可形成很好的草坪,否则可视为严重的杂草(见

图 4-20）。

15. 蒲公英（*Taraxacum mongolicum*）

蒲公英是以种子繁殖的菊科多年生植物，高 10～25 cm，含白色乳汁。叶根生，排成莲座状，成倒卵状披针形，先端钝或急尖，边缘具波状齿或羽状深裂，顶端裂片较大，三角形，全缘或有锯齿，基部渐狭成叶柄，有丝状软毛；叶柄及主脉常带红紫色。花茎比叶短或等长，上部紫红色，密被蛛丝状白色长柔毛；头状花序单一，顶生，长约 3.5 cm；外层总苞片卵状披针形或披针形，草质，基部淡绿色，上部紫红色，先端增厚或具小到中等的角状突起；舌状花鲜黄色，先端平截，5 齿裂，两性。瘦果倒卵状披针形，暗褐色，先端有喙，顶生白色冠毛。长的直根呈圆锥状，具再生能力，弯曲，表面棕褐色，皱缩，根头部有棕色或黄白色的毛茸。它生于路旁、田野、山坡，产于全国各地，影响草坪的外观。

图 4-20　剪股颖

16. 马齿苋（*Portulaca oleracea*）

马齿苋为夏季一年生植物杂草。茎光滑，多分枝，平卧或斜倚地面，伏地铺散，多分枝，淡绿色或带暗红色，油质；叶片扁平，肥厚，互生，有时近对生，倒卵形，似马齿状，全缘，先端钝圆或微凹，基部宽楔形，肉质，光滑无毛，柄极短；花无梗，常 3～5 朵簇生枝端，苞片2～6，叶状，膜质，近轮生；萼片 2，对生，绿色，花瓣 5，黄色，倒卵形，具凹头，基部合生；雄蕊 8～12，基部合生；花药黄色；子房半下位无毛，花柱单 1，柱头 4～6 裂，线形。蒴果卵球形，长约 5 mm，盖裂；种子细小，多数，黑褐色，有光泽，具小疣状凸起。花期5～8 月，果期 6～9 月。喜生于暖热、潮湿、高肥力的土壤，尤其在新移植的草坪中，是重要杂草（见图 4-21）。

17. 宝盖草（*Lamium amplexicaule*）

宝盖草又名珍珠莲、接骨草等，是以种子繁殖的一年生或二年生植物，茎高 10～30 mm，几无毛，中空，基部多分枝，常为深蓝色。茎下部叶具长柄，柄与叶片等长或超之，上部叶无柄，叶片均圆形或肾形，先端圆，基部截形或截状阔楔形，半抱茎，边缘具极深的圆齿，上面暗橄榄绿色，下面稍淡，两面均疏生小糙伏毛，轮伞花序，苞片披针状钻形，花萼管状钟形，萼齿 5，披针状锥形，边缘具缘毛，花冠紫红或粉红色，蕊花丝无毛，花药被长硬毛，花柱丝状，先端不相等 2 浅裂，花盘杯状，具圆齿，子房无毛，小坚果倒卵圆形，花期3～5月，果期 7～8 月（见图 4-22）。

图 4-21　马齿苋（图片参考西勾图库）

图 4-22　宝盖草(图片参考中国农资网)

18. 酢浆草(*Oxalis corniculata*)

酢浆草又名酸味草、鸠酸、酸醋酱，酢浆草科、酢浆草属草本。高 10 ~ 35 cm，全株被柔毛，根茎稍肥厚。茎细弱，多分枝，直立或匍匐，匍匐茎节上生根。叶基生或茎上互生；托叶小，长圆形或卵形，边缘被密长柔毛，基部与叶柄合生，或同一植株下部托叶明显而上部托叶不明显；叶柄长 1 ~ 13 mm，基部具关节；小叶 3，无柄，倒心形，先端凹入，基部宽楔形，两面被柔毛或表面无毛，沿脉被毛较密，边缘具贴伏缘毛，花单生或数朵集为伞形花序状，腋生，小苞片 2，披针形，膜质；萼片 5，披针形或长圆状披针形，背面和边缘被柔毛，花瓣 5，黄色，长圆状倒卵形，雄蕊 10，花丝白色半透明，子房长圆形，5 室，被短伏毛，花柱 5，柱头头状。蒴果长圆柱形，5 棱。种子长卵形，长 1 ~ 1.5 mm，褐色或红棕色，具横向肋状网纹。全国广布。

19. 日照飘拂草(*Fimbristylis miliacea*)

日照飘拂草为一年生莎草科草本，高 10 ~ 60 cm。无根状茎，秆丛生，直立或斜上，扁四棱形，具纵槽，在秆基部还生 1 ~ 3 枚无叶片的叶鞘。叶片狭条形，边缘粗糙；叶鞘侧扁，背面呈龙骨状；苞片 2 ~ 4 枚，刚毛状，短于花序；花序长侧枝聚伞形，复出或多次复出，具辐射枝 3 ~ 6 条；小穗单生于辐射枝顶端，近球形；鳞片膜质，卵形，栗色，具白色狭边，背部有龙骨状突起，具 3 脉，雄蕊 2；花柱三棱形，基部稍膨大，柱头 3，小坚果倒卵形，有 3 钝棱，具疣状突起和横长圆形网纹。分布于热带、亚热带草坪中。

20. 车前草(*Plantago asiatica*)

多年生草本，高 20 ~ 60 cm，全体光滑或稍有短毛。叶莲座丛状，平卧、斜展或直立，叶片纸质，椭圆状披针形或卵状披针形，边缘具浅波状钝齿、不规则锯齿，指状花轴，根茎短而肥厚，着生多数须根。根生叶外展，全缘或有波状浅齿，基部狭窄成叶柄，叶柄和叶片几乎等长，基部膨大。花茎较叶片短或超出，穗状花序细圆柱状，上部密集；苞片三角状卵形，内凹，无毛，花萼无毛，花冠白色，无毛，于花后反折，苞片和萼片二者都有绿色的龙骨状突起，雄蕊着生于冠筒内面近顶端，同花柱明显外伸，花药卵状椭圆形或宽椭圆形，先端具宽三角状小突起，新鲜时白色或绿白色，干后变淡褐色。胚珠 5。蒴果卵状椭圆形至圆锥状卵形，近中部开裂，基部有不脱落的花萼，果内有种子 6 ~ 8 粒。种子 4 ~ 5，椭圆形，细小，腹面平坦，黄褐色至黑色。常在因肥料不足限制草坪草生长，植被稀疏处生长。

（三）影响草坪杂草危害的主要因素

1. 养护水平

养护水平的优劣是草坪杂草发生及其危害轻重的主要原因。养护水平高的高尔夫球场，草坪生长茂盛，杂草少、危害轻；相反，养护水平低的河流公路护坡草坪，杂草丛生，狗牙根等杂草危害严重，有的甚至造成了草坪的覆没。不同功能的草坪，其杂草的发生和危害程度由轻到重的趋势为：高尔夫球场＜大型公共绿地＜公园绿地＜住宅小区绿地＜河流公路护坡绿地。

2. 人工拔草

人工拔草是草坪杂草防除的重要方法之一。大部分的草坪杂草可以人工拔除，如禾本科草种的草坪中生长的一年生阔叶草较易识别，也较易拔除，但禾本科草坪草中生长的禾草，如马唐、铺地黍、双穗雀稗、两耳草，由于难以识别，也难以拔净。具地下匍匐根状茎或球茎的多年生杂草香附子、水蜈蚣等，地下茎无法拔净。茎叶匍匐、着地生根的天胡荽、犁头草、积雪草等的地上部分不易拔净。这类杂草最好使用化学防除的方法，用人工无法拔净，反而会越拔越多。

3. 栽培条件

草坪的种植方法有植播法和铺栽法两种，在铺栽草坪时，有的地方为节省草皮，往往在草皮块之间留有一定的间隙，这种有间隙的草坪杂草的发生和危害明显重于无间隙的草坪。草皮质量的好坏也影响到成坪草种的生长，有的草坪生产基地由于管理和养护不良，在出售的草皮中含有大量的杂草，如暖季型禾本科草坪中夹有难除的多年生禾本科杂草狗牙根、双穗雀稗等，增加了新草坪的杂草量。茬口和土壤pH值对杂草的发生和危害也有一定的关系。如前茬为水稻田的草坪，湿生杂草碎米莎草、鲤肠、千金子、双穗雀稗较多；前茬为蔬菜、玉米等旱作田的草坪，旱生杂草马唐、旱稗、香附子数量较多。土壤pH值偏碱的草坪易发生扁秆藨草、芦苇等的危害。

4. 除草剂的使用

我国的草坪化学除草起步较晚，技术不够配套和完善。目前对禾本科草坪中的禾本科杂草或阔叶草坪中的阔叶草，以及多年生杂草的防除显得难度较大，因而进一步加重了禾本科草坪中狗牙根、双穗雀稗和阔叶草坪中水花生的危害。

（四）草坪杂草的综合防除

杂草的防除方法很多，各种方法均可收到一定的效果，但也不可避免地存在着一定的缺陷。因此，要控制杂草的危害，还必须坚持“预防为主，综合治理”的原则，即因地制宜地组成以化学除草为主的综合防治体系。

1. 减少杂草种子来源

1）严格杂草检疫制度，加强种子检疫工作

目前我国冷季型草坪草种子的90%从国外引进，对国外引进的草坪草种子，必须经过严格的植物检疫。凡属国内没有或尚未被传播的、具有潜在危险性的杂草，禁止进入。防止外国、外地区的检疫性杂草及危险性杂草随人为因素传入或将本国、本地检疫性杂草传出。因此，严格杂草检疫制度，加强种子检疫工作，是防止外来杂草及危害性杂草传入、蔓延危害的重要保障。

2)选用无杂草的草坪种子

购买草坪草种子进行播种时,应选用有质量检测证书、无杂草的草坪种子。

3)场地清理

草坪周围和路旁杂草是草坪杂草的主要来源之一,如不及时清除,杂草种子会污染灌溉水,随水流入草坪,草坪杂草会很快增多。清除路边荒地上的杂草,可防止杂草种子、地下根茎向草坪地扩散;草坪播前要清理地面植被及其地下根茎,有条件的可用熏蒸剂做土壤消毒,既可灭草,又可除虫防病。

4)清洁播种材料

对播种材料,在播种前,通过风选、机选等方法,能有效地清除杂草种子,清洁草坪草种,避免或减轻杂草种子随播种材料带入草坪,危害草坪。

5)使用充分腐熟的有机肥

有机肥中含有大量的杂草种子,经 50 ~ 70 ℃高温堆积 2 ~ 3 周处理,才能杀死杂草种子。在施有机肥时,必须施用充分腐熟的有机肥。

2. 农业栽培措施

利用栽培措施防除杂草就是要在草坪种植及养护管理中创造一个有利于草坪草生长、不利于杂草生长的环境。它是一项有效、经济的杂草防除措施。

耕翻土壤,减轻草害。对草坪建植基地杂草及其种子的处理效果直接决定了草坪建成后草坪杂草发生与危害程度。由于土壤中存在一个庞大的杂草“种子库”,大量的杂草种子被掩埋在土壤中,“种子库”中的杂草萌发很不整齐,只要条件适宜,杂草种子就会陆续萌发生长形成危害。草坪地在播种或铺栽前,深耕可将杂草种子翻至土壤深层,使表土层杂草种子减少,降低杂草的发生率,同时耕翻还可以将多年生杂草的地下茎切断翻入较深的土层,使之不能萌发出土,减少多年生杂草的发生量。对已出土的一年生或越年生杂草幼苗,也可以翻至地表,经秋冬干旱或冷冻致死,减轻危害。

选好草坪品种,加大播种量。不同草坪草的品种,其对杂草的竞争力有很大差异。冷季型草坪中的匍匐剪股颖对杂草的竞争力优于草地早熟禾和紫羊茅。暖季型草坪中叶片较细的狗牙根品种对杂草的竞争力优于叶片较宽的普通狗牙根。选用竞争力强的草坪草种可以减轻杂草的危害。在播种时加大草坪种子的播种量,增加草坪草的密度,可以抑制杂草的滋生危害。如高羊茅种子常规播量为 25 ~ 35 g/m^2,可增加到 40 ~ 45 g/m^2。

同时合理选用搭配草坪草种也是很重要的,草坪杂草的生长需要一个适合的生态位,因此在草坪草种的选用和搭配上应注意结合适当密植草坪草,建立起草坪草的最大生态位,压缩杂草的生态位,降低杂草生长的空间。例如,选择冷季型草坪草与暖季型草坪草混合播种建植草坪,可以最大限度地降低杂草的生态位,迫使杂草因缺肥、缺光而生长不良或死亡,从而降低草坪杂草的竞争优势。阔叶草坪则应适当增加草坪草种植密度,抑制杂草的生长危害。

加强水肥、中耕管理,控制草害。草坪的水肥管理对草坪和杂草生长均有影响。有利于草坪生长的水肥管理能够抑制杂草的生长,而不当的水肥管理,一般来说更有利于杂草的生长。如果草坪上杂草已发生危害,浇水、施肥就会加重杂草的危害。因此,浇水、施肥最好在杂草防除后进行。另外,在早春,杂草还未出苗前时,及时浇水、施肥促进草坪的返青、生长,从而抑制杂草萌发和生长。

中耕不仅利于保水、通气蓄水,而且还可以清除杂草,是草坪维护管理的一项重要的措施。中耕和人工拔除相结合,除草效果会更好。

3. 物理防除

1)播种前防除

坪床在播种或营养繁殖之前,用手工拔除杂草,或者通过土壤翻耕机具,在翻挖的同时清除杂草。对于有地下蔓生根茎的杂草可采用土壤休闲法,即夏季在坪床不种植任何植物,且定期地进行耙、锄作业,以杀死杂草可能生长出来的营养繁殖器官。

2)人工拔除

人工拔除杂草是一种古老的除草法,优点是安全、无污染,在杂草繁衍生长以前拔除杂草可收到良好的防除效果。缺点是劳动强度大,费工、费时、增加管理成本,并且容易在草坪上形成缺苗和斑秃状的裸露土地。人工拔除适合于小面积草坪上零星发生的杂草或一些难防除的杂草。适宜的时间是在雨后或灌水后,草坪土壤湿度适中时使用,将杂草的地上、地下部分同时拔除。湿度太大,易将杂草和草坪草一起大块拔起,形成斑秃状;湿度太小,则杂草的宿根不易拔除。一般草坪上草龄较大的非宿根性杂草宜采用人工拔除的方法,拔除后的杂草应带出草坪外进行集中处理。

3)滚压防除

对早春已发芽出苗的杂草,可采用质量为 100 ~ 150 kg 的轻滚筒轴进行交叉滚压消灭杂草幼苗,每隔 2 ~ 3 星期滚压 1 次。

4)修剪防除

对于依靠种子繁殖的一年生杂草,可在开花初期进行草坪低修剪,使其不能结实而达到将其防除的目的。如在高尔夫球场草坪草长到 7 ~ 8 cm 时,就要进行一次刈剪,留茬高度 6 cm,以后每隔 3 ~ 5 d 刈剪一次,留茬高度 3 ~ 5 cm。定期刈剪不仅草坪美观,而且可以将草坪中长得比草坪高的杂草的生长点刈除,使杂草不能正常开花结实,起到灭草控草的作用。运动场、高尔夫球场草坪,由于频繁使用及松土、施肥、灌溉等措施,难免使草坪局部受损成“秃斑”,应及时补种草坪种子或铺栽草皮,以免“秃斑”土壤中的杂草种子乘机出土,造成危害。

4. 生物防除

生物防除杂草是利用杂草的天敌——昆虫、病原菌、植物、动物等生物来抑制和消灭杂草的方法。生物防除杂草可减少环境污染,有利生态平衡。生物防除主要有以虫治草和以菌治草两种。

1)以虫治草

利用昆虫可有效防治杂草,如鳞翅目卷蛾科的尖翅小卷蛾,能取食香附子、碎米莎草、荆三棱和水莎草等莎草科杂草。初孵幼虫可由香附子的心叶蛀入嫩心,使心叶失绿,继而蛀入鳞茎,切断输导组织,使全株枯死。还有以褐小萤叶甲防治蓼科杂草,以尖翅筒喙黍防治黄花蒿等。

2)以菌治草

如寄生性的锈病和白粉病,车前草、苍耳发生白粉病,扁蓄蓼发生锈病可以导致杂草干枯死亡,还有以鲁保1号真菌的孢子防除菟丝子杂草,以F789镰刀菌防除埃及列当。

5.化学防除

化学防除是使用化学药剂引起杂草生理异常导致其死亡,以达到杀死杂草的目的。采用化学药剂防除草坪杂草具有速度快、省工、省时、经济节约、便于机械化作业、效果持久、经济效益好等优点,尤其适于大面积除草。缺点是容易对环境造成一定的污染和破坏。若使用不当,不仅达不到预期目的,甚至还会对草坪草产生不同程度的伤害。因此,应根据防除对象、草坪类型、药剂特性、施药方法和施药时间等因素安全合理使用化学药剂,防除草坪杂草。目前化学防除草坪杂草仍是草坪综合防治中的重要部分,可分建植前和播种后两个阶段进行化学防除。

1)草坪种植前场地的化学防除

种植草坪的场地在整地前如杂草多可进行灭生性的化学除草,在草坪种子播种以前,尽量使土壤内的杂草种子、根茎萌发,并加以清除。刚建植的草坪,建植地的杂草决定草坪建植的成败。由于土壤中存在一个庞大的杂草"种子库",大量的杂草种子被掩埋在土壤的不同深度,只要条件适宜,"种子库"中的杂草种子随时可以萌发。可以选用灭生性除草剂草甘膦或者百草枯于杂草高发期喷施除草,如果时间充足,播种前采取多次间隔浇水,薄施化肥的方法促进"种子库"中的杂草种子尽可能萌发,然后用灭生性除草剂进行防除,也可以在整地后将土壤用塑料薄膜覆盖严密,然后将听装溴甲烷或者棉隆置于膜下,熏蒸一段时间后,既可以杀死杂草的活体和种子,也可以同时杀死病原菌和害虫。如果时间紧迫,赶工期可以采取二甲四氯+百草枯来处理,不仅快速杀草而且加强内吸,克服了单用百草枯不能除根的缺点。

对草坪周围的埂边、塘边、路边的杂草,在播种、铺植前也要进行灭生性防除,否则杂草会逐步侵染到草坪地内。草甘膦、百草枯对植物的绿色部分都能杀死,故喷洒时不应喷到周围的花卉、树木上,草甘膦、百草枯遇到泥沙能被吸附失效,稀释时应用清洁的水。

2)播种后除草剂的施用

a.苗前除草剂的施用

可用地散磷、恶草灵、环己隆等除草剂,每1 000 m^2用药量为3~9 kg。播种后1~3 d,施用"坪绿1号"可湿性粉剂,对一年生杂草防治效果较好。该药剂可用于早熟禾、高羊茅、黑麦草和结缕草等草种新建植的草坪上。一般每1 000 m^2用"坪绿1号"100 g,兑水60~90 kg均匀喷施,可有效防除一年生阔叶草(藜、反枝苋等),防效在90%以上;对莎草及大部分一年生禾本科杂草(马唐、稗草、狗尾草)的防效达90%,持效期在1个月以上,直至新播种的草坪覆盖地表,使草坪草能快速、健壮成坪。

b.草坪成坪后、杂草出苗前进行药剂处理

草坪成坪后、杂草出苗前可以用颗粒剂撒施或撒毒土的方法进行杂草的防除,较为安全,也可以使用选择性除草剂喷雾防除杂草。可以用于草坪成坪后、杂草出苗前的除草剂主要有 10% 氟硫草定、72% 异丙甲草胺、48% 氟乐灵、60% 丁草胺等，每 100 m^2 草坪分别用药 45 mL、20～25 mL、25～30 mL，兑水 10 kg 喷雾或用 2～3 kg 细土拌匀后撒施。喷雾时应注意压低喷头对准土壤表面施药，同时注意严格控制用药量，以免产生药害。

c. 成坪草坪杂草出苗后进行药剂处理

用于成坪草坪上的杂草出苗后的药剂要求对杂草有防除效果，而对草坪没有伤害，这类药剂主要有 72% 2,4—D 丁酯、20% 氯氟吡氧乙酸、48% 麦草畏、48% 灭草松、25% 啶嘧磺隆 1 等。龄较大时，使用推荐的上限用量。喷雾时应注意压低喷头对准土壤表面施药，同时注意严格控制用药量，以免产生药害。其中 25% 啶嘧磺隆对草坪一年生、越年生或多年生莎草、阔叶草和禾本科杂草均有良好的防除效果，且对草坪草较安全。

d. 草坪休眠期的药剂处理

草坪在休眠期地上部分死亡，而地下部分依然存活，草坪杂草获得了最大的生态位、足够的生长空间、良好的光照条件，草坪草也不会与其争夺水分和养分。因此，在草坪草的休眠期，草坪上往往会发生大量的杂草，若不及时进行防除，就会影响草坪的休眠；当杂草形成种子后落入土壤又会丰富杂草的"种子库"，萌发后会影响草坪草的正常生长。由于杂草休眠时地上部分完全枯死，因此可以选用灭生性除草剂对此时发生的草坪杂草进行彻底防除。例如，暖季型草坪在冬季草坪休眠期可以选用草甘膦或百草枯 800～1 000 倍液对准杂草的绿色部位进行喷雾，防除效果可达 95% 以上。以上药剂均为灭生性除草剂，植物必须有绿色部分时才能起到杀灭的作用。因此，必须在草坪草的地上部分彻底枯死，完全进入休眠期以后才能使用，以免伤害草坪草。同时，使用时注意压低喷头，以免雾滴飘移，影响草坪及周边非杂草的绿色植物。对暖季型草坪和冷季型草坪混播的草坪，不宜使用这种方法防除草坪杂草。

在使用化学除草时要注意：①草坪杂草数量大，出草期长，杂草的防除应以杂草苗前或苗后早期施药为主，不仅效果好，而且防除主动，节省药本。杂草生长期辅以茎叶处理，消灭残留杂草和后出土的杂草。②草坪杂草种类多，使用的除草剂应杀草谱广，并适当使用灭生性和内吸性强的除草剂，消灭多年生杂草。③草坪位于城区，是人们休闲的场所，所以除草剂要毒性低、无异味，挥发性及飘移性要小，对周围的花卉、树木不造成危害，对环境安全。

（四）除草剂及其使用

用化学除草剂防除杂草是杂草综合防治的重要组成部分，也是防除杂草最有效的手段之一。除草剂对草坪草幼苗有较大的毒副作用，因而在除草前，必须清楚除草剂的类型，要注意根据不同的杂草种类和时间选择不同的除草剂，在确保草坪草安全的前提下，施用有效的除草剂杀除杂草。除草剂的种类很多，分类如下。

1. 除草剂的分类

1）根据化学结构分类

无机除草剂：选择性差，用量多，防效一般。

有机除草剂：选择性强，用量少，防效高且易于推广。

2）根据灭杀特性分类

选择性除草剂：有些除草剂能杀死某些杂草，而对另一些杂草则无效，对一些作物安全，但对另一些作物有伤害，此谓选择性，具有这种特性的除草剂称为选择性除草剂。如 2，4—D 丁酯杀灭阔叶杂草，但对禾本科草坪草无害。

灭生性除草剂：不加选择地杀死各种杂草和作物，这种除草剂称灭生性除草剂，只在播种或移栽前使用，如百草枯、草甘膦等。

3）根据作用方式分类

触杀剂：一些除草剂喷到植物上，仅作用于与杂草接触的部位，只能杀死直接接触到药剂的那部分植物组织，但不能内吸传导，只限于灭除一年生杂草，多年生杂草地上枝条虽然死亡但地下根茎仍然存活，如百草枯。

内吸传导剂：使用后，被杂草根、茎、叶分别或同时吸收，由输导组织运输到植物体的各个部分，破坏它的内部结构和生理平衡，导致整个植物死亡，如 2，4—D 丁酯等。

4）根据使用方法分类

土壤处理剂：主要作用于表土或混土使用，对土壤起封闭的作用。即把除草剂喷洒于土壤表层或通过混土操作把除草剂拌入土壤中一定深度，当农药均匀地分布于土表后，犹如在地表罩上了一层毒网，既可抑制杂草的萌生，又可杀死已萌生的杂草幼苗，如西玛津。

茎叶处理剂：把除草剂稀释在一定量的水或其他惰性填料中，对杂草幼苗进行喷洒处理，利用杂草茎叶吸收和传导来消灭杂草，如草甘膦。

5）根据施药时间分类

播前处理剂：指播种前对土壤进行封闭处理，施入一定的深度，以便被杂草幼根、幼芽所吸收，并可防止或减少除草剂的挥发和光解损失。

播后苗前处理剂：即在作物播种后出苗前进行土壤处理，此法主要用于杂草芽鞘和幼叶吸收向生长点传导的除草剂，对作物幼芽安全。

苗后处理剂：指在杂草出苗后，把除草剂直接喷洒到杂草植株上。也有些灭生性除草剂如百草枯、草甘膦可以在杂草生长中后期进行灭生处理，苗后除草剂一般为茎叶吸收并能向植物体其他部位传导的除草剂。

2. 使用除草剂时的注意事项

1）选择最佳施药时间

化学除草应当把握“除早、除小”的原则。杂草株龄越大，抗药性就越强，就要增加药量，不但增加了防治成本，也容易对草坪产生药害。在杂草出苗 90% 左右时，杂草幼苗组织幼嫩、抗药性弱，是用药的最佳时机，杂草很容易被杀死。

2）严格掌握用药量

除草剂不像杀菌剂那样可以随意增加用药量，要保证除草剂杀死杂草又不伤苗木和草坪，因各个时期的苗木和草坪耐药性有限，所以要严格按照使用说明掌握用药量，如果盲目加大用药量，极易造成药害，导致苗木和草坪无法正常解毒而死亡。

3）注意施药时的温度

温度直接影响除草剂的药效。一般情况下在 10 ℃以下施药药效极差，10 ℃以上时施药药效才好，但在低温下 10 ~ 20 d 后才表现出除草效果。所有除草剂都应在晴天气温较高时施药，才能充分发挥药效。

4) 保证适宜湿度

不论是苗前土壤施药还是生长期叶面施药，土壤湿度均是影响药效高低的重要因素。苗前施药，若表土层湿度大，易形成严密的药土封杀层，且杂草种子发芽出土快，因此防效高。生长期施药，若土壤潮湿、杂草生长旺盛，利于杂草对除草药剂的吸收和在体内运转，因此药效发挥快，除草效果好。

5) 提高施药技术

施用除草剂一定要施药均匀，既不能重喷，也不能漏喷。使用除草剂喷雾机械的选择很重要：要选择喷头向下、雾化好的机械，严禁使用高压喷枪直线喷雾。施用除草剂的喷雾器最好是专用，以免药液残留在器械上伤害其他作物；对于较为瘦弱、叶龄小或者病害导致生长衰弱的苗木和草坪，防除时可以使用二次喷施法。即把正常用药量减半，间隔一天分两次喷施的方法，效果明显优于一次足量喷施的除草效果，而且不易伤及苗木和草坪。

四、任务实施

（一）材料及工具

材料：试验样地、除草剂等。

工具：小锄、铲、剪草机、喷雾器等。

（二）实施步骤

1. 杂草的识别

对于较为常见、现场容易识别的杂草种类可以当场鉴定确认，了解其生物学特性，以便防治和根除。对于现场难以识别的种类，采集标本，在教师的指导下，查阅有关资料，完成进一步的调查鉴定工作。

2. 杂草防治

1) 人工除草

组织学生利用小锄、铲子等进行人工除草，总结该方案的优缺点及适合条件。

2) 修剪除草

修剪是防治部分杂草生长十分有效的方法，结合草坪修剪，利用适合的剪草机械进行杂草剪除，通过观察、比较，总结出适于该方案铲除的杂草种类及适宜的季节。

3) 化学除草

在成坪草坪中，使用对目的草种无害的除草剂，杂草因其植物学特性不同，对除草剂的敏感性相差很大，针对不同的杂草种类施用合适的除草剂。在选择除草剂时要认真阅读说明书，一定要弄清除草剂的成分，对目标草是否有危害，是否有药物残留等。在配制和施用过程中注意人身安全。

五、思考与练习

(1) 当地草坪常见的草坪杂草有哪些？如何防治？

(2)如何配制除草剂？有哪些施用方法？如何针对不同的草坪草进行化学防除？

六、知识扩展——草坪杂草的生物学分类

我国草坪杂草近450种，分属45个科、127属，杂草的识别对杂草的防除和控制具有重要的意义，而杂草的分类又是识别杂草的基础，因此了解杂草的分类，对杂草的有效防除是十分有益的。草坪杂草因种类多，分类方法也不尽相同。

(一)按形态分类

许多除草剂就是由于杂草的动态特征而获得选择性的，应用生态学分类可以较好地指导杂草的化学防治。根据形态特征将杂草分为禾本科杂草、莎草科杂草、阔叶类杂草和无叶杂草几类。

禾本科杂草：主要包括禾本科杂草。特征：茎圆或略扁，节和节间区别明显，节间中空，茎切面为圆形，中鞘开张，常有叶舌。胚具1子叶，叶片狭窄而长，平行脉，叶无柄。如牛筋草、马唐、狗尾草、匍匐冰草、多花雀稗等。

莎草类：主要包括莎草科杂草。特征：叶片狭窄而长，行脉平行，叶无柄，茎三棱形或扁三棱形，无节和节间的区别，茎常实心。叶鞘不开张，无叶舌。胚具1子叶。如香附子。

阔叶类：包括所有的双子叶植物杂草及部分单子叶植物杂草。茎切面为圆形或方形，叶片宽阔，叶有柄，叶脉网纹状，茎切面为圆形或方形，胚具2子叶。如马齿苋、荠菜、车前草、酢浆草、蒲公英等。

无叶杂草：菟丝子、藻类、木贼等。

(二)按生活周期分类

一年生杂草：生活史短，可在1~2个月的很短期间完成萌发、生长和繁殖的整个生活史；即从种子发芽到成熟结实在一年内完成。春夏出土，夏秋开花结果，如牛筋草、马唐、狗尾草等。

二年生杂草：此类杂草需在2年内完成其整个生活史，第一年萌发并生长营养体，第二年开花结实死亡；主要分布在温带，在叶丛期易防除。如野燕麦、看麦娘、荠菜等。

多年生杂草：生长期长，能存活多年，一生中开花结实在2次以上，可以种子繁殖也可以营养繁殖，夏秋季危害重。营养繁殖能力较发达是多年生杂草的重要特点，因为依据其营养繁殖方式可分为三种类型：①地下根繁殖型，如苣荬菜、刺儿菜和田旋花等；②地下茎繁殖型，如白茅、芦苇、狗牙根、双穗雀稗、野蓟、香附子等；③地上茎繁殖型，如空心莲子草、双穗雀稗等。

(三)按生物学特点分类

单子叶杂草：单子叶草坪杂草多属禾本科，少数属莎草科。其形态特征是无主根、叶片细长、叶脉平行、无叶柄。禾本科有狗牙草、芦苇等，莎草科有莎草、地栗等。

双子叶杂草(阔叶杂草)：分属多个科的植物。与单子叶杂草相比，一般有主根，叶片较宽，叶脉多为网状脉，多具叶柄。菊科有苍耳、蒲公英，茄科有龙葵、曼陀罗等。

七、任务考核

任务考核项目、内容、标准、方法如表4-1所示。

表 4-1　任务考核

序号	考核项目	考核内容	考核标准	考核方法
1	草坪病害识别	草坪病害症状(20分)	识别褐斑病、枯萎病、锈病、夏季斑枯病、白粉病等症状,并能进行判断	分组考核
2	草坪病害防治	草坪病害防治方法 1. 农业栽培防治 2. 化学防治(20分)	掌握农业栽培防治病害的措施 掌握通过养护防治病害的措施 掌握常用防治病害农药使用方法及适用对象	分组考核
3	草坪虫害识别	草坪虫害识别特征(20分)	识别当地常见的蝼蛄、蛴螬、金龟甲、地老虎等害虫	分组考核
4	草坪虫害防治	草坪害虫防治方法 1. 农业栽培防治 2. 化学防治(20分)	掌握通过耕作、养护防治害虫的措施 掌握常见防治害虫农药使用方法及适用对象	分组考核
5	草坪杂草识别	草坪杂草识别特征(10分)	识别当地常见草坪杂草	分组考核
6	草坪杂草防治	草坪杂草防治方法(10分)	掌握物理防治、农业措施、化学除草剂的使用	分组考核

项目五　草皮生产

任务一　草皮种植

一、任务分析

草皮的种植包括草种选择、场地准备、繁殖过程及苗期管理等，这些工作的好坏对草皮的品质、管理等方面将带来深远的影响。因此，要生产出高质量的草皮，就必须掌握好草皮的种植技术。

二、任务目标

能力目标：能根据草皮生产规范进行草皮种植操作。

知识目标：了解草皮与草坪建植的不同点；掌握草皮种植的步骤及方法。

素质目标：培养学生分析、计算能力，信息处理的能力；培养学生团队合作能力；培养学生经济意识、环境保护意识、安全意识和敬业精神。

三、相关知识

草皮是天然或人工建植、管护的草坪经切割后与坪床分离，以致密根系或辅以人造网形成的带状或块状的草坪建植材料。草皮指草地上可以剥离，并可移植到他处，生长成草坪的前期产品，最大特点是可移植性，草皮一旦固定于某一场所并具有一定的设计结构时，就变成为草坪。草皮种植包括草种的选择、场地准备、草皮的种植过程。

（一）草种的选择

草皮草种子是草皮生产的物质基础，是草皮生产中的重要环节，一般选择适宜当地气候、土壤条件的乡土草坪草品种，它将对草皮的持久性、品质及对杂草、病虫害抗性有重大影响，但对于作为商品出售的草皮，不能仅仅从草皮草种的适应性来考虑，为了客户的需要和市场的需求，有时必须选择某些指定的或有市场潜力的草皮草品种。因此，除考虑乡土草种外，在草种选择方面主要还应注意以下几个问题：

（1）种子纯净度高，发芽率高且整齐一致。一般地，种子不能含一年生早熟禾、剪股颖及其他杂草种子，种子纯度在98%以上，发芽速度快，整齐一致性强。

（2）种子重量适中。因为重的种子发芽好，并且撒播时易播匀，可以避免形成秃斑，但重量过重，则成本相对较高。

（3）幼苗健壮，根茎分生能力强，这样苗期生长快，根茎具连续生长特性，就能快速形成草坪覆盖。

（4）抗病虫害能力强，能耐高修剪、低肥力和起皮方便的粗放管理。

(5)生长季节长,绿色期长,最好从早春生长到冬季都能保持绿色。

(6)选择多数人熟悉的大众化品种,这样知名的草皮公众较容易接受。

(7)最好对多种气候都有一定的适应性,这样销售起来范围也较宽些。

另外,各类草坪草种都有其不同的基因特性,它们对于外界环境都会表现出不同的适应性,如运动场草坪需选择耐践踏的草种,公共绿地需选择观赏性强的草种。因此,我们在选择草种时,关键在于满足不同草坪使用目的和市场需求的前提下,依据草皮的生长环境和其他特性需求来决定草种。

(二)场地准备

1. 草皮生产的土壤

土壤是生产草皮的重要条件之一,草坪草能否良好生长,主要取决于土壤环境与草坪草根系的生长是否相互适应,土壤不但提供草坪草根系呼吸作用所需的氧气、生长所需的养分和水分,而且土壤的性质直接影响草坪草的生长、草坪的使用和养护管理。因此,在草皮生产中,土壤是重要的因素之一。生产草皮对土壤的基本要求是要了解供选场地的土壤质地,土壤的质地主要是指土壤中沙粒、粉粒和黏粒的含量比例,根据各粒级土粒数量比把土壤分为沙土、壤土和黏土三种基本质地类别。沙土的保水和保肥能力很差,养分含量少,土温变化较大,但通气透水良好,可用于高强度管理的草坪,如高尔夫球场的果岭坪床;黏土的保水与保肥能力较强,养分含量较丰富,土温变化小,但通气透水性差,干时硬结,湿时泥泞,不利于草坪草的生长和草坪的管理;壤土是介于沙土和黏土之间的一种土壤类型,在性质上也兼有沙土和黏土的优点,通气透水能力强,保水能力较好,适于各种草坪草的生长,是建植草坪的理想土壤质地类型,适于建植草皮。

土壤酸碱度是反映土壤溶液中氢离子浓度和土壤胶体上交换性氢、铝离子数量状况的一种化学性质。不同草坪草对土壤酸碱度的适应能力不同,但在建植草坪时一般以中性土壤为宜。

2. 草皮生产场地的清理

一般来说,草皮生产场地的清理不像建坪前清场那样复杂,因为草皮生产多在原有的耕地上进行。但在其他场地进行草皮生产时就要有计划地消除和减少障碍物,如在曾是苗圃或林地的场所,就要尽可能地清除场地内的树根,清除不利于草坪草生长和起草皮操作的石头、瓦砾,消除和杀灭杂草,进行必要的挖方和填方等。

3. 翻耕

翻耕是为种植草皮而准备土壤的一系列操作。在大面积的草皮生产基地上,它包括犁地,圆盘耙耕作和耙地等连续操作。翻耕的目的在于改善土壤的通透性,提高持水能力,减少根系深入土壤的阻力,增强抗侵蚀和践踏的能力。沙土除外,土壤对于耕作的反应是形成良好的颗粒,因此耕作应在适宜的土壤湿度下进行,即用手可把土捏成团,抛到地下则可散开来时进行。一般来说,草皮收获时土壤的水分含量比较适宜,在收获草皮的同时就可以开始土壤的准备工作。但要注意拖拉机不能离起草皮机太近,必须留出足够卡车和叉车行走的空间。

犁地是用犁将土壤翻转,由于它具有不均一的表面,因而有植物残体向土壤深部转移。在犁过的或疏松的地段应进行耙地,以破碎土块、草垡等,以改善土壤的结构,保持表土的一致性。耙地可在犁后立即进行,也可过一段时间进行,以便于有机质的充分分解。为了防止杂草而进行夏季休闲的地段,通常进行圆盘耙耕作。

翻耕能使土表形成颗粒,并平滑床面。耕地作业的质量高低,将影响草皮的质量与管理。

4. 平整

在种植之前,应将草皮生产基地进行整理。为保证日后草皮的质量,就要严格要求土壤表面的平整性。平整是平滑地表,提供理想苗床的作业。平整有的地方要挖方,有的地方要填方,因此在作业前应对平整的地块进行必要的测量和筹划,确保熟土布于床面。平整通常分粗平整和细平整两类。

5. 施基肥或施石灰

1)施基肥

高磷、高钾、低氮的复合肥可做基肥使用。如每平方米草皮,在种植前可施含硫酸铵 5 ~ 10 g、过磷酸钙 30 g、硫酸钾 15 g 的混合肥做基肥。若草皮是在春季播种的,氮素施量可适当增大。

2)施石灰

在对一定深度的坪床土壤进行改良时,最好是根据土壤测定结果,预先在耕作层上施足石灰粉,氮、磷、钾复合肥及有机肥。对于很松散的沙土,应掺入适当黏土。然后用旋耕机充分拌和,直到均匀为止。氮肥一般在最后一次平整前使用,通常施用不宜过深,以利新生根的充分利用和防止淋失。

(三)草皮的种植

草皮的种植与草坪的繁殖一样,都可用种子繁殖和营养繁殖(无性繁殖)两种方法,具体选用何种种植方法,则应根据成本、时间要求、能否得到纯种植物及草种的生长特性而定。营养繁殖具有繁殖速度快,能在较短时间内覆盖成坪的特点,但建坪成本比种子繁殖高,而且种子繁殖省工,适于大面积草皮种植。另外,对于某些匍匐茎缺乏足够的扩展能力的品种,只能使用种子繁殖。

1. 种子繁殖

大部分冷季型草坪草种都能用种子繁殖,只有几个草地早熟禾和匍匐剪股颖的栽培品种例外,因为它们不能用种子生产出保持原来性状的草皮,因此只能用营养繁殖,暖季型草坪草种中的假俭草、雀稗、地毯草和普通狗牙根等均可用种子繁殖。

1)播种时间

一般地,冷季型禾草最适宜在夏末播种,暖季型草则最好在春末和初夏播种,这主要是根据草种播种时所需的温度和播种后 2 ~ 3 个月内所需的温度状况而定的,适宜的温度和气候条件会非常有利于种子发芽和苗期生长,当然,如果有需要,一年四季均可播种,只是寒冷的外界条件需要更完善的设备和技术条件,否则,大多会导致建坪失败。因此,具体选择何时播种还主要依据市场要求、各地气候条件、设施设备和建植技术而定。

早春播种冷季型草坪草,能在仲夏来临之前产生良好的草皮,但因地温低,新草皮的早期发育通常慢于夏末播种的草皮,而且杂草危害严重。但如果在林下生产草皮,春播则是可取的,因为此时阔叶树的稠密树冠尚未形成,可为新生草皮幼苗提供较好的光照条件。

暖季型草坪草最适生长温度,高于冷季型草坪草,因此春末夏初播种较为适宜,这样就可为初生的幼苗提供一个温度足够的时期来生长发育,夏季型一年生杂草在新建草皮上可能萌发生长,但暖季型草坪草具有较高的竞争能力,一旦草皮成熟,杂草就难以入侵。

2)播种量

播种量与种子的纯度和活力有直接的关系,因此播种所要求的一般原则是保证足够量的纯活种子。如果种量过少会降低草皮的成熟速度,增加管理难度,而如果种量过大,又会促使某些真菌病的发生,更会浪费种子。一般地,种植草皮所需种量比建草坪要大一些,而且影响播种量的因素还很多,不能统一确定,如幼苗的活力、要求的成坪速度、种子价格、与杂草的竞争力、气候和土壤条件、病虫害情况及草皮的管理强度等,但总体上,要确保单位面积上幼苗的额定出苗率(成活率),即每平方米出苗 10 000 ~ 20 000 株幼苗为宜。

另外,冷季型草皮草种在不同的气候带会有不同的播种量,以早熟禾为例,在北方寒冷地区,一般是播种后第二年收获草皮,因而播种量要较低,因此所需早熟禾播种量为 10 ~ 15 g/m^2。而在阳光充足的温暖地区,冷季型草坪草可常年生长,生产的草皮一般 3 个月左右即可成熟,因而播种量比寒冷地区要相对大一些,此地区的早熟禾播种量一般 20 ~ 25 g/m^2。

3)草皮的混播

上面所讲的是草皮草种的单播,但现在的草皮生产多以混播为主。混播是指包括两种以上草皮草种的播种,几种草种的混播不但可以适应范围更大的环境条件,还能更快地形成草皮,并使草皮的使用寿命延长。当然,它也有缺点,就是不能获得颜色单一的草皮。不同草种的配合比例或种类依土壤、环境条件及使用目的不同而有所不同。一般混播时须包含一个主要草种和至少一个保护草种,保护草种主要是指发芽迅速、能为生长缓慢和柔弱的主要草种遮阴及抑制杂草的草种。在混播中,多以 10% 的多年生黑麦草为保护草种,它在几年后经过一些修剪等管理措施可逐渐减少或消失,小糠草和一年生黑麦草也是理想的保护草种。如果生产需要,还可用相同草坪草种内的不同品种混合播种,这样也能适应比单播更大范围的外界环境条件,而且还可能避免混播带来的杂色外观,这种混合一般是草种厂商根据草皮生产的要求进行搭配混合,因为单一草种不同栽培品种之间的混合是否成功还取决于各栽培品种之间的兼容性。

4)播种

播种主要是要求将种子均一地撒播在坪床上,并覆盖 0.6 ~ 1.0 cm 厚的表土,这样更利于种子发芽整齐、小苗出苗均一,但也不能覆土过深,因为如果种子被覆土过深,则不能保证芽能完全钻出土表,进行光合作用,而覆土过浅也会因为外力使种子流失或风干。如果是针对几个不同草种的混播,一般是先均匀播一种草种,再均匀播另一种,并且按纵横方向重复播种,以保证混播的均匀性,如果两种或几种发芽速度或生长速度差异较大的草种混播时,可以先均匀播下发芽或生长较慢的草种,间隔一定时间后再均匀播下另外的草种,以免因竞争优势太过明显而造成混播失败。播种应及时覆土,而且为了让种子与土壤能充分接触,应对苗床镇压,或用稻草、塑料等覆盖地面,以保水防损。播种可人工操作,也可用机器来完成，人工播种适合小面积草皮的建植，要求工人技术熟练，能保证种子撒播均匀，而对于大面积的草皮建植则必须用机械操作。

5)铺网

近年来，铺网技术在草皮生产中变得越来越重要，且逐渐被广泛应用，特别是国外大型草皮生产场。铺网可以使草皮草在达到足够的韧性以形成草皮之前，很早就可以移植和生根。草皮的韧性取决于根茎和分蘖，而根系对于草皮的韧性所起作用较小。在根茎和分蘖还未完全发育好时，塑料网可以帮助草皮提高韧性。铺网可以将草皮收获的时间提早25%以上，缩短了草皮的生长周期。国外一般是机器操作，同时完成播种和铺网工作，在覆土时，即将种子与塑料网同时覆盖。在国内则一般用手工铺网，即先播种，后铺网固定，然后再覆土。但应注意铺网时塑料网的平整度和覆土的深浅，覆土过浅，剪草时塑料网对剪草机的操作造成影响或损伤草皮；覆土过深，起草皮时塑料网不能与根系一起被铲起，从而造成收获时的大量损失。

2. 无性繁殖

主要用于暖季型草皮草的建植，它包括直栽、插枝条和匍匐茎法，一般适用于那些不能产生活种子或不能结籽、种子产量低的草种，尤其是对于那些具有强匍匐茎和根茎生长习性的草种特别适用，这样建植的草皮成坪速度快，但大面积的草皮生产还是费工费时。

1)直栽法

一般用正方形或圆形的草坪块直栽，其大小大约长5 cm、宽5 cm，把这些草坪块插入床土中，通常相隔30～40 cm，并使草坪块上部与土壤表面齐平，后镇压保湿。该法常用于结缕草草坪的建植，也可用于其他匍匐茎或强根茎草坪的建植，但用这种方法建植的草皮形成速度较慢。另外，在一些密度较稀疏的草皮上补植或需把新品种引入现有的草皮中时，也可用此法。

2)插枝条法

主要用来建植有匍匐茎的暖季型草坪草，通常把带有2～4个节的枝条种在相距15～30 cm、深5～7 cm的沟中，种植深度要以一部分枝条露出土壤为宜，植后立刻滚压和灌溉，枝条容易在干热条件下脱水，因此应严格保湿。

3)匍匐茎法

栽种匍匐茎是比较常用的方法。一般在春天到9月中下旬之间，此时的温度适宜初生幼苗的生长发育。将匍匐茎切成小段后，均匀地撒在潮而不湿的土壤表面，然后在其上覆土，部分覆盖匍匐茎或用圆盘犁轻轻耙过，使匍匐茎部分插入土壤中，然后镇压并尽快浇水。

四、任务实施

(一)材料

草地早熟禾种子，草皮生产工具。

（二）实施步骤

1. 草皮生产场地的清理

1）树木清理

除去各种乔木、灌木、树根。

2）岩石和巨砾的清除

清除地表 60 cm 层内的岩石、地表 20 cm 层内的小石头块，在播种前应用耙子耙除，并用土填平，否则将影响水分的均匀供给。

2. 翻耕与除杂草

用土壤翻耕机具，在翻挖土壤的同时清除杂草。

3. 平整

（1）钉标桩，拉水平线，给整个场地设计一个理想水平面。

（2）根据水平线填土或撤土、整平。

4. 施肥

平整后，种植前每平方米草皮可施含 5 ~ 10 g 硫酸铵、30 g 过磷酸钙、15 g 硫酸钾的混合肥做基肥。

5. 种子繁殖

1）播种量

草地早熟禾种子，4 405 粒/g，当活种子占 72.7%（纯度 90%，发芽率 80%），理论播量应为 3.13 ~ 6.26 g/m^2，幼苗的死亡率达 50% 以上，因此实际播量应为 15 ~ 20 g/m^2。

2）播种方法

草皮播种主要是以撒播为主，播种时种子均匀地覆盖在坪床上，播种后需覆土 1 ~ 1.5 cm，覆土过厚会影响出苗率，覆土过浅或不覆土可能会造成种子失水干枯死亡或流失。

3）镇压

播种苗床用 60 ~ 200 kg 辊进行镇压，以保证种子与土壤的良好接触。

4）浇灌

播种后覆盖草帘或草袋，覆盖后浇透水，经常检查墒情，及时补水。如不覆盖草帘，需勤浇水，保持苗床湿润。

五、思考与练习

（1）草皮种植有哪些方法？

（2）草皮草种的选择注意哪几个问题？

六、知识扩展——国外草皮生产现状

草皮利用的历史虽然久远，但草皮真正成为一种商业性的产品还是近代由美国发展起来的。20 世纪 20 年代，美国东海岸的一些农场主对野生禾草形成的草地进行修剪，然后按一定形状将草皮切割下来进行出售，作为绿地的建植材料。1930 年以后，随着庭院、公共场所草坪绿化的流行，草皮产业也逐步扩展到了美国中西部地区的其他草坪绿地中，并出现了专门种植和出售草皮的专业农场和公司。到1967年，以美国草皮生产协会成立为契机，开始出现草皮生产销售、技术推广、人才培训为一体的联合体，草皮生产由天然转向人工，草种由单播趋于混播。20世纪70年代，草皮生产出现了一些新技术，一些草皮生产机械的使用大大提高了劳动效率，2～3个人可以完成以往20～30个人才能完成的工作。塑料网在草皮生产中应用，加固草皮根部结构，使草皮的成熟期缩短约25%。同时，植物营养、杂草和病虫害防治技术的发展大幅度地提高了草皮的均一性、生根能力和综合质量。20世界90年代以后，美国、英国、法国、日本、德国、意大利、新西兰、澳大利亚等国家的草皮业都有了重大发展。例如美国东北部较小的新泽西州就有20个草皮农场，草皮生产面积5 000 hm^2；澳大利亚的悉尼市草皮生产面积达2 700 hm^2。虽然以种子直播建坪的方式在草坪建植中的主导作用越趋明显，但草皮生产不仅没有衰退，反而得到进一步的发展，草皮仍然是美国和其他一些国家草坪建植的重要材料。草皮农场的数量和规模还在增加，草皮生产技术和水平也在不断提高，它们仍然在草坪业的发展中起着重要作用。

国外生产草皮，可用一台机器同时完成播种和铺网工作，并覆土将种子与塑料网同时覆盖，但这种机器很昂贵，工作速度也比较慢，目前在国内还没有引进。我国生产草皮时，基本用手工覆网，即先播种，然后将塑料网展开铺在地上，再用木棍、胶或者金属U形钉固定在地上，以防止塑料网被风吹起。这种方法不仅操作简单，速度很快，而且费用较低。目前，手工覆网作为草皮生产中一种必要手段，还是存在许多问题，其中之一就是很容易受外界环境的影响。首先，风就是一个很严重的问题，塑料网如果不用土覆盖，就有可能被风吹起，从而给管理工作带来一定的难度。其次，塑料网如不用土覆盖，草坪草和杂草长出来后会将塑料网顶起，剪草时，隆起的塑料网可能会被剪草机损坏，同时塑料网也会损坏剪草机，这都是很严重的问题。如果塑料网挂在剪草机上，几平方米的塑料网将会从草皮中拉出来，这些被拉出的塑料网就再也无法复原了。反过来，塑料网有时会缠绕在剪草机上，如缠绕在滚筒式剪草机的转轴上，塑料网会变热，从而可能导致剪草机密封部位的损坏。另外，在覆盖种子和塑料网的时候，如果覆土太多，种子可能无法发芽，即使种子可以发芽生长，太厚的土使起草皮机刀片无法将草皮与塑料网顺利地同时铲起，就会造成收获时的大量损失。尽管铺网会造成诸如此类的许多麻烦，各草坪公司依然在大量使用，因为铺网带来的经济效益是非常可观的。

任务二　草皮的养护管理

一、任务分析

草皮的养护管理包括修剪、施肥、浇水、病虫害防治、杂草防除及地表覆土等。草皮养护管理水平直接影响草皮质量，必须对草皮进行科学养护。

二、任务目标

能力目标：能进行草皮常规养护。

知识目标：了解无土栽培草皮，掌握草皮的养护方法。

素质目标：培养吃苦耐劳、爱岗敬业等良好的职业道德；培养学生发现问题、分析问题、解决问题的能力。

三、相关知识

新种植的草皮，在幼苗出土发育生长的时候，就应开始加强养护管理措施，即强化幼坪的管理措施，主要包括修剪、施肥、浇水、防治病虫害、杂草防除及地表覆土等。

（一）修剪

为了保持草皮的美观与良好的生长，应该对草皮进行定期修剪，使草保持一定的高度。通常情况下，在草皮可以忍受刈剪的范围内，草剪得越短越美观，更能突出其观赏价值。这不仅可以促进草的分蘖，利于匍匐茎的伸长，达到增加草密度的作用，还可以防止杂草种子的形成，抑制杂草生长，提高其美观性。一般地，草皮一年可修剪 4 ~5 次（除部分高羊茅等足球场草皮外）。春季是草根系生长量最大的季节，进行过度的修剪对草皮往往有伤害。这是因为营养物质合成减少了，从而阻止草皮根系的发育。在春季贴地面修剪会使根系变得稀而浅，草皮的生长受到严重的阻碍，从而减弱了这个季节的生长速度。晚春与初夏是草皮生长最为旺盛的季节，这个季节的修剪量及次数应增加。而在冬季，无论是什么样的草皮，因气温低，生长速度慢而不需多次修剪。一般草皮可以忍受到 3 ~5 cm 的修剪高度，若是低于这个高度，重复进行修剪，一方面使叶片越来越少，合成植物生长的物质就越少，减弱了植株的长势，影响植株从土壤中吸收水分和养分；另一方面，减少植株营养物质的贮存，在一定程度上影响了草皮的抵抗性和对杂草的竞争力。

在草皮的日常养护管理上，通常草皮长到 6 cm 左右时就应修剪，如果超过这个限度，将导致草皮直立生长，影响观赏效果。对于生长过长的草皮，不应一次就将草皮修剪到要求的标准高度，应该采取少量多次修剪的方法，逐渐达到需要的高度。同时还要注意草皮的修剪限度。一般修剪后，保持 3 ~4 cm 的枝条高度为宜，耐阴草皮还可以更低一些。若修剪后留茬过高，则会给人一种蓬乱、极不整洁的感觉，同时嫩苗也会枯萎，顶端弯曲，叶质粗糙，使草皮的密度大大下降。而剪得过低时，也将产生不良影响，首先，草皮的茎部受到伤害，大量的生长茎叶被切除，使草丧失再生能力；其次，大量的叶被切除后，光合作用受到限制，能量失去平衡，处于亏供状态，使根系没有充足的养分而死亡，导致根系的减少，储存养分耗尽，草皮衰退，形成裸露的地面。

（二）施肥

为了维护健壮、美观及持久性的草皮，应及时给草皮补充所需要的营养元素，即施肥，其措施是为草皮提供氮、磷、钾等各种养料。草皮的施肥与其他施肥不同，目的在于保持草皮全年健壮、翠绿、美观，因此施肥要根据实际情况而定。肥料的施用频率与用量受许多因素影响，如天气、季节、土质及周围环境的影响。一般遮阴处用肥少，运动场上则用肥多些；气候特点很大程度决定施肥日期。施肥应选在有利于草皮生长的初期或中期进行。南方暖季型草皮一年需施两次以上的肥，最重要的施肥时间是春末，第二次施肥时间安排在夏天，当然初春与晚夏施肥也是必要的。但若出现病虫害或不利于草皮生长的条件时则不宜施肥。施肥量取决于土壤的自然肥力、生长季的长短和踏压程度，贫瘠的土壤与生长季长的均需肥较多。

施肥最好根据当地土壤养分测定的结果来制订计划，相互调节使用有机肥与无机肥。除氮、磷、钾肥必须计划施用外，其他元素也不容忽视。无论缺少哪一种元素，草皮都将产生病态。另外，追施无机肥时要注意控制好浓度，否则会引起灼伤现象。一般经验是硫酸钾与尿素不能超过0.5%的浓度，过磷酸钙不可超过3%的浓度。而施用有机肥，应用肥量适当并均匀地撒在草皮表面，否则造成因养分不平衡而使局部草皮徒长，地下部分受到抑制，形成凸凹不平的外观，降低草皮的质量。同时施肥还要注意，须在草皮完全干燥的情况下进行，使肥料落到土壤上，再用足够的水来浇灌溶肥，有利于肥料及时进入土壤而被吸收，产生效用。

（三）浇水

水对草皮生长至关重要，当浇水不足时，将出现萎蔫而死亡，为了维护草皮正常生长和高质量，单靠下雨降水供给满足不了草皮生长的需要，因此补水浇灌是十分重要的。一般每次的浇水量取决于两次浇水之间水的消耗量。在生长季节的干旱期，每周应浇3～4 cm水；在炎热和严重干旱条件下，每周应浇多于6 cm左右的水量。草皮的灌水量还与土壤介质的性质有较大的关系。黏性土比沙性土保水力强，浇水量少。而土壤质地越粗，渗水力越强，使额定深度土壤充分湿润所需要的水量越少，但它的渗水性和蒸发量要大大增加，因此需要更多的浇水量方可维持草皮生长的需要。通常浇水应使土壤湿润至15 cm深处，方可获得最佳效果，否则长期浇水不足，对草皮生长不利，反而对杂草生长有利。当降雨量较多时，可停止浇水，待根系干燥时再浇。

一般只要浇水速度小于土壤渗透能力，一天的任何时候均可以进行浇灌。但根据草皮和天气状态，选择一天中最适宜的时刻进行浇水，效果最好。一般来说，微风时是浇水的最好时间，此刻湿度高而温度低，可有效减少蒸发的损失。同时，风还有利于叶面和组织的干燥，杜绝病虫害的滋生与蔓延。在早上和晚上浇水，蒸发量最小，而中午浇水，蒸发量过大，容易干燥。在夏天高温暑热季节，白天应用水喷洒叶面，以防叶面灼伤。

总之，选择早晨进行浇水，效果最佳。不仅可满足草一天生长发育所需要的水分，还可防止病虫害的发生，促进其健康生长。倘若在黄昏或晚上浇水，草皮草的叶和茎整夜处于潮湿状态，病菌极容易侵染草皮，引起病虫害的发生，影响草的正常生长。

（四）防治病虫害

根据病虫害的发生规律与实践经验，抓住薄弱环节和防治的关键时刻，及时采取经济有效、切实可行的方法，将病虫害在发生之前就给予有效的控制，贯彻“预防为主，综合防治”的基本原则，采取以栽培技术防治为重点，因地制宜，合理协调应用人工、化学、农药等防治措施，使之取长补短、相辅相成，安全有效地控制病虫害的发生，保护草皮的正常生长。

具体防治方法如下：严格执行草皮的检疫措施，合理选用优良草种。坚持以虫治虫、以菌治虫的防治措施，掌握时机，对症下药，应用农业防治与化学药剂防治法。改善通气条件，及时进行修剪，清除病虫叶，减少危害机会。

（五）杂草防除

草皮的杂草不仅影响美观，而且还与草皮草争夺光、水、肥，甚至传播病虫害，若未及时消除，严重影响草皮生长发育。消除杂草的方法很多，除人工拔除与化学除草外，还要坚持“预防为主，综合治理”的方针，因地制宜地采取各种有效措施控制杂草，如草皮四周的环境或荒地杂草的清除，加强草皮的检疫工作、合理的肥水管理等一系列措施，以促进草皮的生长势，增强与杂草的竞争力，从而抑制杂草的发生和其种子的产生，确保草皮优质、美观，草皮草生长旺盛。

（六）地表覆土

草皮的覆土是将沙或碎土均匀施入草皮表面的作业。一般来说，正常的草皮不进行覆土也能旺盛生长。但在打孔之后，表层下陷凹凸不平及土壤贫瘠等状况时须进行覆土处理。一方面可以使草皮表面自然、平整、美观；另一方面还可以促进草根分蘖，形成高密度强健的草，提高草皮的耐践踏能力。覆土须在施肥后进行，最好选在草皮萌发期或旺盛生长期进行，一般暖季型草皮在4～7月和9月进行，一年1～2次，运动型草皮则2～3次为宜。覆土时必须将土撒至草皮根部，才可收到较好的效果。

四、任务实施

（一）材料准备

草坪修剪机、含50%氮的缓效化肥、杀虫剂。

（二）实施步骤

1. 修剪

新种的草皮枝条高达5 cm时开始修剪。新种未完全成熟的草皮在修剪时应遵循“1/3原则”，直至完全覆盖为止。

2. 施肥

新种的草皮，其根系的营养体尚小，少量多次的施肥是必要的。此时施肥主要是氮及其他养分，施量也不宜多，含50%氮的缓效化肥，施肥量为5～7 g/m^2。

3. 灌溉

使用喷灌强度较小的喷灌系统，以雾状喷灌为好。灌水时灌水速度不应超过土壤有效的吸水速度，灌水应持续到土壤2.5～5 cm深完全浸润为止。

避免土壤过涝，特别是在床面产生积水小坑时，要缓慢地排除积水。

4. 草皮保护

新种草皮和保护的主要内容是指杂草、病虫害的防治。防治杂草主要用手工拔除的方法。在新种植的草皮上，一般昆虫的危害不甚显著，但是蝼蛄常通过打洞活动，连根拔起幼苗，并将土壤翻转，使之干燥，造成严重危害，可利用毒死蜱或二嗪农等进行防治。

五、思考与练习

（1）草皮杂草防治的方针是什么？

（2）为什么对草皮进行地表覆土？

六、知识扩展——无土栽培草皮

我国已形成了一批千亩以上规模的具备计算机管理集灌溉、温控一体化的现代化草皮生产基地，生产的草皮在满足本地区需要的基础上辐射应用到全国各地。就目前国内草皮生产技术而言，绝大部分是采用播种法或茎段栽植建植草皮，即直接在耕地上播种草籽或栽植无性繁殖材料，待草皮成坪后，用铲卷机连土带草铲成草皮卷，运到工地铺种。这种方法势必造成土壤耕作土层的大量流失，对农田损害严重，甚至造成土壤沙化，不利于环境保护。国家一方面正在投入大量人力、物力和财力进行环境治理，如退耕还林工程，而另一方面由于生产的原因大肆破坏良田，等于加速环境的恶化。只有采取无土栽培技术生产草皮才能解决这一矛盾。无土栽培技术生产草皮，是今后草皮业生产的趋势。

（一）无土草皮的优点及应用

用无土草皮铺设的草地能马上成坪，整齐划一，就像一块绿色的地毯，无杂草多、秃斑、病死、枯萎等现象，整体景观非常好看。

无土草皮由于培植床在前期已消毒灭菌，无土草坪在一段时间内能大大降低病虫害的发生。

由于无土草皮是将草种植在特制的基质上，它不和任何泥土接触，故无杂草。铺设到地面后由于有基质层的阻隔，在很长一段时间内无杂草或少杂草。

返青率高，无缓苗期。有土草坪取草时只取 3 ~ 5 cm 厚，而它 2/3 ~ 3/4 的草根还留在地下，取走的有土草坪根系受到严重的伤害。由于根系受到严重的伤害，有土草坪铺设到地面后都有一个缓苗期，草坪会先变黄然后再返青，缓苗期一般在 7 ~ 15 d。无土草皮铺设到地面后，草坪的根系没有受到任何的伤害，也就没有缓苗期，铺设到地面后，根能很快地和地面接合，并很快地扎到土里去，因此用无土草皮铺设的绿地返青率能达到100%，铺设好的地面马上就有很好的景观。

铺设方便。无土草坪毯每块有 1 m 宽，长度可根据用户要求，可长达 30 m 以上，每块的大小、厚薄都一致，铺设起来省工、省时，铺设出来的草地平整、漂亮。

运用方便。在纯无土草坪毯上种植不同色彩的植物，利用它面积大及剪裁方便，可以铺设出各种图案来，是美化小区、庭院不可多得的绿化产品，这也是有土草坪及其他种类无土草坪所做不到的。

（二）无土草皮生产条件

1. 建立隔离层

隔离层主要作用是将草皮根系与土壤分开，防止杂草滋生。草皮的根系在隔离层上生长。目前隔离层主要有两种：①水泥混凝土、地膜隔离层；②砂石、地膜隔离层。

2. 灌溉系统

无土栽植的草皮根系不能从土壤吸收水分，只能靠有限的培养基提供水分，为保证草皮生长水分供应，安装灌溉系统非常必要。

3. 栽培基质选择

栽培基质要求质轻、保水保肥、成本低。目前选用的有农作物秸秆、稻壳、阔叶木屑、珍珠岩等，但是生产上使用还存在一定问题。

（三）栽培技术

（1）选种；

（2）铺设种植网；

(3)铺设栽培基质(栽培基质厚 1 cm);

(4)播种;

(5)播后管理(浇水、施肥)。

虽然已经有企业和科研机构在研究探索无土草皮的生产技术,并且进行一定量的生产,但是目前无土培育草皮还没有规模化、工厂化生产。这主要有两方面的原因:一是生产成本偏高;二是技术上不成熟,特别是无土栽培基质的选择和营养液的配制还存在问题。

任务三 草皮的收获

一、任务分析

草皮的收获是草皮生产的最后一个环节,也是最关键环节,包括草皮收获前的管理、起草皮、卷草皮、装车、运输、铺草皮及铺植后的养护工作。高质量的草皮收获工作关系到草皮生产质量。

二、任务目标

能力目标:能够进行草皮的起运,能进行草皮的铺植操作。

知识目标:掌握草皮的起运方法、草皮的铺植方法。

素质目标:培养学生协调能力、沟通能力、合作能力、敬业精神。

三、相关知识

草皮收获就是将成坪的草皮用专门的机械铲起、卷成草皮卷的过程。成坪草皮的收获在我国南方不受时间的限制,在北方可以说在土壤解冻期都可以收获,但是,草皮收获后的目的是铺植,因此一般在草坪草生长停止前一个月应停止对草皮的收获,否则会影响铺植草皮的成活率和建坪的效果。在草皮收获前要进行周密的安排,工作人员必须对收获草皮进行预报,它包括草皮收获前的管理、起草皮、卷草皮、装车、运输、铺草皮,以及铺植后的养护工作(见图 5-1),草皮生产基地应保持草坪的整洁和土壤水分的适宜度,收获后应立即重新对土壤进行处理,准备下一个生长季的生产。

人工收获草皮和机械收获草皮费用差异很大。收获时间的确定不但直接影响草皮的质量,而且关系收获的成本。没有成坪的草皮收获难度最大,单位面积消耗时间最多,并且产生辅助包裹材料费用并增加了收获的草皮厚度。

(一)草皮收获前的管理

1. 草皮修剪

草皮收获前,对草皮进行全面修剪和整理,让草皮更加紧实、美观,使收获的草坪颜色均匀、高度一致、密度紧实。

最好用滚筒式剪草机进行修剪,也可以用普通剪草机械,不过刀片要锋利、不带病害,在使用前最好用 75% 乙醇消毒。一般应采用少量多次的方法修剪,以减少秃斑的形成。

图 5-1　草皮的收获

以狗牙根为主的草皮每 2 d 需要修剪一次，以高羊茅为主的草皮每 3 d 修剪一次。如果天气较凉爽，狗牙根的生长速度不足以从秃斑中恢复，修剪高度需要提高 0.6～1 cm。以草地早熟禾为主的草皮，每 3 d 修剪一次，修剪高度 1.6～2.5 cm，在整压条件极好的情况下，修剪高度可以为 2.5～3.2 cm。以黑麦草为主的草皮，每 4 d 修剪一次，修剪高度为 2.8～3.6 cm。以结缕草为主的草皮，每 5 d 修剪一次，修剪高度为 2.2～2.8 cm。以剪股颖为主的草皮，每 2 d 修剪一次，修剪高度为 1.2～1.8 cm。野牛草草皮可以不修剪。具体的修剪高度和次数应根据草种的生物学特性、用途，以及当地的气候和生产条件来决定。

对于一些需要低修剪的草坪（如杂交狗牙根和剪股颖），经常会出现秃斑，进行少量多次的修剪，收获前可将修剪高度提高，以减少秃斑的形成。

2. 施肥

理想的施肥方案应该是在整个生长季节每隔 1～2 周施用少量的植物生长所必需的营养元素。其中氮、磷、钾被称为“肥料三要素”，施用氮肥主要是促进草坪的茎叶繁茂生长，施用磷肥、钾肥则能增加草坪的抗病、抗倒伏等特性。氮、磷、钾三种化肥的施用比例通常以控制施肥量为 5∶4∶3为宜，过量施用氮肥会促进草坪草茎叶迅速生长，大大增加剪草次数，使草坪草细胞壁变薄，组织软而多汁，并减少养分储存，从而导致草坪草的耐热、抗旱、耐寒和耐践踏性降低，抗病能力降低，因而在高温、高湿季节尽量避免施用氮肥，应以磷肥、钾肥为主。施肥次数依土壤状况而定，一般在生长季节为 3～5 次，每次施肥量为 5～10 g/m^2，施肥最好是少量多次，以免草坪不能充分利用而流失，而引起肥料浪费。草皮肥料的供给可根据草坪草的外部表现来确定，施用化肥应在雨前撒播，或与草坪灌溉浇水密切结合，以防施用不当灼伤草坪。目前，常用的氮肥有硫酸铵、尿素、碳酸铵等，磷肥有过磷酸钙、磷酸铵等，钾肥有硫酸钾、氯化钾等。

若草皮的颜色确实需要改善，可在收获的 72 h 之前施用二价硫酸盐，一般不会对草皮造成损害，经过一周，草皮的颜色会得到明显的改善。

3. 病、虫、杂草防除

含有杂草的草皮不是高质量的草皮。在草皮收获的时节，少量杂草时可采用人工拔除的方式清除，若使用除草剂，则会有很大的风险。此外，除草剂一般要数周才能发挥作用，而草皮收获前的一段时间根本不足以使除草剂发挥效用。另一个可能出现的严重问题是，一些除草剂在草皮上施用以后的 6 ~ 10 周内，对新铺种草皮的生根会有抑制作用，不利于新铺种草皮的生长。

病虫害在任何时间都有可能侵害草皮。在病虫害已经被预测到并可能持续发生时，管理人员应使用杀虫剂或杀菌剂。

（二）起草皮的基本要求

成熟草皮地下部分根系生长充分，形成以根交织成的网。收获时草皮土壤湿度要适中，过湿不但草皮无法切割整齐，而且会增加草皮重量而增加运输费用，还会带来管理上的不便，过干则会增加起草皮的阻力和起草皮的投入，也会降低草皮的质量。

草皮的厚度对于草皮的再生产、铺设和销售均有重要的影响，草皮切割的厚度取决于草种、床土的平整度、土壤类型、草皮密度、地下茎的数量及根系的发育状况，通常薄的草皮易运输，且生根快，但易为干燥气候所伤，而厚的草皮开始较耐旱，但生根慢，且又增加运输费用。一般地，强度差和稀疏的草皮起得厚一些，如早熟禾、狗牙根和结缕草的草皮通常厚 1.3 ~ 2.1 cm，紫羊茅草皮通常厚为 1.8 ~ 2.5 cm，剪股颖草皮通常厚为 0.8 cm，大黍草、巴哈雀稗、假俭草草皮通常厚为 2.1 ~ 3.3 cm。如果切得太厚，对草皮的生根不利；切割的太薄，草皮保持水分的能力会显著下降，草皮在铺种之前很难保持新鲜。草皮的形状依据起草皮机具类型而异，草皮的形状根据生产需要做成块状或条状，草皮块可堆叠起来运输，条状则可卷成草皮卷运送，通常长 50 ~ 150 cm、宽 30 ~ 150 cm 的草皮便于运输和铺植。

（三）草皮收获后的工作

根状茎的草种如草地早熟禾，在草皮收获后，留在地里的被切断的根状茎能再生形成新的草皮。在草皮收获后应及时回填一些土壤，补充草皮带走的土壤，有条件的地方最好回填一些熟土和有机肥料，进行浇水，确保被切断的根状茎能存活。在炎热的夏天更应及时浇水，合理地施肥。为了加快草皮的再生速度，保证草皮的建立，应再补播一些种子，播种量依具体情况而定。若原有的草皮是多品种混合，再生后的新草皮其混合比例可能发生变化，不能保证原来的比例。还应将残留在地里的草皮清理后集中栽植或清除。清理残留在地里的塑料网，特别是被人工踩入土中或埋得较深的地方。

（四）草皮的铲、运、销

起草皮有专用的设备——起草皮机，有推行式和牵引式两种。它的切割部由一个在地下的往复式刀片组成。垂直刀片是通过车轮或滚轴在草皮的地面上滚动，将草皮按均一的长度切断。最简单的起草皮机仅仅是将草皮切下来，有些则能将草皮卷起来，否则就需要人工将草皮卷起来或折叠起来。较为复杂的起草皮机可以将草皮切下来，并将切下的草皮传送到机械滚卷或折叠器上，然后将草皮卷送到草皮架上。

草皮起下来以后，可以洗掉其上的土壤，一方面能减少运输费用，另一方面也便于搬运和铺设，还可以重新利用这些肥沃的土壤进行新一轮的草皮生产。试验表明，在 5 月洗掉土壤的草皮比带土的草皮扎根快。

起出的草皮应在低温、潮湿的条件下暂时保存，待完全起出后（达到客户需要量时）即可装车。草皮装好后，用水管将草皮浇一遍水，这有助于避免运输途中草皮温度升高，并可保持草皮的水分，防止边缘的草皮干枯。运输时用帆布盖在车顶并绑紧，一则可以减少运送中因风吹而加速水分蒸发，二则可以避免因内部温度的上升而造成草皮的霉烂和伤害，还可防止草皮在运输过程中从草皮架上滑落。

（五）铺植

1. 准备工作

清理场地上的石砾、石块、树根、杂草（特别是能无性繁殖的根、茎）和一切杂物。平整地面，滚压，又平整，再滚压，要求地面平整而坚实。均匀撒施高效农药（如呋喃丹、敌百虫等）于表土层对土壤进行消毒，以杀灭和抑制杂草种子、营养繁殖体、致病有机体、线虫和其他有害生物。锄松表土层，加入腐殖质和拌有磷肥的腐熟有机肥，以及草坪专用肥或应补充的肥料，与土壤拌和，碎土，平整。

良好的土壤环境是草皮能否铺植成活的保证。因此，铺植前的土壤准备工作必须做到认真、细致。

2. 草皮铺植

草皮铺植中还要注意地面的平整，以免较高处铺植草皮后因经常缺水死亡而形成秃斑；草皮块接缝处要留出 1 ~ 2 cm 的间隙，并适量填入沙土，既可防止失水草块恢复后边缘扩展折叠，又可避免透风伤根；铺种完毕后要立即浇水，待稍干后在草面上用 500 ~ 1 000 kg 重的辊压实和碾平，使草块与坪床牢固接触，草坪表面整齐划一。一般 7 d 左右，草块的根系就可以扎入坪床。另外，还有一种铺植的方法叫点铺建植法，它是将草皮块以 20 ~ 40 cm 的间距插入坪床。此法节省草皮，分布也较均匀，但全部覆盖坪床面的时间较长，适于小面积草坪。

在铺植草皮的过程中值得注意的是，铺植草皮应尽量避免在中午太阳暴晒时进行。

3. 草皮铺植后的售后服务

草皮铺种完成以后，现场解决出现的问题是很重要的。草皮经营者在将草皮售出以后的一个月或更长时间内，对草坪出现的问题应负有一定责任，但不是全部责任。

草皮块边缘的草坪草死亡意味着草皮在铺种前就出现了失水过多的问题，这可能是草皮公司的责任，也可能是铺种人员的责任。

草坪中间出现杂草是草皮公司的责任，但如果草皮块之间的接缝处出现杂草，则是铺种人员的责任，因为草皮块之间如果连接比较恰当，杂草就很难长出来。

灌水方法不正确也是经常造成草坪出现问题的主要原因之一。如果喷头周围的草皮块出现死亡的情况，就不是草皮公司的责任了。由于草皮是按行收获的，因此每个草皮架上都装着一条长而窄的草皮卷。如果草皮地里出现一块坏草皮，就可能同时在好几块草皮卷中都出现坏斑，如果这些草皮卷装在不同的草皮架上，并送到不同的客户手中，则几个客户铺种的草皮会出现具有相同坏斑的草皮。

草皮不生根的原因可能是土壤的问题，其中土壤被污染是最经常的原因，但一般很难说出在草皮铺种前到底是什么东西污染了土壤。除草剂是土壤的污染源之一，除草剂不能自行分解，如果土壤被除草剂污染，草坪上会出现明显的症状，如叶尖发白或出现黄色条纹。土壤被漂白粉、汽油或其他化学物质污染后，草坪也会出现类似除草剂污染后的症状。草皮公司也有可能在草皮收获前使用除草剂不当，但一般草坪不会出现叶片上的症状。草皮不生根的另一个原因可能与草皮的切割厚度有关，也与草皮种植和草皮铺种的土壤类型有关。如果草皮切割得太厚,草皮铺种后生根就很缓慢。当把重黏土上种植的草皮铺种到沙质土壤上时,或沙质土壤上种植的草皮铺种到重黏土上时,草皮根系可能不易穿过两种土壤之间的界面,不能很好地生长。

草皮铺种时没有及时浇水,也会造成草皮生根缓慢。草皮铺种后应及时、充分地浇水,以使草皮及下面的土壤能够完全浸湿。铺种在坡地上的草皮浇水时有一定的困难,但在草皮生根以后,草坪的管理就与一般的草坪一样了。

对于害虫的问题,如果草皮铺种后的30 d以内出现害虫,则可能是草皮公司的责任,如果在30 d以后才出现害虫,则可能是从附近其他地方过来的。

四、任务实施

(一)材料及工具

草皮块、平板草铲1个或起草皮机1台,托板、磙筒、环刀、剪刀等。

(二)实施步骤

1.草皮块铲运

1)检测土壤湿度

检测土壤湿度是否适宜草皮收割,如果土壤干旱,手握土壤不成团,在起草皮前要进行灌溉。

2)检测草皮成熟度

起一块草皮,看根部是否连在一起,如果不连在一起,成熟度不够,就不能起草皮。

3)起草皮

用草皮铲或砍刀将草皮切割成30 cm×30 cm方块,用平板草铲切取,草皮厚度1 cm左右,带土,有利成活。如果用起草皮机起草皮,草皮块的质量将会大大提高。

4)草皮堆放

铲起的草皮要整齐地堆放在草皮架上,如果堆放不正确,草皮在运输过程中会从草皮架上脱落,造成损失。

5)起获后草皮管理

收获后的草皮应及时运到地边,注意保水保湿、降温。

2.草皮块铺装

1)场地清理

按要求清理铺植草皮场地的树根、杂草、垃圾、石块等。

2)整地

按要求平整铺装草皮场地。

3)喷水保湿

场地要适度喷灌水,保持土壤湿润,利于草皮成活。

4)铺植草皮

铺植时,把运来的草皮块撕成手掌大小一块,顺次平铺在已整好的土地上,草皮块与块之间应保留5~10 cm的间隙,用0.5~1.0 t重的磙筒压紧或压平,或用铲子打紧打平,使草皮与土壤紧接,无空隙。铺设后的草坪地略高于四周地面,以防下沉。

5)铺植草皮后管理

铺植草皮磙子压实后,立即进行均匀适量的灌水。以固定草皮并促进根系的生长。第一次水要浇足、灌透。一般在灌水后 2 ~4 d 再次磙压,能促进块与块之间的平整。以后加强维护管理,约半年即可成坪。

五、思考与练习

(1)进行草皮生产需要满足的条件有哪些?

(2)草皮生产中草坪草的选择、建植、管理中主要技术有哪些?与普通草坪管理有何不同之处?

(3)草皮收获、贮藏、运输中的关键技术和应注意的问题有哪些?

六、知识扩展——草皮生产应遵循的原则

(一)草皮生产应遵循的原则

长期的草皮生产实践,总结出了草皮生产的宝贵经验,要成功生产草皮,应遵循以下原则:

(1)坪床清理:坪床应不含杂草种子和有害物质,并使之达到建坪标准。

(2)清选种子:草种选择适当,要保证种子的纯净度和发芽率达到建坪要求。

(3)改善草种组合:选择抗病力强、对环境条件具较宽适应幅度的品种进行混播。

(4)播种量适中:过密的幼苗将影响以后草坪根茎的发展。有活力的种子应占总播量的 85%,这样存活下来的幼苗可达 30%。

(5)播种均匀一致性好:在良好无风的天气条件下,采用多次、交叉播种,使种子在坪床内分散均一,并进行覆盖。

(6)在恶劣气候期之前建坪:如在冬季冰冻之前、夏季干热期前和杂草生长季前建坪,要避免干燥的表土。

(7)化肥要少量多次重复施用:这样可以保证草皮均衡地生长,直到致密成熟草皮形成。基肥 N: P: K = 2: 1: 1,追肥 N: P: K = 6: 1: 3。

(8)低到中等营养水平管理成熟草皮:在草皮出售前,一旦草皮成熟,应把施肥量降低到中等用量,并以中—高的留茬进行修剪,灌溉只需保持叶子不干燥即可。

(9)降低植物间的竞争:用 2,4 - D,MCPP 和敌稗等除莠剂杀灭杂草。无杂草竞争的草坪将生长迅速和趋于一致性。

(10)进行高茬修剪,直到良好草皮形成:叶是草皮生产的基本单元,保证应有的叶量,有利于营养物质的产生和草坪草的生长发育。

(11)持续生产:草皮收获后,应及时进行表土平整,并用旋耕式播种机播种,当天灌水,使残留根茎继续形成草皮。

(12)改良土壤:草皮收获后至新草皮播种前,应重视施肥,尤其应增加有机肥料以利土壤改良。如能补施泥炭、淤泥,将有利于以后草皮生产。

(13)在播种床上放置尼龙细网:可以加快草坪的形成,并能增加草皮的抗性强度。在塑料膜上生产的草皮,亦能提高草皮强度。

(14)规划市场和销售计划:在草皮生产实施前就应进行市场调查,并制订相应的销售计划。

七、任务考核

任务考核项目、内容、标准、方法如表 5-1 所示。

表 5-1　任务考核

序号	考核项目	考核内容	考核标准	考核方法
1	草皮的种植	场地准备(20 分)	正确进行草皮种植土壤的选择、场地清理、翻耕平整	分组考核
		草皮的种植(10 分)	掌握播种时间、铺网技术	分组考核
2	草皮的养护	修剪(20 分)	正确控制修剪高度	分组考核
		施肥(20 分)	明确硫酸钾、尿素、过磷酸钙施用的浓度	分组考核
		浇水(10 分)	明确浇水后土壤湿润深度	分组考核
		草皮保护(10 分)	掌握病虫害、杂草防治原则	分组考核
		覆土(10 分)	正确掌握覆土时间、次数	分组考核

项目六　观赏草坪的建植与养护

任务一　观赏草坪草种选择

一、任务分析

观赏草坪一般要求植株低矮、茎叶细密、绿期长的草坪植物，栽培管理要求精细，必须严格控制杂草生长。在实践中，根据草坪类型、气候条件、土壤条件，对草坪草进行筛选。

二、任务目标

能力目标：能够进行观赏草坪草种选择，并能进行科学配比。
知识目标：了解观赏草坪草种选择的原理及方法；掌握常见观赏草坪草种配方。
素质目标：培养学生观察能力、分析问题能力。

三、相关知识

（一）观赏草坪的概念及类型

1. 观赏草坪的概念

观赏草坪是不允许人们进入游憩和践踏而专供人们观赏的草坪。其主要功能是装点风景。观赏草坪大多管理粗放，管护成本低，抗性强，繁殖力强，适应面广，符合当前建设节约型园林的要求。其独特的景观效果，不仅是公路、河流、山坡等处绿化美化的优良材料，而且可以广泛应用于各种园林景观之中。

2. 观赏草坪的类型

观赏草坪常见类型有单一观赏草坪、缀花草坪。

（1）单一观赏草坪。一般为面积较大（在 2 000 m^2 以上）的单一草坪，地面比较开阔，草地上一般不栽植其他乔灌木树种和花卉，这种草坪在艺术效果上显示单纯而且壮阔。这种空旷草地的四周，如果由其他乔灌木、建筑物、土山等高于视平线的景观包围起来，不管是连续成带的或断续的，只要占草地周界长 3/5 以上的，均称为闭锁草地。如果草地四周边界 3/5 的范围内，没有被高于视平线的景物所屏障，则这种草地称之为开朗草地。开朗草地多位于水边。

（2）缀花草坪。在以禾本科植物为主体的草坪或草地上，混有少量开花华丽的多年生草本植物或花草灌木，例如在草地上自然疏散地点缀有鸢尾、石蒜、葱兰、百合、玉簪、酢浆草等球根植物，球根植物的数量一般不能超过草地总面积的 1/10，在分布上要有疏有密、自然错落。这些球根花卉，有时发叶，有时开花，有时花和叶片均隐没于草地中，地面上只见一片单纯的草坪，构成很有情趣的季相构图。

（二）草坪草种的选择

1. 草坪草种的选择依据

影响草坪草种或品种选择的因素很多，需要在了解各类草坪草种生态习性的基础上，根据当地的气候、光照、用途及管理水平等条件进行综合考虑后加以选择。如对环境的适应性，抗旱、抗寒、耐热、耐阴、耐瘠薄、抗病虫、抗盐碱的能力，再生性、持久性、栽植难易程度等，另外草坪草必须具有很好的坪用特性。

1）对草坪草的质量要求

它主要由草坪草的使用目的决定，包括草坪的颜色、质地、均一性、绿色期、高度、密度、耐践踏性、耐磨性、耐修剪和再生力等。

2）草坪草种的特性

要了解满足建坪质量要求或者草坪使用目的的候选草坪草种的特性。

3）环境适应性

各类草坪草不同的基因型，对外界环境表现出不同的适应性。其中主要包括气候和土壤的适应性。

气候主要指抗热、抗寒、抗旱、耐淹、耐阴等性能。温度和降雨是影响最大的气候因素。暖季型草坪草适宜在南方生长，冷季型草坪草适宜在北方生长。

土壤主要指耐瘠薄、耐盐碱、抗酸性等性能。

4）对病虫害的抗性

要了解满足建坪质量要求或者草坪使用目的的候选草坪草种的抗病虫情况。

5）所需的养护管理强度及预算

养护管理包括修剪、灌溉、排水、施肥、杂草控制、病虫害防治、生长调节剂使用、打孔通气、滚压、枯草层处理等许多措施。必须考虑所需的养护管理水平与现实的养护管理水平是否匹配。

2. 草坪草种的选择原则

（1）选择在特定区域已表现出抗主要病虫害的品种。

（2）当选择两个以上品种时，确保品种在外观方面基本相似。

（3）当选择两个以上品种时，至少有一个品种在当地条件下具有很强的适应性。

3. 草坪草选择要点

根据建坪要求，草坪草种类、品种的选择，可参考下述条件及标准：

（1）应适应当地气候、土壤条件（水分、pH 值、土性等）；

（2）灌溉设备的有无及水平；

（3）建坪成本及管理费用；

（4）种子或种苗获取的难易；

（5）建坪要求（草坪品质、美观及利用的品质）；

（6）草坪草的品质；

（7）抗逆性（抗旱性、抗寒性、耐热性）；

（8）抗病虫能力；

（9）寿命（一年生、越年生或多年生）；

(10)耐修剪性、耐践踏与耐磨性。

4.草坪草种的选择方法

1)经验法

调查当地常用的建坪品种,根据其适应性和坪用性表现,选择适宜的草坪草种。

2)试验法

在建坪前选择大致适应的草坪草种,进行小面积引种试验,经一个生长周期后,据其表现选择。

3)引种区域化法

以地理位置和气候带为主要依据,在每个区域内设置引种试验区,经一个生长周期后,据其表现选择。

4)温度曲线拟合法

在一直角坐标系中标出欲选草种适宜的温度范围,再描出建坪地一年内的月均温曲线,当该曲线落入欲选草种适宜的温度范围时则可行,反之不可行。

(三)观赏草坪草选择标准

选用适宜当地气候和当地条件与用途相适应的草坪草种。北方草坪品种的确定必须考虑最低温度限制问题。观赏草坪为提高草坪的观赏价值,要选择柔软光滑、草姿优美、枝叶密度大、叶体纤细、整体均一、覆盖性好、青绿期长、耐频繁低修剪、无毒无味的草种。例如在我国北方地区常使用早熟禾某些改良品种。在修剪很低时,匍匐剪股颖也可以形成优质的观赏性草坪。多选用单一的品种建坪(单纯草坪),也可选用几种草坪种混播建坪(混合草坪)。

(四)观赏草坪草种类

根据观赏草坪草选择标准,宜用于观赏草坪的草种主要有早熟禾属、多年生黑麦草、细叶结缕草、紫羊茅等,以细叶草类为宜,或具有特殊优美的叶丛、叶面或叶片上具有美丽的斑点、条纹和颜色,以及具有美丽的花色和香味的一些植物,如白三叶、马蹄金等。

草地早熟禾生长年限较长,草质细软,颜色光亮鲜绿,绿期长,适宜于公园、医院、学校等公共场所作观赏草坪。

多年生黑麦草种子发芽率高、出苗速度快、生长茂盛,叶色深绿、发亮,但需要高水肥条件,坪用寿命短,一般主要用作保护草种。

紫羊茅具有厚密的植丛、浓绿的叶部,有适应土壤的能力,能耐频繁的刈割,生长发育整齐,能保持一定的嫩绿颜色,广泛用于绿地、公园、广场的草坪,为混播草坪的优良草种之一。

细叶结缕草属于暖季型草,该草色泽嫩绿,与杂草竞争力较强,外观平整美观,具有弹性,容易形成草皮,具有一定的耐磨性和耐践踏性。因此,它不仅可栽种于封闭花坛草坪用于观赏,也广泛种植于医院、学校、宾馆、住宅区等专用绿地上作为开放型草坪。

白三叶对土壤要求不高,耐贫瘠、耐酸,最适排水良好、富含钙质及腐殖质的黏质土壤,不耐盐碱、不耐旱。可与紫羊茅、早熟禾、小糠草、多年生黑麦草、红三叶等植物混播配植。

马蹄金近几年来南方城市多作为观赏草坪用于公共场所绿化。因其叶片小、翠绿,植物低矮、密集美观，四季常绿，不需修剪，与禾草类相比，养护成本低，有较高的观赏价值，深受绿化单位及用户的喜爱。

（五）观赏草坪草种组合

1. 单播

草坪由一种草坪草种组成即为单播。其优点是能获得最高的纯度和一致性，造就美丽、均一的草坪外观。其缺点是遗传背景单一，适应能力较差，养护管理要求高。观赏草坪要求草种绿期长、整齐而美观，夏季能耐炎热，冬季能抗严寒，因此一般以草种单播为主。

2. 混播

根据草坪的使用目的、环境条件及草坪养护水平，选择两种或两种以上的草种或同一种类的不同品种混合播种，建成一个多元群体的草坪植物群落即为混播。有时为了提高观赏草坪的成坪速度及草坪草的适应能力，可以采用两种及两种以上的草坪草进行混播。

1）混播草坪草的选择原则

（1）目的性。选择在特定区域已表现出能抗最主要病害的品种，或疏林下在某一主导草种内加入耐阴草种。

（2）兼容性。确保所选择的品种在外观（色泽、质地、均一性）、竞争力（生长速度）方面基本相似。

（3）生物学一致性。混播草坪的生长特性（如生长速度、扩繁方式、分生能力、绿期）、生态习性（如抗性、耐践踏）等基本相同。

（4）主导性。确定应该以何种草坪草为主。如对发芽难、管理难的主导草坪草种（早熟禾）用少量黑麦草混播，先出苗，速生，起保护作用，而最终成坪要以主导草坪草种占主要比例。混播常用于根茎不发达的草种，所以混播时，混合草种包含主要草种和保护草种。如丛生型草坪草靠根茎分蘖，竞争力弱，用其作主要草种时，需加大播种量；匍匐茎型草坪草分蘖能力强，竞争力强，可用其作保护草种，需减少播种量。

2）观赏草坪混播实践中应注意的问题

（1）早熟禾与黑麦草混播。黑麦草不宜超过20%，同时低修剪（2.5 cm以下）以利早熟禾正常生长。

（2）紫羊茅与黑麦草或早熟禾混播。紫羊茅耐阴，在无遮阴的场地不宜混播。

（3）剪股颖与其他草坪草混播，易产生斑块。

（4）暖季型草坪草与冷季型草坪草混播一般较难，混播要求较高技术。

（5）暖季型草马尼拉、结缕草、狗牙根不宜混播。

3）观赏草坪混播组合举例

观赏草坪草混播配比见表6-1，表中草坪混播组合配比在使用时可以根据立地条件等因素适当调整。

四、任务实施

（一）场地准备

选择校园或当地有代表性的公园观赏草坪。

表 6-1　观赏草坪草混播配比

序号	观赏草坪草配比
1	草地早熟禾(20%) + 细羊茅(45%) + 紫羊茅(35%)
2	草地早熟禾(60%) + 紫羊茅(25%) + 黑麦草(15%)
3	草地早熟禾(75%) + 紫羊茅(15%) + 黑麦草(10%)
4	草地早熟禾(80%) + 紫羊茅(15%) + 黑麦草(5%)
5	羊茅(40%) + 紫羊茅(30%) + 细羊茅(30%)
6	多年生黑麦草(30%) + 紫羊茅(30%) + 细羊茅(25%) + 小糠草(15%)

(二)材料准备

草坪草种子、当地温度记录。

(三)实施步骤

1. 观赏草坪草种调查

调查校园内或当地观赏草坪草的种类,识别当地使用的观赏草坪草。

2. 经验法选种

调查了解校园或当地有代表性的公园观赏草坪的草坪草种类和组成比例。根据其适应性和坪用性表现,确定适宜当地的草坪草种。

3. 温度曲线拟合法

在一直角坐标系中标出调查的草种适宜的温度范围,再描出当地一年内的月均温曲线,根据该曲线是否落入调查草种适宜的温度范围内来判断选种的正确性。

五、思考与练习

适合你所在地区的观赏草坪草有哪些?

六、知识扩展——草坪建植工程设计

对要进行的草坪建植地,根据建植方的要求设计基本规划方案,通过对建植地的详细调查,经过投资者与设计者之间详细的讨论,调整有关设计方案,以基本规划中设想的内容为基础,进行建植基床整备设计、建植景观设计、建植功能设计,同时确定建植使用的植物,进行建植管理设计,将以上确定结果综合起来完成建植基本设计,在此基础上进行项目的概算。

(一)接受任务

根据建植草坪的用途、投资制定基本设计方针,设想基本规划中的内容。

(二)详细调查

详细调查是为了分析、掌握规划地的现场条件,作为设计作业的资料而进行的调查。调查的目的是确认场地形状和建植地的构造,为了进行建植基本设计,必须掌握必要的构造物的概略位置、规模等。在调查阶段,还要进行土壤理化性质调查、基床土层调查,以判断是否适宜作建植基床。若此阶段基床建造尚未完工,也要在建植实施设计中进行确认调查。

1. 调查方法

调查方法以现场调查为主，地下埋设物、构筑物等不容易看见，可以查阅资料。土壤理化性质调查、基床土层调查，要在现场调查的同时进行必要的室内分析。

2. 调查项目

根据建植基本规划，确定调查内容：

(1)场地形状。确认场地形状的概况和建植地构造(建植地的宽度、长度等)。

(2)已有树木等的调查。调查现有树种的品种、分布及规格大小等，确定规划地内拟保留的树种及需要移植的树种。

(3)地下埋设物、构筑物。规划地内有上下水道、排水设施等埋设物和共用的沟渠、地下通道等地下构筑物时，要掌握其位置、埋设深度等。

(4)地上物件。掌握规划地内的电话线与输电线的位置、高度，以及信号、标志等道路附属物。

(5)景观。掌握规划地中的眺望最佳地点、景观障碍物的位置、步道树景、界标等。

(6)微观气象。掌握季风的方向、强度等规划地特有的微观气象等。

(7)确认周边环境。掌握周边和沿路居民的意向。

(8)土壤理化性质调查。通过剖面调查和室内分析，掌握建植基床地土壤的物理性质和化学性质。

(9)基床土层调查。通过剖面调查和室内分析，掌握有效土层的下部基床土壤的硬度、透水性能等。

土壤基况调查可按以下方法进行：

(1)调查地点的设定。选择代表性土壤、具有一定规模的场所进行调查。调查的样区及样点尽可能多选一些。

(2)土壤化学性质调查。首先进行剖面调查，调查土色、土性、土壤硬度等常规指标，掌握土壤的综合性质。其次，根据剖面调查结果，按照分析项目，在室内逐项分析物理、化学性质。对于除此以外进行的必要的调查，要按其他调查项目进行。

(3)基床土层调查。本调查与基本的土壤理化性质调查同步进行。方法是通过剖面调查掌握下部基床土壤性质后，按设定的项目进行室内分析。在一般调查中要考虑透水性、有无有害物质等。

(4)调查结果(设计条件)的整理。设计给定条件和详细调查的结果，要在综合掌握设计对象地的特性后，整理成设计条件，应将全部设计条件的相互关系以图画和照片等简单明了的方式来表现。

(三)基本设计方针的确定

基本设计方针要根据建植基本规划来确定，并应与建植地的设计基本条件相适应。在制定基本设计方针时，各相关人员和单位应进行充分协商。

(1)基本规划的确认主要从技术的角度来确定规划内容中所给定的条件，并整理成相应的基本设计方针。

(2)相关部分的具体调整根据基本规划中所确定的方针，对涉及具体项目的相关部分进行调整，以确保规划方针不再变更。

(3)与设计条件相对应的其他方面按照基本规划方针，详细分析调查得出的结果，整理成相应的基本条件。

(四)建植基床整备设计

建植基床设计是在土壤调查的基础上，为使植物良好生长发育，对土壤理化性质进行确定，如土壤的性质及结构达不到设计要求，则进行改良，使其恢复到它本来具有的性质，以适宜植物生长发育。

基床土壤整备是建植设计的最基本的工作，其目的是调整根层中土壤及其分布状态，缓冲和调节土壤环境区，以适合建植植物的生长发育。作为建植基床的土壤条件，对建植植物的生长发育具有最大的制约性，如果建植后植物生长发育不良，那时再对基床进行改良就很困难，因此在建植开始就应高度重视建植基床的整备。建植基床设计要在详细调查所得的土壤理化性质和基床土层调查结果的基础上，根据设计方针确定基床条件，制定整备方针。依据整备方针，判断土壤现状是否良好，作为建植基床是否需要改良。若需改良，需判定其阻碍植物生长发育的因素，改良后需达到的数值和目标，同时制定改良方针。然后，以整备方针为基础，确定具体的整备方法和工序，进行建植基床设计。

1. 建植基床条件的确定

为了掌握整备建植基床的方法和判断是否有必要改良建植基床土壤，要对详细调查中所得到的土壤理化性质和基床土层调查结果进行评价，以判定建植基床是否良好。若土壤基础不良，则要查出不良的因素，然后再判断改良的必要性。

2. 建植基床的改良

1)改良目标值的确定

根据设计方针和建植基床的整备方针，制定植物的培育目标，改良土壤环境，制定建植基床改良设计目标。建植基床改良的基本问题是制定该基床所应具备的水平。一般来说，土壤改良的工程费很大，而且其结果无法直接见到，但对植物来说，整备良好的建植基床是建植的基本条件，因此相关部门要进行充分协商，确保改良目标的制定。

2)改良工序和方法的确定

建植基床的改良工序和方法，因目的不同可大致分为耕作改良和理化性质改良。

客土法。为了确保植物具有良好的土壤环境，将植物穴坑内或者植物根系范围内的土壤移走，而移入良好土壤。客土法的注意事项如下：①选用的客土必须与植物的生长发育目标相适合。②确认其品质，而后才能利用。③客土量必须要确保植物的生长与发育。

换土法。是为了确保植物具有良好土壤环境而进行的作业。根据国际土壤学会和中国农学会的分类，适于建植的换土材料有壤土、沙壤土、沙质植壤土、沙质植土、植壤土。另外，在现场地有表土时，应尽量有效地加以利用。

耕作法。是为了提高有效土层的质量而进行的耕作。其方法有普通耕作、深耕、混合耕和心土破碎作业等，应在详细勘查土壤条件后选择最适宜的耕作方法。

普通耕作主要适用于下述场合：①进行换土法的下层基床没有不良土壤，以普通耕作即可扩大有效土层，降低换土量。②建植基床土壤优良，且栽植着地被植物时，以普通耕作即可确保有效土层。③作为心土破碎法和深耕后的整地作业，表层被重型机械过度碾压时，翻耕表层即可。

深耕主要适用于下述场合：①下层基床没有不良土壤时，在普通耕作前进行深耕，以确保有效土层。②在进行换土之前，为了改良下层基床的透水性、通气性而进行深耕，降低换土量。

改良深度因栽植植物的种类而异，但要确保包含深耕后的换土量在内的有效土层。

混合耕主要适用于下述场合：①若表层土壤不良而下层土壤优良或下层土壤的养分丰富，则将下层土翻转与表土混合或代替表土（反转置换）。②下层是紧密不透性的坚硬土层，这时需与表层良土混合。③客土（换土）的土壤与下层土的混合。④在泥炭、黏土、重黏土等土地上铺客土时，下层土与客土混合，以使土层构造连续而均一。

心土破碎法主要适用于下述场合：心土破碎是一种在土壤硬度高、实施深耕和混合耕困难的情况下进行的作业，实施心土破碎必要的土壤条件、土地条件如下：①表层土被削去而露出心土的下层基床；②硬盘地带；③表层良好而下层土壤紧密；④岩床；⑤因重型机械碾压而使下层基床强度板结。

排水作业。排水作业就是为了使建植基床的土壤中的空气与水能良好地流通，缓和因过湿而造成的通气不足。

排水方法。大体可分为地表排水与地下排水，地下排水又分为暗渠排水、砂沟排水、砂柱法等。另外，改良下层基床的透水性或为了暗渠排水的效果良好，可确定包括土层和辅助暗渠等在内的排水作业。

建植基床的透水性的改良，是根据排水作业中下层基床的状态、地表面的形态，采取适当方法来防止建植基床处于过干、过湿状态。

3）土壤改良

土壤改良是为了缓和与绿化植物的生长发育相关的根系土层内的土壤环境的方法。

施用土壤中和剂，就是根据勘查中所得到的土壤调查结果，查明原因，通过施用中和剂来缓和其强酸或强碱性。

施肥是以供给土壤养分为主要目的，其次可促进土壤的团粒化结构，改良土壤的理化性质。

土壤改良方法一般是根据地形条件和土壤质地来选择的，通常是几种方法组合在一起实施，因此应根据建植地的土壤特性，选择有效的改良方法进行组合。另外，在用土壤改良方法不能改良时，可用客土法、换土法进行改良。这种移入客土以替代原来土壤的方法，是对具有生长发育阻害因素的土壤的通用改良方法。在用客土法、换土法进行改良时，如果有效土层下部基床透水性不良，则可以与排水法并用进行改良。

土壤改良不仅仅在建植时实施，也可以在建造阶段实施。如施肥等在建植时进行，效果更显著，因此有必要根据工程进度表，建植的目标、形态，以及与建植地规划等相关方面，确定施工时期及施工范围。

土壤改良往往与经济性等相关，因而应区分出优先顺序并依据建植地的范围进行施工。

（五）建植景观设计

建植景观设计就是根据建植基本规划中制定的景观图和景观构成规划，确定建植空间的细部构成,归纳整理成景观构成设计。影响景观构成的重要因素有建植地的地形、土地的分配、周围环境等。建植景观设计就是要依据这些条件,确定实现景观图的具体步骤。另外,在考虑各个范围的空间构成的同时,对其相邻地带的景观进行相应调整,使其与建植地的整体景观相统一。

建植景观设计作业,要根据基本设计方针,以建植基本规划中制定的景观构成规划、景观图像的草图等为基础,对所要建植的树木、草坪等地被植物种类的内容进行充分讨论与确定,归纳整理为建植景观构成。

1.景观构成内容的确定

建植景观是以景观图为基础的。因此,要从树林地带与草坪地带的构成、配植组合、空间组成等角度来进行讨论。

1)树林地带与草坪地带的构成

以建植目的和景观图为基础,讨论建植地中树林地与草坪地的构成比率。

一般来说,在都市内以足球场和草坪广场等草坪地为主要设施的情况下,草坪地为主要空间,其他建植地多为附属空间。这时,草坪地的面积与形态是建植空间整体的主体内容,实际上,草坪地的功能要比景观更重要,也就是说,要根据公共绿地等的利用规划和草坪地的利用功能来确定草坪地的位置。在这些地方,要从景观构成的观赏性,也就是开放性、质地均一性、平面性等角度来讨论草坪建植地及绿地空间的整体构成。具体来说,依据树林地与草坪地的景观特性,为实现建植基本规划中制定的景观图来确定树林地与草坪地的构成比率。

2)配植组合

建植的平面配置,主要以树木等的配植构成为确定对象,草坪地只是附带内容,因此要先确认所要确定的基本内容。

配植组合有大型的整形式的建植模式和自然式的建植模式两种。道路边的树木等就是整形式建植的代表,这种建植方式一般以规则的线条构成一定的几何型图案,在同一树种中,多以对称建植和直线建植为主。这种建植形式,要根据主要的建植材料及其特征,重点考虑适宜的配植材料,因而要优先考虑建植和管理等作业的合理性。从景观上讲,要充分运用建植整体规划中各个重点,创造出空间的紧张感与韵律(节奏)感,形成平凡而富于变化的空间。

自然式建植法,是模拟自然的风景,或将其理想化,或者作为某种情况的象征,主要由不规则的线条构成。这种建植形式,对材料的配置与种类较整形式建植更为自由,但要有意识地避免将同一形状、大小的材料以相同的间隔栽植。因此,尽管形状、数量不同,但依靠整体的微妙平衡构成一种稳定状态,从景观上讲,要创造出一种稳定、平衡、和谐而又稍有紧张感的空间。在制定配植构成时,还要根据各建植空间的不同目的和景观图像,灵活运用各种配植形式。

3)空间构成

建植的空间构成,是由乔木、灌木、草本(含草坪)形成并建植的立体构成。在讨论空间构成时,要充分考察各层的景观特性,以各个空间的建植目的和景观图像为基础,详细讨论应该运用哪一种建植形式。一般来说,在重视遮蔽量的地方,多用三层和四层的建植形式，而对于要能瞭望树林、展望草坪园地明朗开阔的空间，以及利用林床的场合，则采用一层和二层的建植形式效果会更好。

2. 景观构成的制定

制定建植的景观构成，要依据各个空间基本配植形式的确定来讨论建植地整体的空间构成，并将其归纳综合，整理成景观构成。

（六）建植功能设计

建植功能设计就是根据基本规划中所制定的建植地的功能，为确保功能充分发挥而对建植构成进行确定。

依照前面制定的建植基本规划，确认各建植地所追求的建植功能，并为了充分发挥其功效而确定采用适当的建植手法。

草坪的娱乐功能主要是利用功能，其利用内容在很大程度上要受到草坪种类及草坪面积的影响。也就是说，草坪的利用内容一般是运动、游戏、休养等，要事先制定利用的强弱、草坪面积与利用者数量之间的关系，否则过度踏压，会使草坪受到极大损耗，而最终出现草坪草枯死及裸地化。为防止这种情况，就要制定与草坪的利用内容相对应的面积（约每人 10 m^2）。为确保土壤硬度，要进行建植基床整备，更为重要的是要仔细确定所选择的草坪草。

根据前面的讨论，确认其他设施设计等与功能是否吻合；同时，再次对建植地整体进行综合讨论，以确定建植功能构成。

（七）建植管理设计

建植管理设计就是根据建植基本规划中的管理条件，制定与建植目的、功能相对应的管理水准，并以此确定管理方针。在建植设计时，必须充分考虑设计与管理是否统一为一体。如果不进行相应的管理，就无法完成基本的建植目标，因此要根据管理条件对建植设计进行相应的调整。

以设计目标形态及与其相关的树木的多年变化为基础，从建植设计的目的、功能、植物种类等设计意图和立地条件来考虑管理水平，进行高频度的管理（建成、维持）。作为缓冲功能的绿地一般管理水平较低，只需在植物的建成维持上进行最低限度的必要的管理。为使建植设计中制定的管理水平在管理阶段合理且有效，在进行建植设计之前，应对管理条件进行全面考察。

（八）工程费概算

根据配植设计的内容概略推算出工程费用，这是确定预算额的基础。

在确定与建植设计内容相应的工程费时，最重要的是要确保设计内容的实现。确定工程费的实际预算的基础是工程费概算。工程费概算估计数值，一般既是设计工程费进行讨论的数值，也是实行预算编成的参考值，因此可依照配植设计中制定的主要数量的累积值，计算出建植地各部分的概略数值。

在制定概算工程费时，要从资金的角度对设计内容进行核对，以便针对设计内容有效地分配资金。

1. 概算工程费

概算工程费一般是单位数量的标准单价乘以每个工种的施工量。计算时不仅要计算出最初的工程费用,还要计算出将来的管理费用,将二者结合比较讨论。在比较讨论时,因最初工程费用与将来管理费用的时间不同,因此有必要在同等条件下进行换算。

2. 讨论制定概算工程费(资金规划)

在公共建植工程中,有必要对其投资收益进行充分确定。概算工程费,从资金观点出发,不仅要合理、经济、平衡,而且在必要时能够容易地检查核对。在进行概算工程费时主要从以下几点考虑:

(1)确认工程费的合理性。以基本规划中规定的工程水平为基础,对建植设计的各个关键因素所对应的资金,从经济性、合理性上进行核对确认。

(2)确认工程费的合理分配。从设计方针和建植地总体平衡来考虑,对不同建植场所不同工程种类所分配的有效资金进行核对确认。

3. 编制建植基本设计图书

建植基本设计图书是建植基本设计的归纳整理,需相关部门和人员进行充分协商,在各方均满意的条件下整理出的最终成果。该成果有图表和报告书两种形式。在归纳总结时,不仅要有最终结果,而且还要将讨论过程和草图整理成相应的图表的经过详细记录在报告书中。在作图时,要充分表现配植意图,不仅要有平面图,还要考虑制作画稿及剖面图等。

任务二　观赏草坪的建植

一、任务分析

观赏草坪在园林绿地中起着不可低估的作用,但其后期生长的好坏,与前期建植有很大关系。为使新建植的观赏草坪达到最佳观赏效果,建植草坪时应注意:建植前地下设施处理好,施足基肥,浇透水,精耕细作,选择适宜的草种。

掌握观赏草坪的建植技术。

二、任务目标

能力目标:能够进行排灌设施的简单设计、安装,能采用适宜的方法建植观赏草坪。

知识目标:了解草坪喷灌设施,掌握观赏草坪建植的方法。

素质目标:培养团队精神、合作能力、分析能力、吃苦耐劳精神、敬业品质。

三、相关知识

(一)坪床准备

建植前的场地准备十分重要,建坪的成败在很大程度上取决于欲建坪地的场地准备。

1. 场地调查

观赏草坪对场地要求比较严格,所以在建坪前应作简单的场地调查,以确定建坪位置及是否适合建植观赏草坪。场地调查的内容主要包括场地的位置、场地的水源状况、场地的交通状况、场地土壤状况等几方面。

1）场地的位置

场地所处位置的地形、地貌、海拔、年平均气温、温度高低、年降水量及霜期长短等。这些情况的掌握直接关系到规划和设计，也关系到建植草坪草种的选择。

2）场地的水源状况

水是草坪植物赖以生存的重要源泉，且观赏草坪草对水分要求较高。除天然降雨外，在建坪前还必须了解人工水源的性质，水源离场地的远近，以及水源供水是否及时充足。

3）场地的交通状况

场地的交通状况是指交通是否方便，包括离公路有多远，场地与公路有无道路连接等。方便的交通会给草坪建植、建植后的管理工作带来极大的便利。

4）场地土壤状况

土壤是草坪植物赖以生长的基础，其质地的好坏直接关系到草坪的质量，所以在建植前一定要对所处地块的土壤进行调查，测量土壤是否适宜建植观赏草坪草，以及适宜何种观赏草坪草。

2. 场地清理

场地清理是指清理或减少建坪场地内影响草坪建植和草坪草生长的障碍物的过程。大体包括以下内容。

1）清理杂木

杂木的清理根据设计的要求，除确定的原有保留树木外，场地内的杂木（腐木、树桩、树根等）均应连根清除。一方面应避免具有根芽的植物重新萌发；另一方面应避免残体腐烂后形成洼地，破坏草坪的一致性、平整性，并防止菌类的滋生。

2）清除杂草

杂草清除可用物理防除和化学防除两种方法结合进行。物理防除是指用人工或土壤翻耕机具的手段清除杂草的方法。化学防除采用晴天用10%的草甘膦溶液兑水喷洒地面清除杂草。对于根茎型杂草，应注意将营养繁殖体清理干净。

3）碎石、垃圾清理

清理碎石、建筑垃圾、生活垃圾和农业污染物，地表30 cm以内的石子、瓦砾、薄膜、塑料制品、泡沫等要彻底清理，60 cm内的大岩石应挖出并用土填平，否则将形成水分供给能力不均匀现象。

3. 灌溉系统

观赏草坪灌水一般应使用喷灌。

1）喷灌系统的类型

根据喷灌系统控制方式，可分为自动控制系统和人工手动控制系统两大类。根据喷灌系统中设备是否移动可分为全固定式喷灌系统、半固定式喷灌系统和移动式喷灌系统。喷灌系统的选择要因地制宜，根据实际情况，从经济、技术等方面加以论证选定。

（1）固定式喷灌系统。所有管道系统及喷头，在整个灌溉季节中甚至常年都固定不动，水泵及动力构成固定的泵站，干管和支管多埋在地下，喷头靠竖管与支管连接。草坪固定喷灌系统专用喷头多数为埋藏式喷头，平常与草坪地面平齐，工作时在水压的作用下使喷头伸出草坪进行喷灌，停止喷灌时由于水压的降低又缩回草坪中。

虽然固定式喷灌系统需要大量管材,单位面积投资高,但运行管理方便,极为省工,运行成本低,工程占地少,地形适应性强,便于自动化控制,灌溉效率也高,在经济发达地区、劳动力紧张的情况下应首先选用。

(2)移动式喷灌系统。除水源外,动力、泵、管道和喷头都可移动。优点是设备利用率高,单位面积设备投资小、操作灵活;缺点是管理强度大、工作占时较多。适用于运动场、赛马场及大面积草坪。

(3)半固定式喷灌系统。动力、水泵及干管是固定的,支管与喷头是可移动的。干管上留有许多给水阀,喷水时把带有快速接头的支管接在干管上,喷头一般安装在支架上,通过竖管与支管连接,这种系统很少用于草坪。

2)灌溉系统组成

一个完整的喷灌系统一般由水源、首部枢纽、管网和喷头等组成。

(1)水源。一般多用城市供水系统作为喷灌水源,另外井泉、湖泊、水库、河流也可作为水源。在草坪的整个生长季节,水源应有可靠的供水保证。同时,水源水质应满足灌溉水质标准的要求。

(2)首部枢纽。首部枢纽的作用是从水源取水,并对水进行加压、水质处理、肥料注入和系统控制。一般包括动力设备、水泵、过滤器、施肥器、泄压阀、逆止阀、水表、压力表,以及控制设备,如自动灌溉控制器、衡压变频控制装置等。首部设备的多少,可视系统类型、水源条件及用户要求有所增减。当城市供水系统的压力满足不了喷灌工作压力的要求时,可建专用水泵站或加压水泵室或专用水塔,有时在自来水管路上加装一台管道泵即可。

(3)管网。管网的作用是将压力水输送并分配到所需灌溉的草坪种植区域。由不同管径的管道组成,如干管、支管、毛管等,通过各种相应的管件、阀门等设备将各级管道连接成完整的管网系统。现代灌溉系统的管网多采用施工方便、水力学性能良好且不会锈蚀的塑料管道,如 PVC 管、PE 管等。同时,应根据需要在管网中安装必要的安全装置,如进排气阀、限压阀、泄水阀等。

(4)喷头。喷头用于将水分散成水滴,如同降雨一般比较均匀地喷洒在草坪种植区域。

4. 坪床地形整理及土壤改良

1)地形整理

(1)挖方与填方。欲建坪地经常是坑坑洼洼,有的地方缺土,有的地方土方过剩,应按设计要求进行挖方和填方。填方应考虑填土的沉降问题,细土通常下沉 15%(每米下沉 12 ~ 15 cm),要逐层镇压。

(2)整理坡度。观赏草坪不能积水,因此要注意利用地形排水。表面地形排水的适宜坡度约为 2%,坡度太大时隔一定距离要加一道挡土墙,建立局部相对平坦的坪床。在建筑物附近坡向应是远离(背向)房屋的方向;如房屋四周有排水沟,坡向也可面向房屋的方向。

2)土壤改良

土壤改良是在土壤中加入能调节土壤通透性及保水、保肥能力的改良剂。目前生产中通常使用泥炭、锯屑、农糠(稻壳、麦壳)、煤渣灰、人畜粪肥等。其施用量约为种植厚度的1/3。在深厚而肥沃表层土壤中使用土壤改良剂有助于种子发芽和形成优质草坪。泥炭等土壤改良剂在细质土壤中降低土壤的黏性,并能分散土粒。在粗质土壤中,可提高土壤的保水保肥能力。在土壤改良之前或同时,建立好灌溉排水系统。

5. 施足基肥

草坪要保持持久的景观,必须施足长效基肥,基肥中应以长效的有机肥为主,速效的化学肥料为辅,并可用深施或全层施的施肥方法。可施用腐熟的农家肥作基肥,施肥量为50 000 kg/hm^2,均匀拌入10～20 cm土层中,在粗整地或精整地时,将化肥施在5～10 cm土层中,并进行土壤消毒。

6. 土壤消毒

草坪土壤消毒即把农药施入土壤中,杀灭土壤病菌、害虫、杂草种子、营养繁殖体、致病有机体、线虫等的过程。包括土壤熏蒸处理与土壤喷雾处理两种方法。

建植观赏草坪常用的消毒剂为硫酸亚铁溶液。播种前进行喷洒,用浓度为1%～3%的溶液。也可用福尔马林消毒,用浓度为40%的福尔马林加水200倍配成溶液喷洒。这两种药剂能消灭土壤中的病原菌,对于防治草坪草病害有良好的效果。但使用时要注意,不可在用药后马上进行覆盖或翻入土里,应有一段时间的挥发阶段,以免产生药害。

还可用浓度为5%的辛硫磷颗粒剂与基肥混拌后施入土中,既可起到消毒作用,又能杀死肥料中的蝼蛄、地老虎等有害虫卵和幼虫。每吨基肥可混入0.25 kg药剂。另外,也可用硫酰氟、溴甲烷、棉隆等熏蒸剂熏杀或用棉隆、克百威等进行喷雾消毒。具体使用时严格按说明书要求操作。

7. 耕作土壤

建坪前对场地土壤要进行细平整,精耕细作,达到表层土壤均匀细致,无大土块,使土壤的固、液、气三相趋于合理化,为草坪草创造一个理想的土壤环境,以促进其根系的生长发育。土壤耕作主要包括耕、旋、平整滚压等工序。

1)耕地

耕地是利用畜力或机械动力牵引,用犁将土壤翻转的过程。翻耕作业最好在秋季和冬季较干燥时进行。

2)旋耕

旋耕多用机械完成,包括深旋和浅旋操作。

(1)深旋:土壤经耕翻后,土面起伏不平,耕层内空隙大而多,土壤松紧不一,因此晒垡和冻垡后要旋耕。常用机械是旋耕机,动力是手扶拖拉机或大型拖拉机。旋耕的作用是破垡并使肥土拌和,清除表土杂物,疏松土层。旋耕的深度、次数与耕作深度和破垡质量成正比。

(2)浅旋:土壤旋耕后土壤颗粒仍较大,平整度不够,需进一步浅旋。常用的机械是免耕机。它的特点是刀片短、密且转速快,能将表土进一步细化,肥土拌和均匀。

3)平整滚压

(1)平整,是整地的最后一道工序。平整的标准是平、细、实,即地面平整,土块细碎,上虚下实。平整往往要结合挖方与填方、坡度整理同时进行。坪地经挖方和填方、坡度整理、土壤旋耕后土表留有机械轮槽、旋刀沟和小起伏，需人工耙平或机械刮平。平整前要拣去石块、砖块、杂草等。小面积坪地常人工平整，常用人工平整工具为耧耙（短钉齿耙）、多钉齿耙等；大面积坪地需用刮平机械、板条大耙等进行平整。平整要坚持的原则是“小平大不平”，即除草坪地设计中的起伏和应有的坡度外，尽量做到平整一致。

（2）滚压，是指用镇压器压平压碎表土，使一定深度的表土紧密，减少气态水的损失。其根本目的是促进草坪草正常生长，保证草坪持久平坦，避免场地下沉积水，避免影响草坪的观赏价值。具体操作是在完成翻耕、施基肥、平整之后，根据土壤松软程度和湿度及不同草种等情况，选用 100 kg、200 kg、500 kg 重的镇压器进行 1 ~ 2 次的滚压，使场地更加平整。

（二）选种

根据建坪地当地的气候条件确定最适播种时间。如北方最合适的播种期在初秋，此时种子发芽，成坪后进入生长最适期，有足够的时间使根系发育完好进入越冬休眠。而此时杂草和病虫害的侵入能力减轻，可减少建植成本。春播则应在早春进行，尽量在杂草和病虫害大量侵入前使草坪已经成坪，提高草坪对不良环境及不良生物的抵抗能力。不同的草坪草种粒大小不同，千粒重不同，合适的播种量是控制有苗密度为 10 000 ~ 15 000 株/m^2。可单播，也可混播。

（三）建植

1. 种子建植法

从理论上讲，草坪草在一年的任何时候均可播种。冷季型草坪，最佳建植期是 9 ~ 12 月，其次是 3 ~ 4 月；暖季型草坪草最佳建植期是 3 ~ 4 月，其次是 9 ~ 12 月。一般用人工撒播或机具撒播。实际播种量是 15 ~ 35 g/m^2，最好分两次播完，以免撒播不匀。种子应进入土壤表层 0. 6 ~ 0. 8 cm，覆盖一层薄土。进行滚压，促使种子和土壤紧密接触。浇水要少而慢，播种后 3 周内要保证经常浇水，保持土壤表层 1 ~ 3 cm 湿润，直至苗出齐。

2. 草皮建植法

草皮建植法也叫草毯建坪，将事先培育好的草皮铺建在准备好的坪床上。起挖的草坪带土，厚度在 1 ~ 1. 25 cm，最好在起挖后 48 h 内铺上。浇透定根水，然后滚压。以后土干即灌，少量多次。三片新叶后开始蹲苗。

四、任务实施

（一）场地准备

准备一需要建植观赏草坪地块。

（二）材料

观赏草坪草种、基肥、灌溉系统材料（管材主要有镀锌管或 U – PVC 管、阀门、喷头和秋千架、控制系统）、铁锹、齿耙、钢丝扫帚、塑料绳、草帘、滚筒、喷雾器喷头、天平、卷尺等工具。

（三）步骤实施

1. 坪床准备

用齿耙按东西、南北向由四周向中心耙耧场地，达到中间高四周低、平整细实的要求。

2. 灌溉系统管道的安装

1) 放样画线

根据图纸,确定管道的实际位置,用石灰画线作标志。

2) 开沟

开 30 cm × 30 cm(沟深视当地的冻土层厚度而定)的管道沟,要求沟底平整。沟底按水流的方向有一定的坡度,以便排水之用。

3) 管道连接

从水源处开始,先主管后支管。

(1)粘胶承接插口的 U-PVC 管材的操作程序:

①根据图纸决定管材长度;

②保持端面垂直、平整;

③将两端的黏合面用砂纸擦拭干净;

④根据所需的承接深度刻上记号;

⑤在两端指定面上用毛刷均匀地刷上专用 U-PVC 黏合剂;

⑥将管材插入承接口,直到记号线,并旋转 90°,将黏合面的气泡除去,并及时擦去多余的黏合剂。

(2)用密封圈承接插口 U-PVC 管材,注意将密封圈较厚的一侧放在里面,在需插入的管材上刷上肥皂水,以加强润滑度。

4) 阀门安装

在各分支及喷头前安装控制阀门。

5) 喷头和秋千架的安装

管道每隔 20 m 安装秋千架和喷头。

6) 控制系统的安装与调试

连接抽水泵、自动灌溉控制器、电源后进行调试。

3. 播种法建植

(1)播种量。在每平方米面积上有 1 万 ~2 万株幼苗。播种量(g/m^2) = (每平方米留苗数 × 千粒重 ×10) ÷(1 000 × 种子纯度 × 发芽率)。依照上述计算公式计算出的播种量为理论播种量,实际播种量还应加 20% 左右的损耗量。

(2)播种。用塑料绳将场地分块,按分块面积和播种量称种子,分块撒播。要求每块的种子分成 4 份,南北、东西方向来回撒播一次,力争均匀一致。播完后用五齿耙顺一个方向轻轻翻动表土,或用钢丝(竹丝)扫帚轻扫一遍,或薄薄覆一层细土,厚度为 0.5 cm 左右。为了避免将种子耙到畦的中间去,应小心地只沿一个方向耙。

(3)镇压。用滚筒(重 60 kg 左右)或锄头镇压一遍,使种子与土壤接触紧密。

(4) 浇水。第一次浇水要浇足,以后每天视天气情况浇水 1 ~2 次,保持土表呈湿润状至齐苗。

(5)覆盖。待第一次浇水后,表土发白时,用草帘、草袋或塑料薄膜覆盖播种后的坪床,以减少风、水对种子的吹冲侵蚀,为种子萌发及生长发育提供一个更适宜的小环境。

五、思考与练习

参观当地的公园内观赏草坪，请施工、养护技术人员（或教师）讲解观赏草坪的建植过程和养护管理。探讨公园内观赏草坪存在哪些缺点，建植、养护过程有哪些不足及改良措施。

六、知识扩展——草坪喷灌设施

（一）草坪喷灌喷头布置形式

在选定喷头以后，就可以根据喷灌区的形状布置喷头。对于不同用途的草坪，喷头布置方式是不同的。尽量不要使水喷洒在非喷洒区，这样一方面节约喷灌水量，另一方面避免对周边区域的干扰。

喷灌系统中喷头的布置包括喷头的组合形式、喷头沿支管上的间距及支管间距等。喷头布置的合理与否，直接关系到整个系统的灌水质量。

喷头的组合形式主要取决于地块形状及风的影响，一般为矩形和三角形，或为其特例正方形和正三角形。矩形或正方形布置，适用于地块规则，边缘成直角的条件。这种形式设计简便，容易做到使各条支管的流量比较均衡；三角形或正三角形布置，适用于不规则地块，或地块边界为开放式，即使喷洒范围超出部分边界也影响不大的情况。这种布置抗风能力较强，喷洒均匀度要高于矩形或正方形，同时所用喷头的数量相对较少，但不易做到使各条支管的流量均衡。有时地块形状十分复杂，或地块当中有障碍物，喷头的组合形式为不规则形。但在多数草坪喷灌系统中，可尽量采用正方形或正三角形布置。

1. 正方形布置

正方形布置时，喷头沿支管上的间距与支管间距相等，但对角喷头之间的距离是支管间距的 1.41 倍。考虑到风的影响，推荐喷头间距为喷头射程（R）的 0.9 ~ 1.1 倍，见表 6-2。

表 6-2　正方形布置时风速与喷头间最大间距关系

风速（km/h）	0 ~ 5	6 ~ 11	12 ~ 20
正方形最大间距	$1.1R$	$1.0R$	$0.9R$

正方形布置时，如果喷头的射程为 R，根据正方形布置的几何关系，最大喷头间距以正方形心点为控制，则：

$$S = 1.414R$$

式中　S——喷头间距，也等于喷头行距 L。

最小喷头间距应当是：$S = R$。

因此，在正方形布置时，喷头间距可调整的范围是：$S = (1 \sim 1.414)R$。

例如，喷头射程为 $R = 20$ m，则最大喷头间距为 28.284 m，而最小间距为 20 m。

正方形布置不同间距时的喷洒覆盖范围见图 6-1。

2. 正三角形布置

正三角形布置时，各个喷头之间的距离相等，但支管间距为喷头间距的 0.866 倍。考

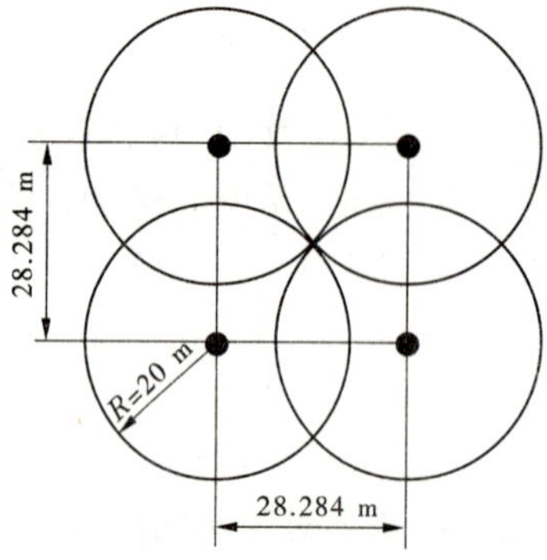

(a)最大喷头间距 $S=1.414R$

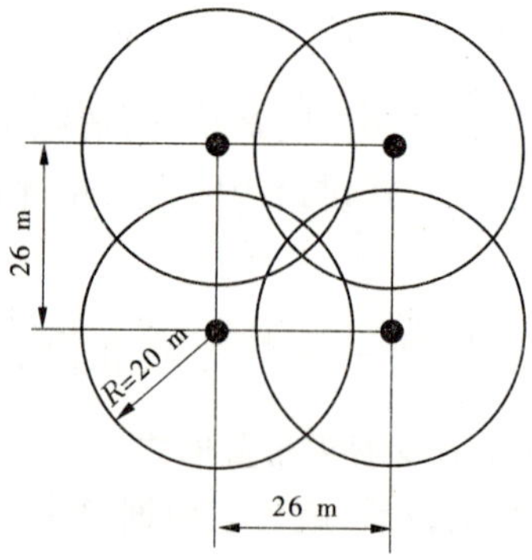

(b)喷头间距 $S=1.3R$

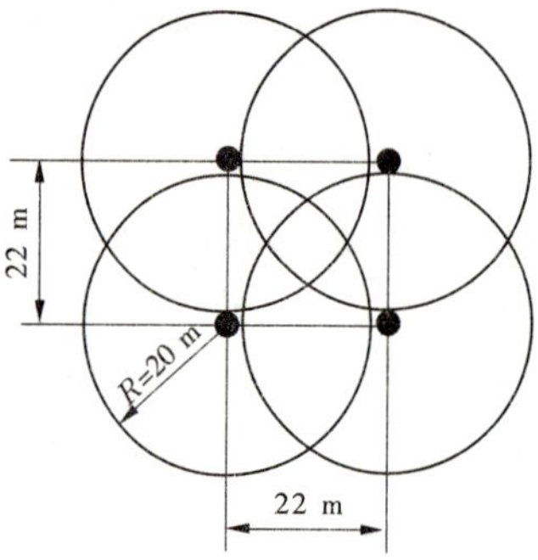

(c)喷头间距 $S=1.1R$

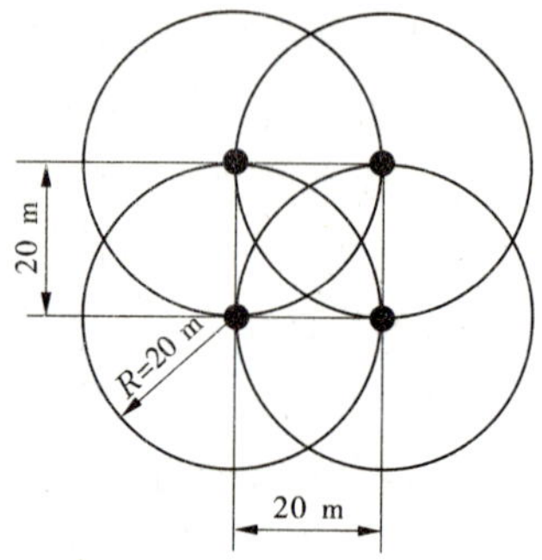

(d)喷头间距 $S=1.0R$

图 6-1　正方形布置不同间距时的喷洒覆盖范围

虑到风的影响,推荐喷头间距为喷头射程(R)的 1.0～1.2 倍,见表 6-3。

表 6-3　正三角形布置时风速与喷头间最大间距关系

风速(km/h)	0～5	6～11	12～20
正三角形最大间距	$1.2R$	$1.1R$	$1.0R$

在喷头布置完毕后,应根据实际布置结果对系统的组合喷灌强度进行校核。特别是在地块的边角区域,因喷头往往是半圆或 90°而不是全圆喷洒,若选配的喷嘴与地块中间全圆喷洒的喷头相同,则该区域内的喷灌强度势必大大超过地块中间。所以,为保证系统良好的喷洒均匀度,一般安装在边角的喷头须配置比地块中间的喷头小 2～3 个级别的喷嘴。

三角形布置不同间距时的喷洒覆盖范围见图 6-2。

比较正方形与三角形喷头布置的间距,可以发现在同等条件下,三角形喷头间距大于正方形喷头间距,这说明三角形布置比正方形布置节省喷头。

3. 草坪喷头布置原则

绿地草坪喷头的布置要考虑各点均能喷到,又不能将水喷洒到草坪区域以外。因此,这类草坪的喷头布置应当遵循的原则是:一角,二边,三中间,具体应用如图 6-3 所示。

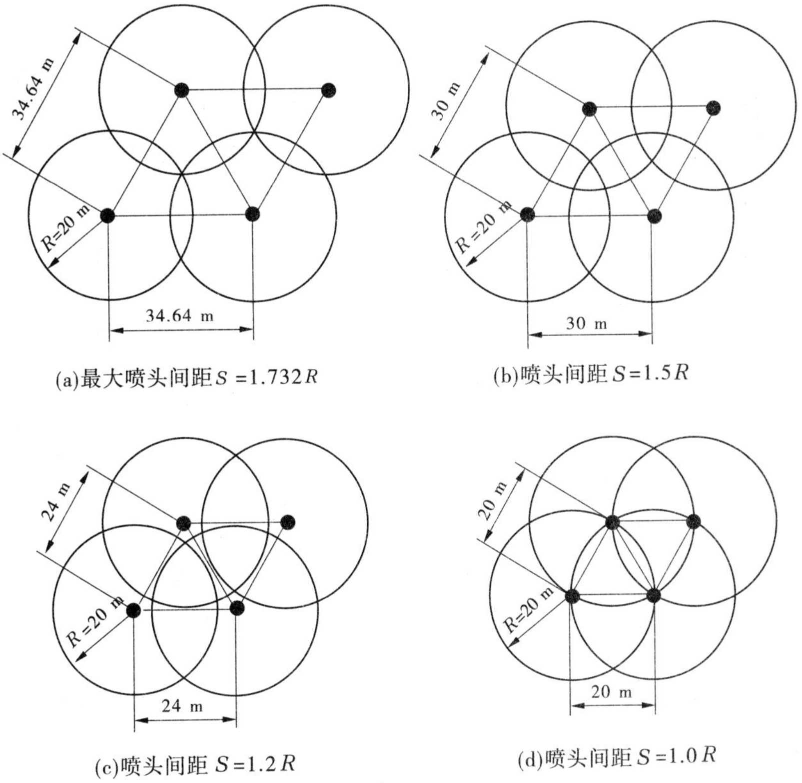

(a)最大喷头间距 $S=1.732R$　(b)喷头间距 $S=1.5R$

(c)喷头间距 $S=1.2R$　(d)喷头间距 $S=1.0R$

图 6-2　三角形布置不同间距时的喷洒覆盖范围

图 6-3(a)为一绿地草坪,首先应在折角处选择可调角度的喷头,如图 6-3(b)所示,因为折角、拐点处比较难以喷洒。在折角处确定喷头并确定了喷洒角度及覆盖范围以后,在各边均匀布置喷头,这些喷头尽量与拐角喷头型号一致,一般边线喷头的调整角度为 180°,如图 6-3(c)所示。在拐角和边缘均布置喷头以后,中间地带再安排喷头,根据中间地带的形状和大小,可以采用正方形布置(见图 6-3(d)),也可以采用三角形布置。

(二)管道布置形式

1. 喷灌单元管道布置形式

喷灌系统管网水力计算之前,应做好以下各项准备工作:

(1)选定喷头,确定喷头工作压力、喷嘴出流量等参数。

(2)布置喷头,确定各喷头之间的间距。

(3)布置管道系统,确定控制闸阀的位置,并确定各级管道各段长度。

(4)划分轮灌组。

如果一个控制闸阀开启,就有 1 个或若干个喷头同时开始喷洒,将这个闸阀控制下的管道及喷头称为喷灌单元或灌水单元。喷灌单元是喷灌系统的基本组成部分,也是喷灌系统水力计算和管理运行的基础。

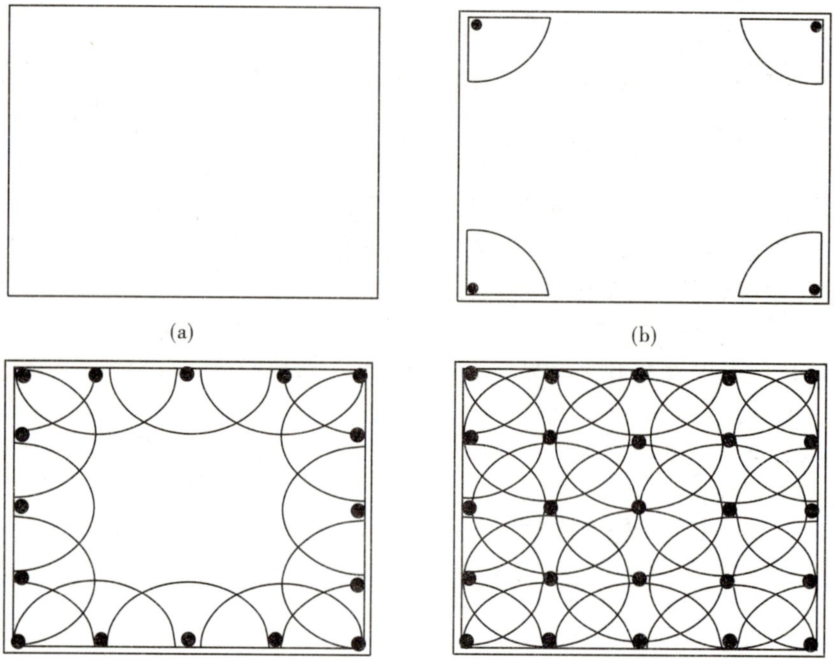

图 6-3　绿地草坪喷头布置图

1）串联喷头的喷灌单元

单向供水串联喷头的灌水单元，只要闸阀开启，串联的全部喷头就会工作。这种单元简单，便于施工安装，所需管件少，是草坪喷灌中最常见的布置形式。串联喷头的数量取决于喷头流量和单元输水管道的直径。如果距离闸阀最近的喷头与最远喷头之间的压力差过大，就会影响灌水单元的喷灌均匀度，在管径一定的条件下，喷头流量增大，管道水头损失增大，首末之间的压力差就会增大；如果流量不变，管径减小，压力差也会增大。因此，喷灌设计均匀度是控制串联喷头数量的重要指标。

双向供水串联喷灌单元。其特点是通过供水管的流量在配水支管处双向分流，减小了每侧支管的流量，也减小了每侧支管的水流长度，因为计算水头损失的支管长度是从分流节点到最远喷头之间的管长，支管水头损失比单侧供水串联喷头的支管大为减小。因此，在条件许可的情况下，应尽量采用双向供水的灌水单元，这种灌水单元也是草坪喷灌中经常采用的方式之一。

2）并联喷头的喷灌单元

正方形和三角形布置的喷头并联喷灌单元。在这些喷灌单元中，主要考虑的因素是控制单元喷头数量，以避免单元进口流量过大，造成水头损失过大。由于灌水单元控制闸阀直径一般较小，连接闸阀的管段尺寸也较小，因此单元喷头多，流量大，使单元进口产生较大的水头损失。

此外，喷灌单元内常常是串联与并联混合，形成混合单元管道布置形式，这种形式主要用于地形不规则的草坪中。

2. 喷灌系统管网布置

喷灌系统管网布置就是将各个喷灌单元用不同直径的管道连接起来，也就是从水泵到灌水单元形成一个压力供水系统。喷灌系统管网布置形式分两类：一是枝状管网，二是环行管网。

1）枝状管网

枝状管网是草坪绿地常用的管道连接布置形式，主干管道向各个喷灌单元供水，主干管道布置呈树枝状，从水源加压水泵出发分向各供水点。

2）环行管网

环行管网的主干管道闭合，形成环行水流。其特点是管网压力比较均衡，供水可靠性好，常用于高尔夫球场等大型重要草坪的喷灌系统。

（三）水泵安装

1. 水泵

1）泵

主要的泵（双机组）应是短耦合的涡轮机，电动机及水泵应具有单元驱动的结构。轴承必须具有足够的承载量以承载所有旋转部件的重量和涡轮的水力冲力，并具有足够的安全系数。

2）电机

电机应是垂直空心轴、鼠笼感应器并符合电气标准。所有的电机应是三相。电机安装在一个合适的工字钢底座上，并在地面上带一排水弯管。水泵的涡轮应为青铜、封闭式的，滚筒应是铸铁的。所有水泵应是水润滑式的。机座组装应包括底部的一个吸水钟形口和滤净器，机座应按下文指定的大小规格制作。

3）水泵操作板

水泵操作板应是组合、断开、磁性的启动器操作板，大小适合于每个水泵单体。操作板应作外安装（表面安装）。不用手能自动开放，断开控制器，重复启动按钮及“水泵工作中”指示灯。启动器应有三相保护装置。断路器应为有电路断路器型，三相、415 V、50 Hz。控制板应为基本电阻类型或由地方当局所批准的型号。控制板的控制电压为240 V。

4）减压阀（安全阀）

泵站需要安装安全阀，以便将水注入泵的注水槽。阀位于螺旋末端，并带有具一定水压的调节器。

5）闸阀

闸阀应是铁制带有手轮的法兰盘终端闸阀。通常为15.24 cm（6 in）或更大一些，10.16 cm（4 in）或更小的闸阀应是FS型。

6）单向阀

用于振动膜泵的单向阀应是7.53 cm（3 in）的黄铜阀体。

7）压力计

压力计其量程在0～7.2 kgf/cm^2（1 kgf/cm^2 = 98.066 5 kPa）范围内。压力计应装配

有一试液位旋塞。

8）低水位探测器

低水位探测器为 220 V、50 Hz，单向双探针开关，该开关能使整个泵站在指定的低水位状态停止工作，而水位恢复到断路点以上的设定高度时又能重新开始工作。探测器应为感应型或漂浮型，带有长度足以满足水槽深度的水准尺。

2. 水泵安装

水泵的安装应按如下方法进行。

1）泵房及抽水井应按图纸所示的大小建造

详图应在修建开始前批准。

2）水泵泵位应被熟练、垂直、正确地安装，运转时不能有任何振动

水泵底座（加上过滤器）的长度应足以满足设计图所示的高度，由拱形底部提供余隙，还要能最大限度地利用贮水。振动膜泵应用一混凝土基抬高，以使全部三台水泵的排水管高度的中心线一致。按设计图所示安装管道支持装置，以减小在水泵排水时法兰盘上的压力。在施工中或建成后均不允许重力的应力加在水泵排水法兰上。

3）电线的安装

电源的全部导线应安装在埋于泵站房混凝土地面或在墙面上的坚固的金属管道内，配电板应安装在墙上。架设导线应经当地电力主管部门的批准。

4）水泵吸水管道应安装在设计图所示位置

将安装塑料管的各段回填并压实。用水泥砂浆或批准的填隙材料使管道与拱顶密封。将过滤器安装在入水管的湖水端上。

5）水泵仪表板

所有的配电板及压力开关应安装在泵房的墙上。注意：压力开关需要与从泵排出口到开关部位的铜制管道系统相连。

6）电力

业主应用截面 70 mm^2 的 4 芯电缆为水泵房提供三相动力源，安装适合的电力输入开关及测量计，并标示应从何处断开电源。电力应在灌溉系统建成之后开始供电。

7）水泵测试

当水泵全套设备安装完成后，承包商应在主管官员指定的时间内，安排有资格的人员做最后的泵站测试。在此之前，承包商应在主阀门关闭状态开动水泵，以检测泵房有无渗漏。

8）特别注意

水泵贮液槽应由拱顶、水泥地面及进水组件构成，并应按此合同建造。作为本合同的一部分，承包商应修建泵房，并按施工图提供的设计修建。承包商有责任保证泵房建筑与当地建筑法规相符合。

经业主同意，泵房可采用替代性的设计，但承包商对此设计及替代系统的有效性应负责任。

任务三　观赏草坪的养护管理

一、任务分析

养护管理是保证草坪正常生长的重要措施，通过科学的养护管理，才能培养出色泽正常、无杂草、无病虫害，并维持一定营养水平的优质观赏草坪。观赏草坪的养护包括水肥管理、修剪、草坪保护等。

二、任务目标

能力目标：能够根据草坪生长情况进行观赏草坪一般养护管理。

知识目标：掌握观赏草坪养护的原理及方法。

素质目标：培养学生观察问题能力、计算能力、解决生产中出现问题的能力。

三、相关知识

观赏草坪是供人们观赏，起装饰、装点的草坪，要长期保持外表美观。因此，观赏草坪的养护管理要求较多。一般要做好以下几个方面的工作。

（一）灌溉及排水

灌溉和排水要根据天气和草坪土壤中的水分情况，以土壤不干裂、表面无积水为原则。要维持良好的草坪观赏性，保持良好和充足的水分状况，就要进行及时、适量的灌溉。灌溉一般采用半自动化喷灌，这种灌溉方式既能使草坪得到均匀的供水量，又有效地利用水资源，节省能源、人力和时间。灌水时间一般应在早晨进行。灌溉以少量多次为原则。冬季入冬前灌好封冻水。灌水量以充分湿润 40 ~ 50 cm 土层为度，但要防止“冰盖”的发生。在翌春土地开始解冻之前、草坪开始萌动时，浇返青水。应避免频繁和过量的灌溉，使土壤过湿或饱和状况，如床面有积水、土壤过湿时，要采取缓慢排除积水的措施。

（二）施肥

草坪播栽以后，为使草坪草形成致密、均一、色泽美丽的草坪，根据土壤的肥力状况和草坪草的生长状况施用一定的肥料，为草坪提供生长发育所需的养分。成坪草坪的施肥以全价肥料为宜，重点是氮、磷、钾三要素。施肥量以每次每平方米施复合肥 20 g 为宜。沙土地淋溶性大，施肥要少量、多次，当环境不适或发生病虫害时，应避免施肥。

（三）修剪

修剪是维持优质草坪的重要手段，观赏草坪的质量要求高，要保持草坪有一个平坦、低矮、均一、整洁的草坪面，以适应观赏的需求。修剪时应注意：

（1）修剪高度。新建草坪草长到 7 ~ 8 cm 高时就应该修剪。每次修剪，剪掉部分应小于叶片自然高度的 1/3，草坪留茬高度一般为 3 ~ 4 cm。

（2）修剪时间、次数。根据不同草种生长情况而定。冷季型草坪草在 4 ~ 6 月修剪 6 ~ 10 次，在夏季 7 ~ 8 月要修剪 4 ~ 6 次，在秋季修剪 3 ~ 4 次，全年共需 15 ~ 20 次。暖季型草坪草的修剪在 5 ~ 6 月修剪 2 ~ 4 次，7 ~ 8 月修剪 4 ~ 6 次，9 ~ 10 月修剪 1 ~ 2 次，全年修剪10~15次。

此外，同一块草坪的每次修剪，应避免以同一种方式进行，要防止永远在同一地点、同一方向的多次重复修剪。每次剪下来的草屑，要及时清理干净，以免引起草屑覆盖草坪，破坏草坪的外观，影响观赏效果。

（四）防除杂草

杂草不仅与草坪草争阳光、养分和水分，危害草坪草的生长，而且其外观与草坪草明显不同，会破坏观赏草坪外观的均匀一致性。防除杂草应把握住"除早、除小、除了"的原则。少量的杂草可以人工拔除，大量的杂草可使用除草剂进行化学防除。化学除草一定要严格掌握使用剂量和使用方法，除草剂使用过量会伤害草坪草的健康生长。

（五）病虫害防治

在不利的气候条件下，草坪有时会有不同程度的病虫害，观赏型冷季型草坪尤其重要。春季、初夏往往是多种疾病的发病季节，应在草坪上喷洒杀菌剂预防病害的发生。随时控制虫害的发生。

（六）清除草坪上的杂物

草坪上的杂物不仅影响草坪环境和观赏效果，而且腐烂会烧伤或损坏草坪，同时也是病虫载体之一，及时清除，才能保持草坪的整洁和良好生长。

四、任务实施

（一）场地准备

选定校园内观赏草坪一处。

（二）工具材料

草坪修剪机、含氮50%的缓效化肥、水管。

（三）分组

学生6人一组，分别执行不同任务。

（四）操作步骤

1. 除杂草

人工拔除杂草，注意杂草必须连根拔除。

2. 修剪

新建草坪的草长到7~8 cm高时，就应该进行第一次修剪。每次修剪时，修剪去的部分应小于叶片自然高度的1/3，即必须遵循1/3规则。

3. 施肥

用含氮50%的缓效化肥，追肥的施用量为10~20 g/m^2。

4. 灌水

用水管进行浇灌，渗水深度应达到土壤深10~15 cm。

五、思考与练习

（1）简述观赏草坪的养护管理技术要点。

（2）观赏草坪修建原则是什么？

六、知识扩展

（一）国外草坪草种子生产现状

草坪草种子生产是人类文明的产物，世界上草坪业发达的国家，如丹麦、澳大利亚、新西兰、美国、加拿大、荷兰、瑞典和法国等国都建立了强大的草坪草种子产业，成为重要的种子生产输出国。丹麦是一个发达的农业国，每年生产的农产品约有2/3用于出口，在出口种子中以牧草、草坪草种子为主。丹麦年产草种子15万t左右，约占欧洲草种产量的50%，其中85%左右用于出口，主要有多年生黑麦草、早熟禾、高羊茅、白三叶、红三叶等。丹麦已成为一个在世界范围内设立牧草、草坪草试验点，培育草品种并在国外进行草种生产的国家。新西兰1980～1989年草坪草种子平均年产量20 600 t，年收入4亿美元，以黑麦草、白三叶、高羊茅和鸭茅等为主要草种，其中白三叶年产5 000 t，占世界总产量的55.7%。新西兰已向40余个国家出口草种子，年均约12 500 t，占年产量的60%以上。美国年产禾草种子13万～19万t，多年生禾草种子的生产主要集中在俄勒冈州。这里是世界上最大的种子生产区。这里的牧草、草坪草田占全州总耕地面积的28%，在盆地南部达67%。当地农民专营草种生产和加工，耕、耙、播、收、加工、清选、贮运全部机械化。俄勒冈州多年生黑麦草面积2.9万hm^2，总产量32 815 t，平均产量1 135 kg/hm^2，苇状羊茅、鸭茅、红三叶面积均在1万hm^2以上。

欧美技术先进国家草种生产已实现良种化、集约化、机械化和标准化。采用草种划区栽培，田间检验和去杂去劣，收获时使用干燥剂和脱叶剂，使用专门配套的种子清选设备。按种子大小、重量、颜色、形状、表面结构、比重等进行清选和分级，因而能产出高质量的草种。

（二）我国草坪草种子生产前景

目前，我国只能生产结缕草等几种暖季型草坪草种，且草种质量较差，在纯度、净度、发芽率等方面很难达到质量标准。所以，我国草坪草种绝大部分要依赖进口。

我国有丰富的草坪草种资源。根据统计资料，我国拥有6 000万hm^2草原。仅早熟禾植物就有100种左右，现今世界上流行的多年生草地早熟禾、羊茅、狗牙根、结缕草等优良草种，在我国均有天然分布。世界很多优良草坪草种资源的原始材料来自我国。据调查，甘肃省主要野生后备草坪草种资源早熟禾属有27种，2个变种，羊茅属8种，剪股颖11种，狗牙根属1种。由此看来，我国的草坪种子生产有无限的开发潜力。草坪种子生产发展前景十分广阔，其原因如下：

（1）随着人民生活水平的提高，草坪建植单位日益增多，种植面积不断增大，对种子的需求剧增。

（2）国外因土地、劳力等因素制约，对一些劳力密集型、产量小的草坪草种子不愿生产，转向从中国进口，因此草种外销前景看好。

（3）国内采用进口草坪草种子，花费巨额外汇，而国产种子价格较低，就近方便，储存时间短，发芽率高，所以不少建坪用种转向国产种子。

（4）随着我国草坪草育种水平的提高和新品种陆续登记、推广，新品种已逐步被广大用户所认识。求购日趋活跃，也刺激了坪用草种的生产。

七、任务考核

考核项目、内容、标准、方法如表 6-4 所示。

表 6-4　任务考核

序号	考核项目	考核内容	考核标准	考核方法
1	草种选择	草种选择方法 (20 分)	掌握质量要求、选择原则、选择要点、选择方法	分组考核
2	观赏草坪草选择	观赏草坪草选择方法 观赏草坪草配比 (20 分)	掌握观赏草坪草选择标准 掌握 3 种观赏草坪草配比	分组考核
3	坪床准备	坪床准备方法 (20 分)	掌握清理杂木碎石、垃圾清理、清除杂草方法	分组考核
4	灌溉系统	灌溉系统安装 (20 分)	明确灌溉系统组成 正确进行灌溉系统安装	分组考核
5	播种法建植	播种法建植方法 (20 分)	正确进行播种量计算、播种、覆盖	分组考核

项目七　运动场草坪建植与养护

任务一　运动场草坪草种选择

一、任务分析

在运动场草坪中，几乎所有的运动项目都伴随着剧烈的运动或者高强度、高频度地践踏草坪，而且一般要求在赛场连续比赛之后立即恢复常态，所以对运动草坪的共同要求是：必须具有很强的生活力，生长速度快，根系发达，耐践踏，耐修剪，再生性好，覆盖性强。

根据草坪草选择标准，结合运动场草坪的特点，选择适合的运动场草坪草；根据不同运动场草坪特性选择适宜的草种配比。

二、任务目标

能力目标：学会选择适合运动场使用的草坪草种；能对运动场草坪草种进行科学配比。

知识目标：掌握运动场草坪草种选择的标准和方法；掌握常见运动场草坪草种配方。

素质目标：培养学生分析、判断能力。

三、相关知识

随着社会的发展和经济的进步，草上运动项目，如足球、高尔夫球、棒球、垒球、橄榄球、草地保龄球、草地网球、赛马等得到了不同程度的普及和提高，从而推动了运动场草坪的蓬勃发展。优质的运动场草坪是当今高水平体育竞赛的必备条件。在世界各个城市和各种体育赛事中，我们经常可以见到舒适、美观的高质量运动场草坪，它不仅能够提供一个良好的运动表面，减少运动员受伤，更能够带给人绿色、自然、健康的美学享受。

（一）运动场草坪的概念

运动场草坪（Sports turf）是一类特殊功能的草坪，它是在特定的环境中人工培育的生长良好、有承受运动能力并且为人们提供一个良好运动表面的草本植物群落。

（二）运动场草坪草的选择

运动场草坪草选择的标准是强健、生长旺盛、再生性好、恢复力强、管理容易，不同的运动场草坪又各有其特殊的要求。

运动场草坪作为各项体育运动的基础，其质量的优劣将直接影响体育比赛的质量、球场的使用寿命及运动员的临场发挥。优质运动场草坪的形成受多种因素综合制约，其中草种选择是首要问题。一般在进行草种选择时，应综合考虑以下几个因素。

1. 环境和气候条件

运动场草坪草种选择时首先要考虑的因素是环境和气候条件，即遵循适应性原则。选择的草种首先要适应当地的气候条件和环境条件，才能保证草坪草正常生长，发挥其使用功能。按照气候生态适应性的分类原则，草坪草可以分为冷季型草坪草和暖季型草坪草。进行草种选择时，首先应确定是选用冷季型草坪草还是暖季型草坪草，在我国一般以长江为界，长江以南首选暖季型草坪草，长江以北首选冷季型草坪草，过渡带地区选择上述两种类型的草坪草都可。

2. 使用特性

运动场依其使用目的不同，在草种选择上有着较大区别。就某一种运动场而言，专业的运动场草坪质量要求最高，如足球场草坪的要求，在允许条件下，草种要选择表现最好的。而一般的运动场草坪质量要求不高，草种选择余地较大，但一定要考虑到使用强度。

3. 场地养护管理条件

场地养护管理条件也是运动场草坪草选择的重要影响因素。对于草坪来讲，后期的管理条件对于草坪质量的影响十分关键，特别是运动场草坪，"三分种，七分管"的理念很重要。不同的草坪草对养护管理要求也不同。暖季型草坪草中，狗牙根与结缕草相比，养护管理要求较高，由于其具有较快的生长速度和发达的匍匐茎，狗牙根草坪易形成厚厚的枯草层，如果后期的通气打孔、垂直刈割等措施跟不上，则过厚的枯草层会影响水肥的下渗，容易引发病虫害，还会降低所施药剂的效果。而如果枯草层得到很好的控制，适宜的枯草层会改善球场表面硬度，同时还对草坪草生长点具有保护作用，免受冻害。同时，狗牙根草坪还对水肥需求较高，氮肥需求量为每个生长月 2.43 ~ 7.30 g/m^2，而结缕草仅为 1 ~ 2.5 g/m^2。狗牙根较低的修剪高度和较快的生长速度，使其需要频繁的修剪，才能保持其草坪的高质量，而结缕草草坪对管护要求较低，更适合普通的足球场草坪。冷季型草坪中，草地早熟禾草坪与高羊茅草坪相比，对管护的要求较高，主要是对水肥的需求，以及对病虫害的敏感性。而高羊茅由于其极强的抗热性和抗旱性，在过渡带地区或低养护管理条件下，成为各类运动场草坪的理想选择。

（三）运动场草坪草特性及其配比

对于运动场草坪来讲，可供选择的草坪草种并不多，常见的冷季型草坪草有草地早熟禾、高羊茅、多年生黑麦草、紫羊茅和匍匐剪股颖等；暖季型草坪草有狗牙根、结缕草、假俭草和地毯草等。每一种草坪草都有其特有的植物学特性和生态学特性，进而也就决定了其特有的使用特性，下面介绍几种常见运动场草坪草的特性。

1. 草地早熟禾

草地早熟禾是寒温带地区各类运动场草坪的理想选择。草地早熟禾具有良好的耐磨损性，可以提供适宜的摩擦力，恢复能力和抗虫性较强，在不同水平的养护管理条件下，依然表现良好。强壮的根状茎是草地早熟禾作为运动场草坪草具有的最显著特点，它可以产生致密的草皮，保护草坪草根颈免受损伤。此外，根状茎的快速伸展蔓延，可以使受损草皮迅速得到恢复。与其他冷季型草坪草相比，成坪慢是其最大的不足，至少需要 180 d 的成坪时间，方可投入使用。建植草坪时，选择草地早熟禾和多年生黑麦草混播，混播比例一般为 7∶3或 8∶2。这种混播组合成坪快，耐践踏性强。

2. 多年生黑麦草

多年生黑麦草在非极端温度条件下，是一种非常优异的运动场草坪草，它不仅具有极强的耐践踏性和抗病虫害能力，同时还具有极其发达的根系，使得多年生黑麦草草坪与土壤紧实性强，在激烈的比赛中，其草皮也不易被鞋钉揭起。多年生黑麦草是冷季型草坪草中成坪最快的草种，从播种到投入使用大概需要60～90 d。如果球场急需建成草坪，多年生黑麦草无疑是最佳选择。多年生黑麦草为非匍匐的丛生型草坪草，恢复慢，不易形成致密的草皮，这是它最大的不足。由于其不耐极端温度，且没有草垫层的保护，在冬季易受冻害。

3. 高羊茅

高羊茅质地较粗糙，不耐低修剪，因此在高质量运动场草坪的建植中很少使用，但随着育种技术的发展，高羊茅的这些不足已得到改进。高羊茅是冷季型草坪草中抗热性和抗旱性最好的草种，同时耐践踏性也极强，但高羊茅对土壤紧实较为敏感，在使用强度较大时，往往表现不好。因此，在气温相对较高、使用强度不大或灌溉条件不好的地方，高羊茅是一种不错的选择。高羊茅和草地早熟禾混播也是常见的一种选择，通常以高羊茅为建群种，草地早熟禾的比例（重量比）少于10%。

4. 狗牙根

狗牙根是暖季型草坪草中生长最快、建坪最快的草坪草，恢复能力强，极耐践踏。由于生长速度快，狗牙根草坪极易形成枯草层，所以养护管理中，通气打孔和表施土壤是必不可少的措施。狗牙根草坪如果选择种子建植，一般多选择脱壳种子，未脱壳种子发芽慢，而且出苗期需要特殊的管护。在适宜的气候条件下，狗牙根草坪2～3周即可进行第一次修剪，2个月后即可投入使用。狗牙根草坪最大的不足就是耐阴性差，如果体育馆遮阴较为严重，可考虑其他选择。

5. 结缕草

结缕草的耐磨损性强，抗病虫害能力强，弹性好，对水肥的要求不高，非常适宜作运动场草坪，而且对低温的抗性是暖季型草坪草中最强的。结缕草尽管也具有发达的匍匐茎和根状茎，但是其生长速度较慢，损伤后恢复能力较差。因此，如果使用强度较大，一般不选择结缕草。

（四）运动场类型与草坪草选择

运动场依其使用目的不同，在草种选择上有着较大区别，如足球场草坪要求具有很强的耐践踏能力，且恢复能力好；网球场草坪除耐践踏外，还应有很好的弹性；高尔夫球场的果岭草坪要求优美、耐践踏、耐低修剪和均一高度的草坪。

1. 高尔夫球运动场草坪

判断高尔夫球场草坪优劣主要看果岭的草坪，因为运动员多数活动和击球都是在果岭中进行的。优质的果岭草坪应具有光滑、水平的击球表面、致密的草坪覆盖及均匀一致的外观。在我国北方及温带相对凉爽的地区，常用匍匐剪股颖作为果岭的草坪草种。而狗牙根则用于热带、温带和亚热带地区。这些草坪草种具有许多好的外观特性，它们能够满足果岭的低修剪要求。

2. 足球运动场草坪

草种选择是成功地建植足球场草坪，实现优质、低成本、高坪用价值的关键。足球场草坪要求耐磨、耐践踏性强，抗逆性强，而且草色均一鲜明。

暖季型足球运动场草坪首选狗牙根和结缕草，冷季型足球运动场草坪首选草地早熟禾或草地早熟禾与多年生黑麦草混播。冷季型草坪一般采用混播，选用70%的高羊茅＋20%的早熟禾＋10%的多年生黑麦草，或80%的高羊茅＋20%的早熟禾进行播种。先播早熟禾，再播高羊茅。

暖季型草坪在我国大部分地方难以保证四季常绿的效果，因此草坪的补播就显得非常重要，如在结缕草草坪上秋季补播黑麦草。但在补播之前必须把原有草坪剪至2.0～2.5 cm高度，条件具备时还需用打孔机打孔，且补播后立即灌水、施肥。有时为了草坪造型的需要，应选择两种反差较大的品种进行单播。

在热带和亚热带多雨地区，足球场草坪可选用狗牙根、细叶结缕草、杂交结缕草和地毯草，在温带半干旱地区多用高羊茅的细叶品种和草地早熟禾中抗病性品种。

3. 橄榄球场草坪

橄榄球场草坪要求柔软美观、极耐践踏，抗病虫害和绿期长。同时也要选择最适应该地区生长的草种和品种。

在热带和亚热带湿润地区，橄榄球场草坪草可以选用狗牙根中的天堂328、419，兰州3号杂交的结缕草、地毯草、西非狼尾草和钝叶草。

在长江流域和黄淮平原地区可用细叶结缕草、中华结缕草、日本结缕草和野牛草。管理条件好的也可以播种高羊茅中耐热品种。

在北方寒冷干旱的地区，应该选高羊茅、草地早熟禾和硬羊茅等耐寒、耐践踏的草坪草种。适用于运动场的冷季型草坪均可建植橄榄球场草坪，目前使用品种很多，应以抗病抗寒性和耐盐碱的草种或品种为主要选择，如叶较细而叶色深的高羊茅品种、草地早熟禾、多年生黑麦草。

4. 赛马场草坪

建植赛马场草坪，要求草坪草的根系扩展能力极强，能够使草坪与土壤互相紧密结合，以抵抗高强度的践踏，并且能从损伤中迅速地恢复过来，同时能够在冬季生长良好。符合上述标准的冷季型草坪草包括多年生黑麦草、草坪型高羊茅和草地早熟禾。暖季型草坪草包括狗牙根和狼尾草。位于过渡带气候区的赛马场，以冷季型草坪中的草地早熟禾或多年生黑麦草为主，也可以在其中适当栽植狼尾草。在气候温暖的地区，跑道可以种植狼尾草，然后交播多年生黑麦草，以使草坪冬季仍能呈现出宜人的绿色，在气候较温暖地区，如单纯种植狼尾草，可以节省大量的灌溉水，若与黑麦草混播更佳，因为黑麦草根系深而发达，可以形成力度更为强大的草皮，使草坪更耐践踏。

5. 网球场草坪

网球运动的草坪草应具备植株生长低矮、耐践踏性强、再生力强、叶片纤细、整齐均一、外形美观、质地好、青绿期长的特性，同时适合当地的气候、土壤，抗病虫害能力强，耐频繁修剪，耐低修剪，弹性好，受外力后，能很快恢复原状，叶片水分含量较低，不退色，不着色。

目前,北方一些高质量的网球场是由细叶剪股颖和邱氏羊茅混合建植的。为了使网球场的表面更结实、耐摩擦、耐践踏,多年生黑麦草在细叶剪股颖和邱氏羊茅混播中的比例有所增加。此外,还有的地方在配种中加入草地早熟禾。在土壤条件良好时,草地早熟禾的侵占性强,能通过地下匍匐茎迅速扩散,在使用受伤后能迅速恢复并侵占新的区域,形成的草皮健壮致密,修剪后留茬高度 2 ~4 cm。狗牙根的很多品种很适合在我国南部地区种植网球运动的草坪。

6. 草地保龄球场草坪

草地保龄球场中的草坪草,必须有耐低修剪、耐强度修剪、耐磨损和叶子质地纤细的特点。在冷凉地区草地保龄球场选用的草坪草常为剪股颖,其中最常用的是匍匐剪股颖及少量的匍匐紫羊茅;在过渡地带和温带,则用狗牙根及杂交狗牙根变种。

7. 棒球场和垒球场草坪

棒球场和垒球场草坪所选用的草坪草必须具备极强的耐践踏性与持久性,并能在低的修剪高度下良好地生长。我国北方凉爽的地区,可以选择草地早熟禾、黑麦草和匍匐紫羊茅来建植棒球场。在我国南方温暖潮湿和温暖半潮湿地区,杂交狗牙根很适宜建植棒球场。

8. 曲棍球场草坪

曲棍球场草坪要求草种除对当地气候和土壤适应外,应注重草种耐低刈剪和耐磨耐践踏性。曲棍球场草坪草的修剪高度保持在 0.5 ~1.0 cm,因此生长期内修剪频繁。高度低于 1.0 cm,必须有匍匐生长的习性,生长点接近地表或地表以下,叶片精细短小,再生能力强。热带和亚热带湿润地区,可用狗牙根、杂交狗牙根、野牛草、地毯草、细叶结缕草等;温带湿润和半湿润地区常用匍匐剪股颖、日本结缕草和草地早熟禾;温带和寒温带半干旱地区可用早熟禾、匍匐紫羊茅、匍匐剪股颖、细叶剪股颖等。

(五)常用的混播组合

高羊茅不同品种的混播组合,常用于足球场草坪;草地早熟禾不同品种的混播组合,常用于足球场、曲棍球场、垒球场、投掷场等;黑麦草不同品种间的混播组合,常用于快速建植临时性的运动场地。

高羊茅(60%) + 黑麦草(20%) + 草地早熟禾(20%);高羊茅(60%) + 黑麦草(40%);高羊茅(60%) + 草地早熟禾(40%),适宜足球场草坪用。

四、任务实施

(一)材料准备

各种运动场草坪图片及资料,高羊茅、黑麦草、草地早熟禾、匍匐紫羊茅、匍匐剪股颖、细叶剪股颖、狗牙根、杂交狗牙根、野牛草、地毯草等标本和草种子。

(二)实施步骤

(1)分组研究讨论不同运动场草坪特点,选用什么草种或草种组合。

(2)识别运动场草坪草特征。

(3)调查校园或所在城市有哪些运动场草坪,运动场草坪草的种类和组成。

五、思考与练习

适合于足球场草坪的草种有哪些?

六、知识扩展——运动场草坪的特点

(一)运动场草坪功能性强

运动场草坪对草上运动项目至关重要,它是运动员竞技水平得以发挥的必要条件。运动场草坪最大的特点就是功能性。对运动员来讲,运动场草坪具有良好的缓冲性能,可以保证一定的安全性和舒适性,一个良好的运动场草坪不仅能激发运动员发挥最高的技术水平,并且能避免运动员由于场地质量问题而受伤,延长运动员的运动寿命。

例如足球和橄榄球都是对抗强度非常大的体育项目,球员受伤时有发生,这类赛场草坪对减少队员的受伤机会和受伤程度起着很大的作用。可以想象,假如没有草坪,球员在如此高强度、高激烈程度的比赛条件下,受伤的机会将更大,无形中缩短了运动员的运动寿命,损害了运动员的健康。

另外,很多体育项目都有直接作用于草坪的运动器械,例如足球、橄榄球、网球等,在草皮上使用这些器材将从很大程度上减少摩擦损耗,延长其使用寿命。

运动项目中有许多项目有动物参与,甚至是主角的体育项目,如赛马、斗牛等。这些比赛项目的草坪对于减轻动物蹄伤起到重要作用。硬地虽然反作用力大,使牛、马容易腾空跃起,但也容易造成蹄伤,使珍贵的参赛动物丧失其经济价值。

(二)运动场草坪的观赏价值高

运动场草坪与一般绿地草坪一样,具有保护地面免受风蚀和水蚀、净化空气、降低噪声、抑制尘土飞扬、调节气候等生态功能。

随着体育运动商业化进程的加快,观众审美要求提高,一块碧绿的运动场地在为观众呈现激烈精彩比赛的同时会带来视觉上美的享受,从而激发观众的观赏热情。这种互动良好的比赛氛围将会进一步激发运动员比赛热情。因此,越来越多的运动场草坪除满足运动需要外,还要有美丽的颜色、细腻的质地、均匀一致的外观,具有很高的观赏价值。通过草坪草颜色变化进行艺术造型,好的草坪艺术造型往往成为某个城市的象征,或至少是一道亮丽的风景线,成为世人欣赏的艺术品。

绿色背景增加了景物的对比度,从电视上欣赏足球赛,黑白相间的足球在绿草地上显得十分清晰,也满足了观众的审美情趣。

(三)运动场草坪质量要求高

运动场草坪功能性强,场地质量对比赛质量有直接的影响,因而草坪质量要求很高;草坪应具有较强的承受外来冲击、拉张、践踏的能力,表面具有良好的平滑度,具有良好的弹性和韧性,软硬适度;草坪草的茎、枝、叶中的机械组织发达,抗压耐磨的能力良好,生长迅速,植株分蘖力或扩展性强,具有很好的自我修复能力。

为符合比赛要求,运动场草坪通常修剪得比一般绿地草坪低。不同的运动项目对草坪修剪高度的要求不同。如庭院和公园草坪修剪高度在 4 cm 时,便可以形成非常优质的草坪;而优质足球场、橄榄球场、高尔夫球场的草坪则需要剪到 2 cm 左右;高尔夫球场发球台草坪高度为 1.5 cm 左右;而高尔夫球场进球区草坪则要剪到 5 cm 左右。

另外,由于运动项目的不同,对运动场草坪还有一些特定的要求。如网球场草坪需要有很好的弹性;高尔夫球场的草坪则需要有很好的平滑性,草坪草要耐极度低修剪;足球场草坪还应具有很强的耐践踏能力。

任务二　运动场草坪的建植

一、任务分析

目前,世界上已把现代草坪业的发展水平作为评价一个国家经济实力和文明程度的重要标志之一。现代草坪中的运动场草坪是一类使用强度大、养护管理水平高的草坪,其中以高尔夫球场和足球场草坪最具代表性。不同运动场草坪建植方式有所不同,足球场、网球场等运动场草坪的建植主要采取播种和铺草皮的方法;高尔夫球场草坪的建植主要采取播种和栽植。

二、任务目标

能力目标:能够进行排水设计,能以播种法(喷播)完成运动场草坪建植。

知识目标:了解运动场草坪建植的特点及要求;掌握运动场草坪的建植技术。

素质目标:培养学生计算能力、合作能力、敬业精神。

三、相关知识

运动场草坪除具有一般绿地草坪的特征外,还具有为适应运动的要求而产生的一些特点,主要包括具有较强的忍受外来冲击、拉张、践踏的能力;表面具有一定的光滑度;具有良好的弹性和回弹性,草坪草茎、枝、叶中的机械组织发达,抗压耐磨的能力良好;生长迅速,植株分蘖力或扩展性强,具有很好的自我修复能力。因此,对草坪草种、坪床床基、床土、排灌系统及管理有更高的要求。

草坪建植技术是一项由多学科构成的综合技术。它的发展与各学科基础研究的进步密切相关。20 世纪 80 年代前我国的草坪建植技术较为单一,多以移栽建植草坪。目前已发展为种子直播、液压喷播、植生带种植、铺草皮卷等多种建植技术。运动场草坪以高尔夫球场草坪、足球场草坪最具代表性。

(一)运动场草坪的坪床结构

运动场草坪坪床结构按建造过程可划分为 3 大类:天然型、半天然型和人造型。半天然型和人造型两类场地需要进行设计,内容包括坪床的排水能力、水分与养分的供给能力、稳定性和造价等方面。

1. 天然型

天然型是指坪床没有经过任何工程措施改造的天然土壤。最理想的天然型坪床结构应该是表土肥沃、基层透水性能良好的土壤。土壤结构以沙或砾石之上有一层 250 mm 左右的沙壤土为最好,这样可以大大节约场地建造成本。但这种天然坪床在城市中很少。

天然型坪床，最重要的是在施工过程当中一定要注意保持土壤原有的结构，施工要用适当的机械在土壤干燥的情况下进行。如果在不适宜的气候条件下用不适当的机械施工，原有的土壤结构将遭到破坏，场地将来很可能会出现严重问题。

2. 半天然型

这类场地土壤或基层排水或多或少存在一些问题，需要采用一些工程措施改良，方能达到草坪生长和场地使用质量的要求。根据改良措施的不同，可将半天然型场地分为以下3类。

1）盲管排水型

这种类型的场地表层土壤结构尚可，但考虑到场地的使用频率和强度都很高，场地仅靠自然排水很难使场地积水及时排走，影响场地的使用和草坪的生长。通过在坪床中设置盲管排水系统以改善场地的排水性能，但要注意的是，排水系统的设计、材料的选择及管道的安装都非常关键；同时，要求种植土透水性好，水能迅速下渗到排水层中（见图7-1）。

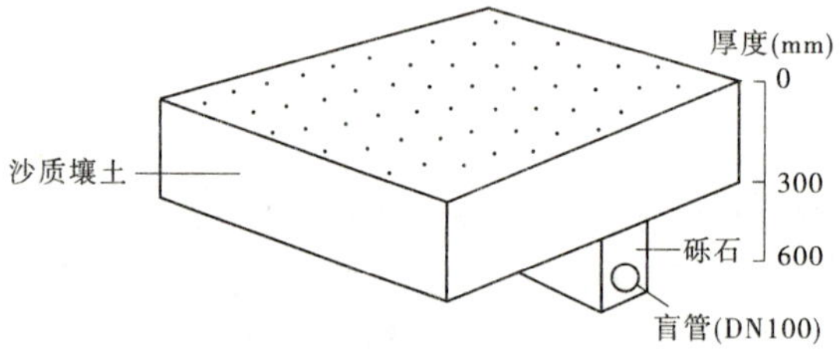

图7-1　盲管排水型坪床结构图

常见的运动场排水系统结构具体参数是：

（1）合理的出水口，以保证盲管排出的水能及时排走。

（2）盲管间距3～8 m，根据当地降雨量确定适当间距。

（3）盲管为直径100 mm的带孔PVC管或开缝波纹管，埋深600 mm。

（4）管道坡降0.5%～1%，确保排水顺畅。

（5）盲沟中回填的砾石要求洁净、坚硬。

如果施工达不到以上要求，排水系统有可能失败或者其排水效率大大下降。常见的情况有，用易破碎的石灰岩风化石回填盲沟，在砾石层与种植层之间缺少过渡层，过渡层砂石级配不合理，从而导致砾石层透水性差，或细小的土壤颗粒下移累积，淤塞盲沟及盲管，使排水系统最终丧失功能。随着场地的使用，盲管排水型结构坪床种植层土壤会逐渐变得紧实，致使排水不畅，此时可通过每年逐步覆沙来改善坪床的透水性。由于沙的粒径大小对种植层的排水与保水性能影响很大，一般选择粒径在0.125～0.50 mm的中细沙为佳。

2）盲沟+盲管排水型

当在坪床中掺沙并不能有效改善坪床的透水性时，就要考虑采用工程措施：在坪床上层设置盲沟，盲沟内全填沙或下层填砾石上层填沙，盲沟从表面贯通至砾石层，砾石层下设盲管排水（见图7-2）。

盲沟通常有3种类型：

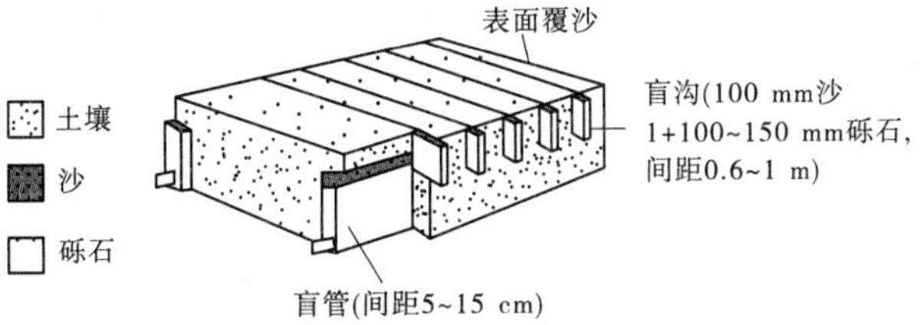

图 7-2　盲沟 + 盲沟排水型坪床结构图

(1)沙 + 砾石盲沟:盲沟宽 50 mm,深 200 ~ 250 mm,与砾石层连接,盲沟上层铺设沙,下层铺设砾石(粒径 5 ~ 8 mm)。

(2)沙盲沟:盲沟宽 15 ~ 20 mm,深 200 ~ 250 mm,至下层砾石层,盲沟中回填沙。

(3)浅沙盲沟:盲沟较浅,宽度 10 ~ 15 mm,深 75 ~ 100 mm,填沙。

上层小盲沟的作用是将上层种植土和下层原有的盲沟相连,以便形成一个上下贯通、水分移动顺畅的排水系统。以上类型中,盲沟的间距非常关键,如间距过宽,盲沟的排水作用就十分有限,通常上层盲沟设计的间距是 0.6 ~ 1 m,而下层排水盲管的设计间距为 8 ~ 10 m。

盲沟盲管排水型结构一般在场地改造时采用。需要注意的是,盲沟的开挖时机非常重要,因为盲沟很窄,施工时容易塌陷。若土壤进入盲沟中,不仅使盲沟的排水能力受到影响,而且会破坏场地的平整度。

3)沙层覆盖型

这种结构类型是在盲沟 + 盲管排水型坪床结构上面再平铺一层 100 mm 的沙(见图 7-3)。该系统在建造高质量的新场地和改造老场地时使用。在改造场地时,需要特别注意保持场地的平整度。通常的做法是,在铺设沙层时将草皮移走,待沙层施工完成后再将草皮重新铺设。这种类型的场地投资大,但从长远看,由于场地质量高而且稳定,投资反而划算。

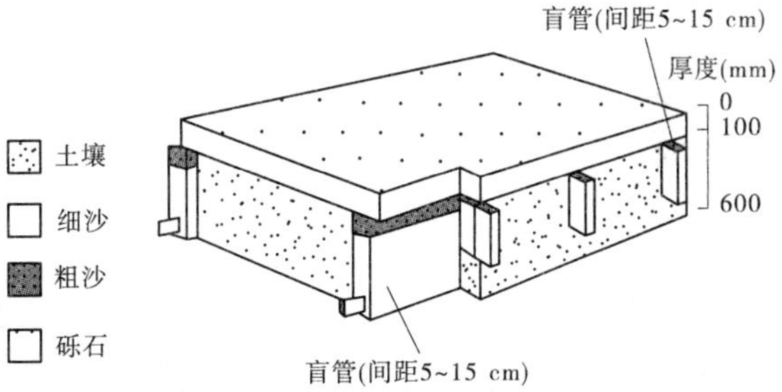

图 7-3　表层覆沙型坪床结构图

3. 人造型

这种类型的场地坪床完全按照设计图纸建造,所有的建造材料均来自于场外。高水平的运动场地大多数为人造型。这种场地质量最高,即使在暴雨过后马上进行比赛也没问题。最常见的人工型场地结构是利用水势原理设计,叫做持水型(suspended water table)结构,也称之为美国高协(USGA)果岭结构(见图 7-4)。另外,还有其他类型的结构,如细胞式(Cell)、PAT、Vacudrain 结构等,但因施工难度大、造价高而很少采用。

(二)运动场草坪的建植

世界杯的标准足球场大小为 68 m × 105 m,边线与端线外各有 2 m 宽的草坪带,在草坪带外还有 10 ~ 15 m 的缓冲地带,面积约为 8 000 m^2。通常的体育场都是将足球场与田径场结合建造,足球场布置在田径跑道中间。田径赛场的分跑道每条的宽度为 1.22 ~

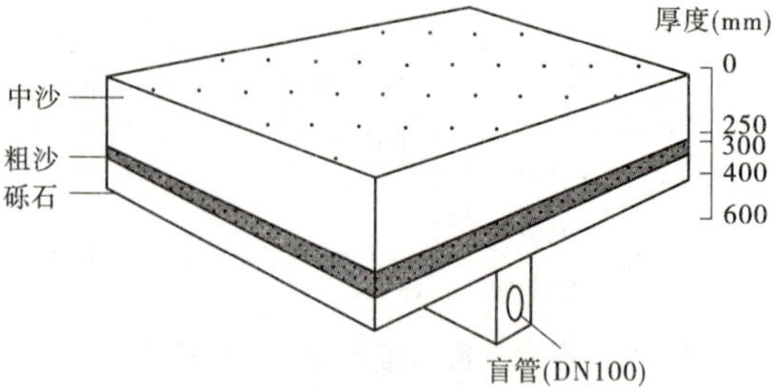

图 7-4　人工型坪床结构图

1.25 m，一般设 6～10 条跑道，总宽度为 7.32～12.5 m，跑道外侧还有 4～5 m 的缓冲带，所以整个田径场和足球场的总面积为 1.9 万～2.0 万 m^2。设施齐备的体育场还设有观众席和防雨棚。

1. 播种建植法

用种子播种建植足球场草坪是最理想的方式，因为便于控制草种组成和密度，缺点是成坪时间较长，幼苗期管理技术要求较高。

足球场草坪常用草坪草的播种量如表 7-1 所示。根据理论密度计算，每平方厘米有可发芽种子 2～3 粒便可保证全苗。随着植株分蘖增加，个体间的竞争日益强烈，最后的密度稳定在 1～2 株/cm^2。所以，采用适当的播种量，不但可以节省种子，而且还能使幼苗健壮。

表 7-1　足球场草坪草的单播量标准

草种	单播量(g/m^2)	千粒重(g)	播种密度(g/cm^2)
多年生黑麦草	40～50	1.50	2.67～3.34
草地早熟禾	20～30	0.37	5.41～8.11
高羊茅	70～80	2.51	2.79～3.18
普通狗牙根	10	0.10	10
邱氏羊茅	30	2.00	1.50
匍匐剪股颖	10	0.10	10

为使种子均匀分布，目前已使用手摇撒播器、手推撒播器、谷物播种机和喷播机。国内近几年分别在沈阳五里河体育场、北京金德体育场、哈尔滨绥满高速公路、长春人民体育场等地应用喷播技术进行运动场绿化，收效显著。

播种后一定要覆土镇压，用圆形或丁齿滚筒镇压都十分有效。必要时还覆盖草席或遮阳网等。

2. 种苗栽植法

用匍匐茎繁殖建植新草坪的方法有穴栽、条植和铺植等形式。

1) 穴栽法

根据种苗数量和坪床质量决定栽植密度，通常密度大成坪快，密度过小需要的成坪时间长，一般用 10 cm×10 cm～20 cm×20 cm 的株行距开穴。为使栽植后种苗生长整齐，可用播种机在坪床进行交叉划行，在十字线处栽苗。若人工锄头开穴，也要先用划线器在坪床上划出十字线，在十字处开穴。每穴栽入截短的匍匐枝2～3根，培土固定。最后滚压和喷水保湿。

2)条植法

将种苗栽植在沟中。匍匐茎发达的草坪草可撕成长条，埋入成行的沟中。人工条植时常是单行栽植，即开沟一条，投入种苗稍固定后，再开第二行的沟，使挖出的土填入第一行的沟中，以后依次条植。为提高条植工作效率，也可用谷物播种机，使开沟器调到最大深度，种苗投入犁沟后再人工覆土，最后滚压和喷水保湿。

3)铺植法

将在种苗圃中培育好的草皮直接铺植在坪床上。草皮用起草皮机切成宽25 cm、长20 m的草皮卷，打捆包装后运到施工现场。为使草皮的新生根与坪床生长牢固，草皮不能切得太厚。一般不能超过5 cm厚，过厚的草皮不易生长牢固。因为草坪草根系的深度与地上部分的高度是成正比的，即草越高则根越深。足球场草坪草的高度通常为3～5 cm，完整的根系深度为10～15 cm，在铺砌草皮时要留足一定的缝隙，缝隙越大，新生长的草根越多越深。因此，铺砌草皮后要允许一定的生长期使根系充分发育。

3.植生带铺法

草坪植生带是用再生棉经一系列工艺加工制成有一定拉力、透水性良好、极薄的无纺布，并选择适当的草种、肥料，按一定的数量、比例，通过机器撒在无纺布上，在上面覆盖一层无纺布，经黏合滚压成卷制成。然后在经过整理的地面上铺满草坪植生带，覆盖1 cm筛过的生土或河沙，早晚各喷水一次，一般10～15 d即可发芽，1～2个月可形成草坪。成草迅速，无杂草，覆盖率可达100%。

(三)建植初期管理

建植后的新草坪需要4～6周的特殊养护。在此期间，新草坪需频繁浇水，以促进根系活跃生长与穿透。最好保护土壤湿润直到幼苗达到2.5 cm后逐渐减少浇水次数，但应注意避免给草坪造成干旱胁迫，以免延迟成坪期。当采用匍匐枝植或铺草皮时，在起初5～7 d，当新根开始长出时，应保持土壤湿润。随着草皮草的生长，要逐渐减少用水量，使土壤经受有规律的干湿变化，用以刺激根系向下生长。一旦暖季型草的匍匐枝长出新根，相对来说不易枯死之时，表面的干燥、受热会刺激匍匐茎的生长，加快建植速度。在这段时期，需供给幼苗充足的肥料，以满足生长的需要，以利于生长健壮的草坪的形成。当草出现第二真叶时，需定期施氮肥和钾肥。在新草坪首次修剪之前进行轻度滚压，通过轻微地伤害草的生长点而促进分蘖与侧向生长，同时还可提高表面稳定性。

当用种子直播建坪的冷季型草坪草达到7.5 cm，匍匐枝栽植的暖季型草坪草达到2.5 cm时，就可进行首次修剪。对用草皮铺植草坪而言，一旦它能经受剪草机的操作而不被拔起时就可修剪。铺植草坪的修剪高度应保持在草坪移植前草坪的正常剪草高度。在开始3个月期间，当草坪草较幼嫩，对化学伤害较敏感时，尽量不要施除草剂。若种床准备较差，杂草种群较多时，虽然草尚幼嫩，也需喷施药物。阔叶杂草除草剂应尽量推迟使用，因为它们会影响草坪草的新根生长，在建植草坪后的6个月内，对新建草坪应尽量少使用。

四、任务实施

(一)场地准备

建植运动场草坪空地或草坪建植试验地。

(二)建植材料准备

多年生黑麦草、纤维覆盖物、肥料、黏着剂、保水剂、喷播机及常用工具。

(三)分组

为操作与考核的方便,可以把学生分成8~10人的小组进行具体任务实施。

(四)实施步骤

1. 表土处理

在施工前,应对要兴建足球场的场地的表土进行处理。如果表土有使用价值,将表层30 cm左右能够利用的土壤集中堆放起来,以便利用。

2. 排水系统

排水系统是足球场草坪建植前最重要、投资比重较大、工序复杂的一项基础工程,包括地表排水和心土排水。

1)地表自然排水

利用足球场表面的坡度自然排水。由于足球场草坪土壤渗透性强,一般喷灌和中小雨草坪上不易产生径流。所以在有暴雨的地区或南方地区建造足球场草坪,一般坪床要保持0.5%~0.7%坡度向周围自然排水。

2)地下管道排水

地下管道排水是足球场草坪最主要的排水方式。地下管道的密度、坡度和管径选择都需要依据当地水文地质条件进行设计。

a. 排水系统的组成

足球场排水系统包括围沟、排水砾石或碎石层、排水管和蓄水池。围沟是草坪外侧或跑道内侧的一圈水泥或砖墙沟,沟宽40~80 cm,深80~120 cm;排水砾石或碎石层是草坪草根系分布的亚土层,由大孔隙的砾石构成,也是暂时存水的保水层,通常厚度为15~20 cm;排水层下是排水干支管,有的埋碎石做成盲沟,有的用多孔的波纹滤水管建造;蓄水池是为再利用足球场草坪排泄的废水灌溉草坪设置的储水构筑物。滤水管的粗细根据管网密度、雨量大小而定,干管一般Φ100~200 mm,支管Φ50~80 mm。

b. 排水系统的结构设计

地下盲沟适用于基础土质不透水、无填方的场地。它由就地开挖的排水沟和回填的块石组成。沟底有0.5%~0.7%坡度。块石可使用卵石、碎石,甚至建筑垃圾如废砖头和混凝土等,要求有较大孔隙,不得下陷。盲沟建造成本低,管理简单,但维修困难,地基不稳定时常造成草坪塌陷。盲沟的排列间距一般为3~5 m,降水量大的地区,排列间距较小,而比较干旱的地区取5 m以上的间距。

有孔管道排水系统适合各种土壤类型的足球场。有孔管道包括多孔陶瓷、有孔水泥预制管和PVC或PE波纹滤水管。常用的即是PVC、PE波纹滤水管,其特点:材质轻,成本低,施工方便,滤水孔上有玻璃纤维布或尼龙布或无纺布等包裹而不易堵塞,使用寿命较长，维修方便。PVC、PE 波汶管密度高的多选用规格小的管径，反之要选用大管径的排水管。排水管的埋设深度必须在排水砾石层之下，其上是排水层和过滤层。

c. 排水系统的布置设计

排水系统管网布置形式要根据土壤质地、雨量、排水结构、坡度走向决定。一般土壤黏性重、雨水频繁，滤水结构单一，管网应密一些，反之则可稀些。管网走向要依据坡度走向，管底也要保持排水坡度。

d. 排水系统施工要求

(1)集中床土，便于施工。集中土壤便于土壤处理，也便于排水沟的开挖与铺设，尤其对整体滤水层更是如此。

(2)管道坡度要准确。排水管安装中要检查坡度，使之符合设计要求，坡度一般为 0.5% ~0.7%，中间不能出现高低起伏，否则易形成泥沙淤积，堵塞管道。

(3)夯实管底。施工中如发现松土层或填土层，必须夯实管道底，以免下沉拉裂管道或堵塞管道。

(4)提高安装质量。管道对接要牢固，防止脱接失去排水功能。外接管口要用防腐的不锈钢网或塑网封堵，防止杂物进入管内。

3. 灌水系统

在干旱高温时期，没有足够的水分，草坪草难以生长，而在热带和亚热带地区存在着雨水分布不均，常有旱季出现，对于足球场草坪要保持其优良品质，必须及时灌溉。足球场灌水系统多采用喷灌，许多高标准足球场设有计算机自动控制的灌水系统。喷头采用地埋长降式，喷洒均匀、壮观。

1)喷灌系统的设计

足球场喷灌系统有多种组合，喷头一般为 8 ~40 只不等，水泵多选 22 ~30 kW。喷头按水流射程分为远射程($R \geq 30$ m)、中射程($R = 10 \sim 30$ m)、短射程($R \leq 10$ m)；按安装部位分为埋藏式和外露式喷头。根据足球场运动特点宜选用埋藏式中射程喷头。

2)喷灌系统的施工要求

喷灌系统的施工程序是放样、挖沟、确定喷点位置、安装、冲洗、测压、维修、覆土、运行等。管道放样要准确，以免影响喷洒面积。挖沟可与排水施工同步，协调施工。安装要精细，不能漏水，以免影响水压。管道如遇排水砾层，应保护处理，尤其塑料管，以免管道振动而破裂。管道安装好后必须冲洗管内杂物，测压后安装喷头，喷头顶盖应与地面平齐，考虑到地面下陷可矮些。最后覆土试喷通过验收。

4. 足球场加热系统

足球场是一个比赛场地，要求草坪四季常绿，而暖季型草坪草冬季休眠，冷季型草坪草在冬季也生长不良。对要求较高的场地，应建立加热系统，在营养土层下铺加热水管或电热线。

5. 铺设营养土

足球场种植层厚度为 30 ~40 cm，它是草坪草根系的伸展层。草坪草生长发育所需要的营养物质都通过此层的根系吸收，故此种植层对草坪质量有重要作用。此层要求土壤有良好的通透性，应选择肥沃、疏松、排水性能好、微酸性至中性的、矿物质颗粒较细、黏土含量较低的轻沙壤土为宜。若坪床土壤达不到上述要求,可重新配制营养土,采用回填客土的方法改良土壤。

营养土配制要根据当地耕作土的质地和沙粒粗细来决定土沙比例。若土壤为黏土如红壤和黄棕壤土,掺沙量不得少于50%。沙子中的粗沙比例应在10%~15%,中沙和细沙应占70%~80%,其余为极细沙。若使用客土为壤土,它本身含沙量已达到55%~65%,需用15%~20%粗沙进行改良,一般掺沙量不超过30%,过多后就会使保水保肥能力下降。若使用客土本身已是沙壤土,其物理特性可以满足草坪草的生长需要,就不用再掺沙,只要施足有机肥料即可。回填营养土时,应按设计标高分3次填平、压实,然后必须灌水使土壤自然沉降。在此工作中,可施用除草剂和杀菌剂,防除杂草和病虫害,最后需要对坪床进行粗细整平,准备播种。

6. 喷播建植

(1)混配草坪草种。根据所需比例混配草种,并将草种、肥料、土壤改良剂、土壤稳定剂、种子黏结剂、水分充分混合均匀。

(2)播种。用喷枪均匀地喷射到平整好的地面上。

(3)播种后一定要覆土镇压,用圆形或丁齿滚筒镇压都十分有效。

(4)覆盖,必要时还覆盖长散草、草席或遮阳网等。

(5)管理。均匀适度地喷水,待植物种子发芽、生长,3个月便可形成漂亮的草坪。

五、思考与练习

(1)足球场草坪建植技术环节有哪些?

(2)足球场草坪灌溉系统有何要求?

六、知识扩展——运动场草坪的分类

草坪是使人们在运动地易于运动的最佳覆地材料。早在13世纪,在欧洲,草坪就被用作打滚木球和板羽球的场地。15世纪初,英国的高尔夫球运动就在草坪上进行,从此多种多样的陆上竞技运动就与草坪结下了不解之缘。目前,在草坪场地上进行的体育比赛项目主要有足球、橄榄球、高尔夫球、棒球(垒球)、赛马、田径、曲棍球、网球等。

运动场草坪总体可以分为三大类:球类运动场草坪,竞技运动场草坪,赛马场、斗牛场草坪。

(一)球类运动场草坪

在草坪上开展的球类运动项目非常多,主要有高尔夫球、足球、橄榄球、网球、保龄球(滚木球)、马球、板羽球、藤球等。由于运动场草坪柔软舒适、干净卫生、环境优美,不仅可以提高球类运动的质量、防止和减少运动员的损伤,也为观众提供了一个良好的休息娱乐的场所。

1. 高尔夫球场草坪

高尔夫球运动起源于苏格兰,15世纪起,开始在英国普及和流行,现今已成为全世界高雅的球类运动。早期的高尔夫球场草地主要由剪股颖和羊茅草构成,通过绵羊放牧采食来进行修剪。

高尔夫球场草坪是所有球类运动场草坪中规模最大、管理最精细、艺术品位最高的草坪，因而投入的人力和物力最多。草坪的设计和规划，草坪植物的选育、保养管理技术都代表着草坪科学的前沿。近年来，我国东部经济发达城市相继建成数十个高尔夫球场，但受国土资源和经济发展水平的限制，高尔夫球场草坪不可能像美国、日本等发达国家那样普及。

2. 足球场草坪

足球是世界第一大体育运动，它已成为一种文化和社会产业，既为亿万人提供精神享受，又为社会创造巨大财富。由于它的商业性和普及性，使得足球场草坪的建植和保养水平越来越高。为了在寒冷的冬季使球迷们观赏到绿茵场上的拼搏，已采用土壤加温、塑料膜保温、耐旱草种交播等技术来使足球场草坪常年青绿、生机盎然。

足球场草坪首先要满足足球运动对场地的技术要求，如草坪的刚性、弹性、摩擦力等；其次是草坪植物的生态适应性，包括对环境和使用强度的耐受能力；最后也要满足观众审美情趣，如草坪草的质感和色泽。

3. 网球场草坪

网球运动也被视为高雅运动，需要的场地面积有限，参与运动的人数可多可少，因而网球运动是一项很普及的球类体育。随着网球商业化发展，草地网球运动逐渐普及，网球草坪的建植和管理日益受到重视。

网球场草坪既要求反弹力好、平整光滑、质地优美，又要求有一定的粗糙度，防止运动员滑倒受伤。而且网球场使用频率高，践踏损伤重，因此网球场草坪建植和养护的难度最大，管理者处理好网球运动技术要求和草坪草生长之间的矛盾关系是一项高超的技艺。

4. 棒球场和垒球场草坪

除场地大小、球的重量和棒的长短稍有差别外，它们的比赛规则基本相似。垒球场和棒球场的草坪主要起绿化美化作用，对运动员的活动和球的冲击没有影响。因此，棒球场草坪的建植和管理要求同一般绿地草坪相似，由于棒球场地面积较大，若不建成人工草坪，则会杂草丛生，有碍观瞻。

5. 保龄球（滚木球）场草坪

滚木球场成为现代草坪的先驱是没有异议的，这个竞赛于1300年在英军和法军中普及，后因这种竞赛影响了马术的练习而被禁止。在草地上比赛滚木球于1588年第一次被纳入运动比赛，滚木球草坪是现代高尔夫球草坪的先驱。

保龄球尤其是室内保龄球是仅次于网球的高雅体育运动，在各城市日渐兴起，成为中青年娱乐的项目。草地保龄球运动在美国和日本的中老年人群中比较普及，因为它克服了室内环境的压抑、没有生气的感觉，在室外草坪上可以随意走动，尽享大自然的优美，保龄球场草坪要求绝对水平，表面平整、滚动摩擦力小，才适于木质保龄球的滚动。因为没有球和人体的急剧冲击，草坪草使用中受伤较轻，故其保养管理难度较低，在常规管理养护下容易保持优质草坪。

6. 马球、板羽球和藤球场草坪

马球是中国最古老的球类运动项目，由于要求有一定数量的良马、较大面积的场地，所以仅在皇宫中流行。目前英国等马术运动发达的国家仍然有马球比赛，其场地多利用赛马场，无专用的马球场。

板羽球是从 14 世纪开始比赛的项目，后来在英国统治的所有殖民地和保护领地进行。因而在所有重要的场地中，人们对草坪覆盖场地的要求比沥青表面场地强烈得多。我国在 20 世纪 50 年代曾在中小学推广过此项运动，由于运动量不及羽毛球和乒乓球，加之比赛场地限制，没有像乒乓球一样普及起来。但此项运动在英国妇女儿童中非常流行。

藤球是东南亚地区传统的球类项目，比赛可在草坪上进行，也可在泥土地上进行，需要的场地与现代的排球场地相似，必须在露天进行。由于球限制用脚踢，运动员容易在场地上跌倒，所以草坪替代泥土地，不仅卫生、舒适，而且极大地减少了运动员跌伤。

（二）竞技运动场草坪

在草坪上开展的竞技体育运动项目有标枪、链球、射击、射箭、滑翔跳伞等。这类体育项目除滑翔跳伞由人体作用于草坪外，其余运动项目都是器械冲击草坪，因此对草坪的要求相对不高，主要发挥草坪的生态功能，减少地面反射辐射，防止尘土飞扬，净化空气，提供优美的竞技运动环境。标枪和链球虽然对草坪损伤严重，但仅在正式比赛时才在草坪上进行，使用时间短，使用后稍加管理即可恢复。

（三）赛马场、斗牛场草坪

这类运动的特点是人和兽共同作用于草坪，使草坪受到巨大的冲击力而遭损伤。此外，赛马场的面积是足球场的 10～15 倍，跑道长达 1 700 m，为了便于观众欣赏赛马，所有场地均需要用草坪绿化美化，确保视野内无障碍。

赛车场草坪是汽车和摩托车竞技赛的重要设施，这类草坪虽不经受车辆的直接碾压冲击，但它是车辆出事故后重要的缓冲地带。在跑道外有大片的绿色原野，无疑会增加驾驶人员和观众的兴趣，提高竞赛的成绩。

各种草坪运动场面积、形状和性能见表 7-2。

表 7-2　各种草坪运动场面积、形状和性能

项目	组织单位	运动场面积（m^2）	参赛人数（人）	比赛时间（min）	人均面积（m^2）
足球	国际足联				
	亚洲足联	7 700～7 800	22	90	355
	奥运会				
	美国	5 348	22	60	243
	苏格兰	11 234	30	60	374
	澳大利亚	25 000	36	100	694
曲棍球		5 027	22	70	228
		6 400	20	90	320
国际标准棒球场		11 234	30	60～80	374
田径场		10 000～12 000（周长 400 m 的跑道，用于足球比赛或者田径比赛）			
美式橄榄球		5 342.39（长 109.7 m，宽 48.7 m）			
网球场		260.8（长 23.77 m，宽 10.97 m）			

任务三　足球场草坪的养护管理

一、任务分析

一个高质量的运动场草坪，坪床准备是基础，草种选配是关键，养护管理是保证。因而，运动场草坪一旦建成，必须由专人进行定期、精细的管理。

运动场草坪养护管理除修建、施肥、灌水、表施土壤、滚压、防治病虫害和杂草及辅助管理外，对于不同草坪，还要特殊的管理，如高尔夫球场的果岭，非雨天需要每天修剪，足球场草坪赛前赛后都要进行综合养护。只有管理精细合理，才能使草坪时刻处于良好的生长状态，在比赛中发挥出最佳效果。

二、任务目标

能力目标：能够进行运动场草坪常规养护；能够进行足球场草坪赛前赛后管理。

知识目标：掌握足球场草坪管理的方法。

素质目标：培养学生解决生产问题能力、环保意识、团队意识。

三、相关知识

（一）喷水

坪床铺栽草块或草根后，要每天喷水，待草坪成活后，则一个星期喷水一次。6 月下旬至 8 月，除雨天外，仍需每隔 1 ~ 2 d 喷水一次。喷水的时间最好在下午 6 时至晚间，或早晨 9 时以前。北京地区生长旺季每周可浇 1 ~ 2 次透水（渗水深度 15 ~ 20 cm），一般生长季每 2 ~ 3 周浇一次透水。高温季节，在白天最热时可短暂喷水（5 ~ 10 min/次），以降低地温，使草不被灼伤。足球场草坪要避免频繁地灌溉。

（二）病虫害管理

足球场草坪病害的化学防治，应定期喷撒甲霜铜、氯化汞、氯化亚汞、孔雀石绿等来防治真菌病。汞盐用量 42 ~ 84 g/100 m^2，在秋、冬两季进行 1 ~ 2 次。用硫酸铵 3 份加煅烧过的硫酸铁 1 份再加干燥惰性沙土 10 ~ 20 份制备成毒土。在土壤潮湿、天气湿暖、草带露水的时候撒入草坪，可防治草坪藓类，全年均可进行。另外，一年应 1 ~ 2 次在草坪上喷杀草剂。

（三）修剪

多年来实践证明，草坪越修剪，越向四周蔓延；越不修剪，越往高处生长。修剪是维持草坪的最有效手段，在草坪草对修剪的耐受范围内，低修剪是增加草坪密度和维持旺盛生长的有效手法。这时，适量修剪和每次保持 1/2 的叶片量，是草坪修剪必须遵循的原则。当草长到 5 ~ 6 cm 高时就可修剪。剪刀要锋利，茬高 4 ~ 5 cm，每次剪去部分不得超过草高的 1/3。当干旱、炎热夏季时，生长初期、末期均应适当提高剪草高度，可比平时留茬高 1/2。修剪时应注意方向，避免在同一地点多次同向修剪。

（四）追肥

足球场每年施两次追肥，采用硫酸胺或尿素。全场每次施肥 75 kg，第一次于草坪返青后 4、5 月施，第二次于 8 月施。工人体育场每年施 4 次，施用硫酸铵及过磷酸钙，每次施 75 ~ 100 kg，第一次于 4 月施，以氮肥为主；第二次、第三次于 6 月下旬至 8 月上旬雨季施；第四次于越冬前施，以磷肥为主。足球场草坪采用喷施方法，避免撒施后喷水使肥分流失。

（五）滚压

当发现修剪后出现"拔性"现象时，应使用滚轮进行滚压，以保持草坪的平整。所谓"拔性"，是指剪草机运行中把根状茎及草根部拔起，这是由于剪草机刀口不锋利造成的。

（六）打孔通气

当草皮形成后，为促进草坪草的营养生长和改善土壤的通气透水状况，应定期打孔或划破改良。打孔或划破宜在早春或深冬进行，实心打孔锥长 10 ~ 15 cm，直径 1.3 cm。每平方米孔数不得少于 100 个。过度践踏的草坪场，在春季土壤湿润时，应进行 3 ~ 6 次的打孔或 2 ~ 3 次划破处理。

（七）补播

在草坪植被稀疏或产生秃斑时应及时补种。补种可用种子直播和补铺草皮的方法进行。在生长季，运动最频繁的地方，以 4 ~ 10 g/m^2 的播种量进行补播，补播种最好与原种相同，补播前作催芽处理。应先剪草，然后将表土耙松，下种后覆层薄土（0.3 ~ 0.5 cm），再镇压（播后一次，发芽一次，第一次修剪后和第二年春也分别镇压一次）。补铺的草皮高出平面 0.6 cm，用 1∶1的泥炭砂填空。保持 2 ~ 3 周湿润，进行镇压。

（八）越冬措施

越冬前灌冻水极为重要，例如北京地区，根据其气温条件，11 月中旬、下旬灌冻水最为适宜。盖马粪、盖锯末的返青早，叶片色泽较绿，但很娇嫩。浇过冻水，在春季土地化冻后，生长得特别健壮。每年冬季雪后，把雪覆盖在草坪上，这对草坪的返青非常有利。于越冬前，进行一年之中的最后一次修剪，这次修剪有利于返青时嫩叶的萌发。

（九）返青前后的养护工作

早春草坪嫩叶未萌发出土前，滚压一次很有必要。因土地表面经过整个冬季寒风侵袭后，会发生裂开现象，滚压可弥补裂缝，有利于夏、秋草坪生长。返青后应及时浇水，以促进禾草的生长。

（十）赛前赛后的管理

比赛前 5 ~ 10 d 应对草坪进行综合养护管理（施肥、灌水、修剪），使草坪处于优良状况。比赛时应有一层坚硬和干燥的表面，因此在比赛前 24 ~ 48 h 内应停止灌溉。比赛后应及时清理场地。除灌溉、修剪、补肥外，应注意损坏地块的修补和镇压。

四、任务实施

（一）场地准备

选择一处足球运动场草坪。

（二）材料准备

草坪修剪机、手推滚轮、草坪打孔机、尿素。

（三）分组

学生4～6人一组。

（四）具体操作步骤

1. 除杂草

人工除草，尽可能清除杂草的种球和根茎。

2. 修剪

修剪，遵循1/3原则，每3～5天修剪一次，留茬高度为2.5～4.5 cm。

3. 施肥

施用尿素，5 g/m²。

4. 病虫害防治

（1）用1‰的敌百虫液喷杀小地老虎。

（2）用50 g/m² 的氯化亚汞喷撒防治真菌病。

5. 赛后管理

1）滚压

每次赛后用滚轮进行滚压，以保持草坪的平整。

2）补植

赛后必须马上修补草坪、补播，特别是损坏地块进行修补和镇压，灌溉，让草坪尽快恢复。

五、思考与练习

（1）运动场草坪滚压的目的是什么？

（2）足球场草坪赛前、赛后管理有哪些内容？

六、知识扩展——高尔夫球简介

高尔夫球运动是在风景优美的地区进行竞赛的一项运动项目，因为高尔夫球手要在风景区中的地形上——高尔夫球场上竞赛其技艺。虽然众多体育文化中，都有以棍击球的竞赛项目，但高尔夫球和足球一样是一项民族体育运动。最早的高尔夫球俱乐部——英国圣·安德鲁斯皇家古老高尔夫球俱乐部（The Royal and Ancient Golf Club at St. Andrews）建于1552年苏格兰玛丽王后统治时代。高尔夫运动最初是在一种叫做“Links land”的地段上开展的，“the Links”一词至今仍用于描述高尔夫球场，Links是古老的苏格兰语，代表苏格兰风景的一种特殊形式，Links land是指海边以小丘地形为主，强风吹积而成的缓缓移动的沙丘上覆盖着粗糙的被动物啃食过的草地为特色的海岸地貌。从15世纪起，高尔夫球运动开始在英国流行和普及，现今已成为风靡全世界的高雅球类运动。

高尔夫球运动员打18个洞为一个循环，所以正规场地由18个洞穴组成。但在比较小的场地，仅有9个洞穴，这样要完成一个标准循环，得在该场地上来回打两圈。对于较大的高尔夫球俱乐部，其场地可能由36个或更多（必须是18的倍数）的洞穴组成。

球场一般设在风景区或公园的草坪上（常是人造的自然小环境），其形状和大小无统一标准。18 个洞穴的高尔夫球场面积在 49 ~ 81 hm^2。每个洞穴由四个主要部分组成：击球区（开球区 tee）、球道或通路（fairway）、障碍区（rough）或高草区和果岭（green）。

击球区和果岭由球道相连，其长和宽通常分别是 137 ~ 492 m 和 33 ~ 109 m。障碍区位于球道的两侧，其管理要求比球道低。障碍区的目的是用来惩罚运动员的不正确击球，将球从中击出比在球道上困难得多。这是因为障碍区草坪修剪高度较球道大，击球面较差，有时可能还包括树林。

一个洞穴的障碍区可能由几部分不同的障碍物所组成，这就增加了比赛的难度，如沙子组成的沙带、成片的树林及水等。

七、任务考核

任务考核项目、内容、标准、方法如表 7-3 所示。

表 7-3　任务考核

序号	考核项目	考核内容	考核标准	考核方法
1	运动场草坪草选择	足球场草坪草选择方法(20 分)	掌握足球场草坪草要求 掌握足球场草坪草配比	分组考核
2	运动场草坪草场地准备	排灌系统安装(30 分)	掌握运动场草坪排水系统的要求 掌握运动场草坪灌溉系统要求	分组考核
3	运动场草坪建植	足球场草坪播种建坪(30 分)	能够运用喷播建植法建植草坪	分组考核
4	运动场草坪养护	运动场草坪赛前赛后养护(20 分)	掌握赛前管理要求 掌握赛后养护要求	分组考核

项目八　游憩草坪建植与养护

任务一　游憩草坪草种选择

一、任务分析

科学地选择适宜于当地气候和土壤条件的优良草坪草种，是建坪成功的关键。各类草坪草都具有各自的基因特性，要依据草坪的生态环境条件，选择适宜该环境条件的品种。

游憩草坪多分布于大片平坦或缓坡地段及树丛间，面积较大，主要供人们散步、游憩及小活动量的体育运动或游戏。游憩草坪草种的选择时应充分考虑这一特点。

二、任务目标

能力目标：能够进行游憩草坪草种选择，并能进行科学配比。

知识目标：掌握游憩草坪草种选择的原理及方法，常见游憩草坪草种配方。

素质目标：培养学生收集、分析和处理信息的能力；培养学生与他人交流、沟通及表达能力；培养学生团队协作意识；增强学生对环境、生态的保护意识；培养吃苦耐劳、爱岗敬业的良好职业道德。

三、相关知识

（一）游憩草坪的概念

游憩草坪又叫游憩场草坪、休息性草坪，是指能供人们休息、散步、游戏及简单户外活动的草坪。这种草坪的建植要求除外观平整美观外，还应耐践踏和有较强的恢复能力，游憩草坪随处可建，没有固定形状，面积大小不等，一般是开放式，允许游人自由出入。这种草坪往往需要为游人提供一个更加美好的游憩活动环境，因此根据具体情况，可以在草坪内适当配置一些孤立树、树丛、花丛、花坛、花架、花镜、石凳、石桌、水池、假山、雕塑、小品等，草坪边缘配花木、花带图案等。管理粗放，广泛建于各类公园、名胜古迹园、游乐园、广场、学校、幼儿园、医院、工厂、机关、住宅小区、疗养度假区、风景区内，是目前种植面积较大的一类草坪，与人们日常生活密切相关，人们接触最频繁。

然而目前在国内，由于普遍存在认识上的不足及经费上的缺乏，许多游憩草坪只要种上草就算完成任务或者就可以通过验收，使得这些草坪在应用之后很快就出现诸多问题，草坪质量严重下降。有的草坪甚至连最基本的除杂草工作都没有做好，结果变成了一个杂草坪。

（二）游憩草坪草选择标准

游憩草坪是城市绿地软质景观的本底，景观效果好，观赏价值高；游憩草坪通常是人口密集的场所，允许游人进入活动、娱乐、休憩，功能性非常强，具有适宜人们密集活动的特点。

草坪草应同时满足游憩草坪景观效果和功能性的双重要求，选择草种时，一方面要依据草坪草生存的生态环境条件，选择适宜该环境条件下生长的草种，另一方面要考虑所选的草种能够满足游憩草坪功能的需要。游憩草坪主要是供人们游玩休憩的，对草坪草种选择要求是：

（1）适应当地的气候和条件；

（2）植株低矮，质地纤细，叶窄密集，茎叶细长，观赏价值高；

（3）生性强健，耐践踏力强；

（4）生长旺盛，再生力强，覆盖力强，形成草坪快；

（5）直立生长较少或矮生品种，不需频繁修剪；

（6）耐低修剪；

（7）耐寒、耐热、耐旱性好，绿色期长；

（8）抗病虫能力强，耐土壤贫瘠，适应性强。

在北方地区可选用高羊茅、草地早熟禾、紫羊茅和多年生黑麦草按适宜的比例混播，南方地区可选用沟叶结缕草、钝叶草、狗牙草等。

（三）游憩草坪草种类

根据游憩草坪草选择标准，用于游憩草坪的草种主要分布在剪股颖属、早熟禾属、黑麦草属、结缕草属及羊茅属。羊胡子草不耐践踏，在游人较少处也可以应用。

羊茅属：常见种有邱氏羊茅（*Festuca rubra* L. *subsp commutata*）、强匍匐紫羊茅（*Festuca rubra* L. *subsp. rubra*）、细匍匐紫羊茅（*Festuca rubra* L. *subsp. litoralis*）、羊茅（*Festuca ovina* L. *subsp. ovina*）、硬羊茅（*Festuca longifolia*）和高羊茅（*Festuca arundinacea*）等，可以用作游憩草坪混播中的伴生种。本属草种特点是抗逆性强，耐酸、碱，耐瘠薄、干旱，抗寒、耐热，抗污染。其中韧叶紫羊茅、匍匐紫羊茅、羊茅、细叶茅均为细叶低矮型，高羊茅为高大宽叶型。

剪股颖属：用于游憩草坪的草种有细弱剪股颖（*Agrostis tenuis*）、绒毛剪股颖（*Agrostis canina* L.）、匍匐剪股颖（*Agrostis stolonifera*）和小糠草（*Agrostis alba* L.）等，可建成高质量草坪。本属草种特点是具有匍匐茎或根茎，扩散迅速，形成草皮性能好，耐践踏，草质纤细致密，叶量大，适应于弱酸性、湿润土壤。

结缕草属：本属的结缕草（*Zoysia*）、大穗结缕草（*Zoysia macrostachya Franch.* et Sav.）、中华结缕草（*Zoysia sinaca*）、马尼拉结缕草（*Zoysia matrella*）、细叶结缕草（*Zoysia tenuifolia*），是优良的游憩草坪植物。具有耐干旱、耐践踏、耐瘠薄、刚性强、弹性大、抗病虫等优良特性。

早熟禾属：常用于游憩草坪的草种有草地早熟禾（*Poa pratensis* L.）、粗茎早熟禾（*Poa trivialis* L.）、林地早熟禾（*Poa nemoralis* L.）和早熟禾（*Poa annua* L.）等，是北方建植游憩草坪的主要草种。根茎发达，形成草皮的能力极强，耐践踏，草质细密、低矮、平整、草皮弹性好、叶色艳绿、绿期长。但抗逆性相对较弱，对水、肥、土壤质地要求严。

黑麦草属:常用于游憩草坪的草种有多年生黑麦草(*Lolium perenne* L.)、洋狗尾草(*Cynosurus cristatus* L.)、多花黑麦草(*Lolium multiflorum*)、一年生黑麦草(*Lolium multiflorum* Lam),主要用作游憩草坪混播方案中的保护草种。多年生黑麦草种子发芽率高、出苗速度快、生长茂盛,叶色深绿、发亮,但需要高水肥条件,坪用寿命短。

目前在我国南方,用于建植游憩草坪的暖季型草坪草主要有细叶结缕草、沟叶结缕草、地毯草、结缕草、钝叶草、狗牙根、假俭草、海滨雀稗等,其中狗牙根包括多个从国外引进的杂交品种。

在我国南方亚热带与北方暖温带交界的过渡带地区,高质量的游憩草坪常常选用杂交狗牙根建植,并在秋季交播冷季型草坪草如多年生黑麦草或粗茎早熟禾等,来达到四季常青的目的。在树下、疏林下、四周都是高楼大厦的绿地中,则应选择耐阴能力强的草坪草种及其品种,如地毯草、钝叶草等。

西北、华北、东北和西南的部分地区,常用的草种主要有草地早熟禾、早熟禾、高羊茅、紫羊茅、多年生黑麦草和匍匐剪股颖等。

(四)游憩草坪草配比

草坪可以采用单播,也可以采用两种以上草种混播。混播可以适应差异较大的环境条件,加快成坪速度;混播可以使生活期短的草种为生长缓慢的优良草种提供遮阴或抑制杂草、延长绿期和寿命等作用。

混播草坪应包含主要草种和保护草种。保护草种一般是发芽迅速的临时草坪草种,其作用是为生长缓慢的主要草种遮阴及抑制杂草,使主要草种(永久性草种)形成稳定的草坪。较好的保护草种有多年生黑麦草、紫羊茅等,其使用比例不应超过25%,多年生黑麦草几年后慢慢地自然消失。主要草种也可以有几个品种混播,可以预防病害的迅速蔓延,减少全局的损害。

游憩草坪一般采用几种以上的草坪草,并配成一定的比例播种。多用70%~80%的粗叶草和20%~30%的细叶草混合栽。

常用草种配方如表8-1所示。

表8-1　常用草种配方

草坪种类	草坪草种类及比例					
	草坪草1		草坪草2		草坪草3	
	种类	比例(%)	种类	比例(%)	种类	比例(%)
常规性游憩草坪	黑麦草	20	草地早熟禾	80		
	狗牙根	100				
	狗牙根	90	多年生黑麦草	10		
	结缕草	100				
	结缕草	90	多年生黑麦草	10		

续表 8-1

草坪种类	草坪草种类及比例					
	草坪草 1		草坪草 2		草坪草 3	
	种类	比例(%)	种类	比例(%)	种类	比例(%)
耐践踏游憩草坪	狗牙根	70	地毯草	20	多年生黑麦草	10
	狗牙根	70	结缕草	20	多年生黑麦草	10
	黑麦草	80	早熟禾	20		
	高羊茅	50	草地早熟禾	50		
	草地早熟禾	70	多年生黑麦草	20	紫羊茅	10
	草地早熟禾	50	紫羊茅	35	多年生黑麦草	15
	高羊茅	80	草地早熟禾	20		
耐阴游憩草坪	多年生黑麦草	50	早熟禾	50		

游憩草坪的混播除上述配方外,若同一个草种内的不同品种各有特殊的优点或所施工的草坪小环境变化多样时,可以用混合品种,弥补单一的缺陷。各品种比例根据具体情况而定。

草坪草混播草种的选择,应注意以下的问题:一是所选的草种品种在外观上应该是相似的;二是混播草种的品种中,至少有一个品种在当地条件下有较好的适应性,并有一定的抗病性。

四、任务实施

(一)材料准备

各种游憩草坪图片及资料,多年生黑麦草、草地早熟禾、地毯草、结缕草、高羊茅、紫羊茅、普通早熟禾、狗牙根等标本和草种子。

(二)实施步骤

(1)识别游憩草坪草特征。

(2)调查所在城市有哪些游憩草坪,游憩草坪草的种类和组成。

五、思考与练习

(1)游憩草坪草种选择标准是什么?

(2)举出几个常用游憩草坪草种配方。

六、知识扩展——草坪质量评价

草坪质量是评价草坪优劣的综合指标,而且是相对指标。虽然草坪质量评价方法在特定条件下重点不同,但构成草坪质量的基本因素是一致的。评价一块草坪质量的高低,主要考虑外观质量和功能质量。外观质量要素包括密度、质地、颜色和均一性等;功能质量要素包括刚性、弹性、回弹力和恢复力等。

(一)草坪质量评价指标

1. 草坪外观质量评价指标

草坪外观质量评价指标包括颜色、密度、质地和均一性等。它们是相对独立的变量,从不同的方面反映了草坪的质量特征(见图8-1)。

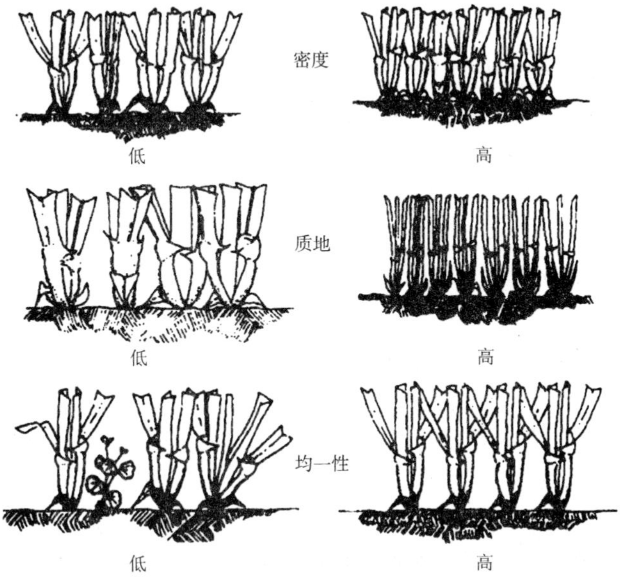

图8-1　草坪外观质量指标

1)密度

密度表明草坪植株的稠密程度,是指测得的单位面积上草坪植株个体或枝条的数量。草坪密度随不同的草种、不同的环境条件和不同的养护措施而差别很大。不同草坪植物在相同的播种量和相同的生长条件下,因其分枝类型的不同,密度也不同。同一草坪草种也会因草坪建植方式、环境条件、养护管理措施及一年中的不同生育时期等而有差别。高密度的植株对优质草坪而言是很重要的,因为它可以增强草坪对杂草侵袭的竞争力。

2)质地

质地是指草坪草叶的宽窄与触感的量度,一般多指草坪植物叶片的宽度。通常认为叶片越细,质地越好。叶片宽1.5~3 mm是大多数人所喜好的草坪草质地。一般地,宽叶的草坪通常触感硬,窄叶的草坪质地较软。但是羊茅属则叶细且硬,沟叶结缕草也有相同的倾向;养护管理措施,如修剪高度、施肥适中的草坪,质地较好。叶片的质地会因植株的密度和环境胁迫而发生变化,如长期干旱,会使草坪草质地变得粗糙。

3）颜色

颜色是人眼对草坪反射光的光谱特征作出的评价。当辐射能投射到草坪表面的时候，某些波长的辐射能被草坪吸收，而其他一些波长的辐射能被反射。波长范围在380～760 nm的反射光谱作为草坪的颜色被人眼所感受。草坪颜色是表征草坪总体状况良好的指标之一。

不同草坪种和品种在颜色上深浅不一，从浅绿、深绿到浓绿。在草坪草生长季节的初期和末期，这些差异将更明显。如在夏季很难从颜色上区分一年生早熟禾和草地早熟禾。草坪养护管理程度不同，草坪草表现的颜色也是不同的，如水肥不足会导致草坪草颜色发黄等。草坪草的颜色评价与个人喜好有关。一般地，大多数人比较喜欢深绿色。

4）均一性

均一性是指草坪外观上均匀一致的程度，草坪的均一性可用某一草坪草类群在单位面积中所占的比例及这一比例在不同样方中的变异程度来表示，是对草坪颜色、生长高度、密度、组成成分、质地等几个项目整齐度的综合评价。高质量的草坪应是高度均一，不具裸露地、杂草和病虫害斑块，生育型一致的草坪。

5）盖度

一定面积上草坪植物的垂直投影面积与草坪所占土地面积的比例。

6）高度

草坪植物顶部（包括修剪后的草层平面）与地表的垂直距离。

7）地下生物量

地下一定深度内草坪草根系有机物质的干重。

8）病虫侵害度

病虫对草坪侵染危害的程度。

9）杂草率

单位面积草坪中杂草（非目标草）所占的比例，表示杂草侵入草坪的程度。

10）草坪绿期

草坪群落中80%的植物返青之日到80%的植物呈现枯黄之日的持续日数。

2. 草坪功能质量评价指标

草坪功能方面的评价指标包括刚性、弹性、回弹力和恢复力等（见图8-2）。

1）刚性

刚性是指草坪叶片对外来压力的抗性，它与草坪的耐践踏能力有关，是由植物组织内部的化学组成、水分含量、温度、植株个体的大小和密度所决定的。结缕草和狗牙根草坪的刚性强，可以形成耐践踏的草坪；草地早熟禾和多年生黑麦草草坪刚性则差一些；而匍匐剪股颖和一年生早熟禾草坪刚性更差；粗茎早熟禾刚性最差。

2）弹性

弹性是指草坪叶片受到外力作用下变形，在消除外力后叶片恢复原来状态的能力。草坪的修剪、踏压等活动是不可避免的，所以弹性也是草坪的一个基本特征。草坪草种、修剪高度、土壤物理性状等都会影响草坪的弹性。如在初冬季节，清晨有霜冻发生时，草坪叶片的弹性急剧降低，此时应禁止一切草坪上的活动。当温度升高以后，草坪草的弹性

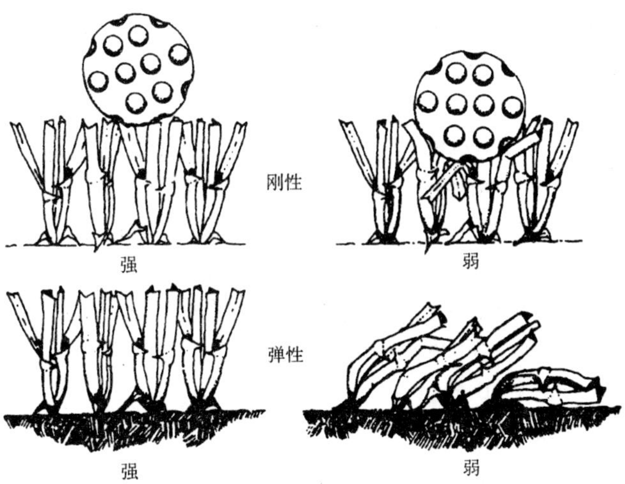

图 8-2　草坪功能质量要素

会得到恢复,有时清晨喷灌可加快这一过程。

3)回弹力

回弹力是草坪吸收外力冲击而不改变草坪表面特性的能力。草坪的回弹力部分受草坪草叶片和滋生芽特性的影响,但主要受草坪草生长介质的影响。如草坪上形成的枯草层能增加草坪的回弹力。土壤类型和土壤结构也是影响草坪回弹力的重要因素。其测定方法是将被测场地所使用的标准赛球在一定高度下落,目测或用摄像机记录第一次回弹高度,然后计算回弹率。

4)恢复力

恢复力是指草坪受到病害、虫害、践踏及其他因素损害后,能恢复覆盖、自身重建的能力。它受植物遗传特性、养护管理措施、土壤与自然环境条件的影响。土壤板结,施肥、灌溉不足或过量,温度不适宜,光照不足及土壤存在有毒物质和病害都会影响草坪草的恢复力。

5)草坪硬度

草坪抵抗其他物体压入其表面的能力。

6)草坪摩擦力

在运动场草坪上,特指运动员鞋底在草坪表面滑动时的摩擦状况。

7)草坪滚动距离

对在草坪上进行的球类运动项目而言,是将球置于一定高度沿一定角度的测槽下滑,测定从接触草坪起到滚动停止时的直线距离,用于评价球在草坪表面上滚动的性能。

(二)草坪外观质量评价 NTEP

NTEP(The National Evaluation Program)是美国国家草坪评比项目的简称,目前国际上采用的评分标准。NTEP 采用 9 分制评价草坪质量,9 分代表一个草坪能得到的最高评价,而 1 分代表完全死亡或休眠的草坪,评分因素主要考虑草坪颜色、质地、密度、均一性和总体质量。

用 9 分制评分法,1 ~2 分为休眠或半休眠草坪,2 ~4 分为质量很差,4 ~5 分为质量较差，5～6 分为质量尚可，6～7 分为良好，7～8 分为优质草坪，8 分以上为质量极佳。实际评分可以参照以下具体标准。

1. 密度

从草坪上方垂直往下看，小区完全由裸地、枯草层或杂草组成时，为 1 分；盖度 50% 时，为 1～3 分；盖度 50%～80% 时，为 3～5 分；盖度 80%～100% 时，为 5～6 分；盖度达到 100% 时，由较稀到很稠密，为 6～9 分。盖度是指目标草坪草所覆盖的面积百分比。

2. 质地

手感光滑舒适、叶片细腻的草坪质地最佳，手感不光滑、叶片宽、粗糙的草坪质地最差。对手感光滑舒适的草坪，叶片宽度为 1 mm 或更窄，为 8～9 分；1～2 mm，7～8 分；2～3 mm，6～7 分；3～4 mm，5～6 分；4～5 mm，4～5 分；5 mm 以上，1～4 分。虽然叶片较窄，但手感不好的草坪，在以上评分的基础上，略减。

3. 颜色

颜色表明整个小区内草坪的绿色状况，是草坪表观特征的重要指标。枯黄草坪或裸地为 1 分；小区内有较多的枯叶，较少量绿色时，1～3 分；小区内有较多的绿色植株，少量枯叶或基本由绿色植株组成，但颜色较浅时，为 5 分；草坪从黄绿色到健康宜人的墨绿色，为 5～9 分。

4. 均一性

草坪草色泽一致，生长高度整齐，密度均匀，完全由目标草坪草组成，不含杂草，并且质地均匀的草坪为 9 分；裸地、枯草层或杂草所占据的面积达到 50% 以上时，均一性为 1 分。见表 8-2。

表 8-2　NTEP 草坪外观质量评分标准

指标	分等	评分	指标	分等	评分
草坪密度	<50%	1～3	叶片质地	>5 mm	1～4
	50%～80%	3～5		4～5 mm	4～5
	80%～100%	5～6		3～4 mm	5～6
	盖度 100%，较稀疏到很稠密	6～9		2～3 mm	6～7
				1～2 mm	7～8
				<1 mm	8～9
草坪颜色	休眠或枯黄	1	草坪均一性	色泽一致，高度整齐，密度均匀，不含杂草，质地均匀	9
	较多的枯叶，少量绿色	1～3		裸地、枯草层或杂草面积达到 50% 以上	1
	较多的绿色，少量枯叶	3～5			
	浅绿到深绿的颜色	5～7			
	深绿到墨绿	7～9			

5. 总分

在将各要素的评分综合成总分时，通常按以下的标准给不同的项目分配权重：颜色2，密度3，质地2，均一性2。

如某小区草坪，颜色得分7.6分，密度得分8.5分，质地得分7.2分，均一性得分6.8分，则根据项目分配权重：

总分 = (颜色得分 ×2 + 密度得分 ×3 + 质地得分 ×2 + 均一性得分 ×2) ÷9

$= (7.6 \times 2 + 8.5 \times 3 + 7.2 \times 2 + 6.8 \times 2) \div 9$

$= 7.6$

用9分制评分法，7.6属于7～8分之间，则评价结果这块小区属于优质草坪。

6. 评价原则

由于外观视觉评分具有一定的主观性，要获得有意义的评估结果须掌握一些原则：

(1) 参与评价者应该相对独立地作出评价，最终的评分等级取这几个评价者结果的平均。

(2) 参与评价者必须经常巡视需要评价的草坪，从总体上把握它们的质量变化。在观测前，应该参照上一次的评分结果和巡视记录。

(3) 如评价草坪较多，通常应集中在同一天评估，以确保评估过程中的一致性。

(4) 评价最好在阴天进行，因为强光照射会影响评价者对草坪颜色等的判断准确度。

(三) 草坪工程质量评价

草坪工程质量评价一般是在草坪建植完成以后和交付使用前由草坪建设单位或业主组织专家对草坪建植质量作出评价，以检验草坪建植单位或施工单位的施工质量是否达到业主或合同规定的要求。目前，我国还没有十分完善和适应地域条件的草坪质量标准，也没有较为简便易行的草坪工程质量评价方法和程序，因此在草坪验收过程中常常造成甲、乙双方的矛盾，不利于草坪业的健康发展。进行草坪工程质量评价的目的是要分门别类地建立草坪质量评价指标体系并逐步完善草坪质量评价方法。

1. 草坪工程质量的评价指标

草坪工程质量评价是草坪质量评价的一部分，它与草坪质量评价不同，草坪工程质量评价更注重决定草坪外观质量的内在因素。草坪工程质量应从草坪建植状况、坪床基础和草坪外观质量三个方面进行评价。

1) 草坪建植状况

草坪建植状况决定草坪的外观表现，它包括草种选配、草坪的均匀性、草坪密度、草坪盖度等方面。这些指标可从本质上反映草坪颜色、质地及均一性，从而决定草坪的建植是否达到要求。草种选择要因地制宜，以选择适合本地的草种为主。草种的配合使用要考虑各草种的颜色和质地，不能相差太大，否则无法获得均匀美观的草坪。草坪的密度和盖度主要取决于播种量与草坪草的生长特性。

2) 坪床基础

坪床是草坪赖以生存的基本保证，其质量的好坏直接影响草坪的前期生长、草坪的管理和草坪寿命。坪床基础可用坪床养分、质地、平整度等指标来衡量。坪床的质地对草坪的建植和以后的管理有较大的影响。壤土是普通草坪建植的理想基质，它既有良好的保水保肥能力，又有良好的通透性。但是一些对草坪质量要求较高的工程，如高尔夫的果岭区、运动场草坪，为了防止积水，影响比赛的进行，采用人工掺沙，将土壤改良为沙壤土。但是这种土壤保水保肥性差，需要加大灌水和施肥频率。因此，在草坪工程质量评价中，土壤质地的评价也要以草坪的用途和工程的要求而不同，不能用单一质量标准来衡量坪床的质地。坪床养分要合理搭配，养分的配比因草坪的用途、要求和管理强度不同而不同。养分过多则会增加管理强度，尤其是过多的氮肥会增加草坪的修剪次数；适量的磷钾肥可促进草坪草根系的发育，增加草坪的抗旱性；缺氮则会影响草坪的颜色。

坪床平整度可反映建坪过程中施工的精细度。坪床要求无积水的区域、无大粒径石块等坚硬物质。在工程中如果要进行微地形景观的建造，要做到坡度合理、平滑一致，景观布局要结合地面排水设计，要避免有无法排水的死角。

3）草坪外观质量

草坪外观质量不仅取决于草坪的建植状况和坪床质地，而且也受草坪的养护管理的影响。在草坪工程质量的评价中，草坪的外观质量主要反映的是草坪在交付使用前的养护管理水平。任何草坪从建植到交付使用都要经过一定时期的管理养护。养护管理对草坪的外观质量影响较大。即使前期建植工作满足工程要求，如果后期管理不当，也会造成草坪质量下降，达不到要求。而且良好的养护管理也可弥补建植和坪床处理中的一些不足。养护管理的措施有修剪、浇水、施肥、病虫害防治、杂草防除和覆土、滚压等。评价养护管理的指标有草坪颜色、盖度、草层高度、绿期、杂草数量、病斑出现率和面积。这些指标的测定方法与草坪质量评价中的相同。

2. 草坪工程质量的综合评价方法

草坪工程质量是多个评价指标的综合反映，需要通过综合评价以数量化的形式表示出草坪工程的质量。草坪工程质量的综合评价通常采用模糊综合评价法。在草坪工程质量的模糊综合评价方法中，质量评价是否准确，关键在于评价指标的权重是否科学合理。苏德荣等（2000）从草坪建植工程的竣工验收角度提出草坪工程验收时质量评价的指标体系，利用层次分析法（Analytic Hierarchy Process，AHP）经专家评议获得草坪工程质量评价指标的权重，其中在草坪建植、坪床基础和草坪外观质量三个方面的权重分配分别为0.578、0.324、0.089。具体评价指标的权重可根据相同方法确定。草坪工程质量模糊综合评价的步骤与草坪外观质量评价方法相同。通过综合评价可获得草坪工程的等级或得分，可为草坪工程招标、竣工验收等工程提供合理、准确的衡量指标，为工程合同双方明确责任与义务提供了数量化的标准，有助于草坪工程的建设和管理逐步实现规范化。

（四）草坪生态学评价

草坪生态学是研究草坪生态系统的一门科学，以研究草坪草与环境的关系为主要内容。草坪生态系统是指有一定结构、一定功能、有程序的草坪活体。在草坪生态系统中含有生物和非生物两大部分，它们由能量、元素、信息流的网络，把它们内在的各个组分联系为一个整体，它是以日光能为原动力，以绿色草坪草生产的有机物质为基础而自行运转的功能单位。草坪生态学评价，就是对草坪生态系统的综合认识，是草坪科学评价的重要环节。

1. 评价的原则

(1)目标明确。如草坪地被层,以评价草坪草使用价值为目标,其中可能包括成坪的速度、再生能力、颜色、耐践踏性、抗病性等诸生产特性,市场价格、水土保持作用、体育运动作用、城市园林美化作用等内容。

(2)单位适当。量度系统的选择要适当,精度要求宜准确。如草坪绿度评定,较为准确的量度应通过化学分析的方法,在草坪草同一生育期的相同部位取样,进而确定叶绿素含有量。然后再依据以叶绿素含有量为基准的草坪绿度等级来确定不同草坪草绿度等级。

(3)方法标准。草坪评价过程中,各指标的量度操作手续、取样的时间和数量、数据统计所采用的方法等应规范化,以使评定结果一致,增加评价成绩的同一性。

(4)取值稳定。同一性状的测量,应采用同一的方法、步骤和衡量单位. 这样以保持其同质性,进而使所得特征数据具有较稳定的可比性。

(5)评价中所采取的项目应能体现本质。

2. 评价的步骤

(1)确定适当的评价指标,应根据目的来确定不同的评价指标。运动场草坪就应确定草坪是否适宜运动的指标,如再生力、弹性、耐践踏性等。用于环境保护的草坪,就应采用与净化大气功能等有关的指标,如减尘力、抗污染力、代谢某种有毒有害物质的能力等。

(2)不同质的评价单位之间关系的确定。如 1 kg 修剪青草,相当多少干草,相当多少干物质,相当多少能量,相当多少水消耗,相当多少附加能量,相当多少氮肥,相当多少劳力,相当多少货币等。同样可以计算草坪草种子、草皮、植生带、草坪草营养繁殖体、运动场草坪、绿地草坪等产品的上述各项产值,从而使不同质的草坪产品、不同的草坪生态学系统间得到相对优势的概念。

(3)草坪生态系统的综合评定。将草坪生态系统的最终效益,其中包括生态效益、社会效益、经济效益及各种类型的草坪应在统一的评定标准系统下做出综合评价。

(五)我国草坪质量分级(GB/T 18247.7—2000)

1. 草坪质量等级标准

草坪质量等级标准如表 8-3 ~ 表 8-7 所示。

表 8-3　绿化草坪等级标准

等级	一级	二级	三级
颜色*(分)	7 ~ 9	4 ~ 6	2 ~ 3
盖度*(%)	≥90	≥80	≥70
病虫侵害度*(%)	≤3	3.1 ~ 5	5.1 ~ 8
杂草率*(%)	≤2	2.1 ~ 5	5.1 ~ 8
高度(cm)	3 ~ 5	5.1 ~ 7	7.1 ~ 9
绿期(d)	≥200	180 ~ 199	≤179
质地(mm)	3 ~ 5	2.5 ~ 2.9 或 5.1 ~ 5.5	≤2.8, ≥5.5
密度(枝条数/m^2)	10 001 ~ 11 000	9 001 ~ 10 000	8 000 ~ 9 000

注:带 * 号者为必测指标,其余为参考指标。

表 8-4　观赏草坪等级标准

等级	一级	二级	三级
颜色*(分)	7 ~ 9	5 ~ 6.9	3 ~ 4.9
盖度*(%)	≥95	90 ~ 94	≤80
病虫侵害度*(%)	≤3	≤2	≤3
杂草率*(%)	≤1	≤1	≤1
质地*(mm)	4	3 ~ 5	2 ~ 2.9,5.1 ~ 6
均一性*(分)	8 ~ 9	7 ~ 7.9	6 ~ 6.9
高度(cm)	3 ~ 5	5.1 ~ 7	7.1 ~ 9
绿期(d)	≥240	200 ~ 239	≤199
密度(枝条数/m^2)	10 001 ~ 12 000	9 001 ~ 10 000	8 000 ~ 9 000

注:带 * 号者为必测指标,其余为参考指标。

表 8-5　水土保持草坪等级标准

等级	一级	二级	三级
盖度*(%)	≥85	75 ~ 84	70 ~ 74
病虫侵害度*(%)	≤3	3.1 ~ 8	8.1 ~ 15
地下生物量*(g/m^2)	≥1 500	1 000 ~ 1 499	700 ~ 999
密度(枝条数/m^2)	9 001 ~ 10 000	8 001 ~ 9 000	7 000 ~ 8 000
颜色(分)	≥5	3 ~ 4.9	2 ~ 2.9
高度(cm)	≤10	11 ~ 20	21 ~ 40
杂草率(%)	≤2	2.1 ~ 5	5.1 ~ 10
草皮韧性(kg/m^2)	21 ~ 30	16 ~ 20	10 ~ 15

注:带 * 号者为必测指标,其余为参考指标。

表 8-6　足球场草坪等级标准

等级	一级	二级	三级
颜色*(分)	7 ~ 9	5.5 ~ 6.9	4 ~ 5.4
盖度*(%)	96 ~ 100	90 ~ 95	85 ~ 89
病虫侵害度*(%)	≤1	1.1 ~ 3	3.1 ~ 5
杂草率*(%)	≤1	1.1 ~ 2	2.1 ~ 4
草坪高度*(cm)	2 ~ 3	3.1 ~ 5	5.1 ~ 7
回弹率*(%)	20 ~ 50	15 ~ 19,49 ~ 55	10 ~ 14,56 ~ 60
滚动距离*(m)	3 ~ 12	2 ~ 2.9,12.1 ~ 14	1 ~ 1.9,14.1 ~ 16
摩擦力*(N · m)	25 ~ 30	20 ~ 24	15 ~ 19
表面硬度*	20 ~ 80	81 ~ 100	101 ~ 120
平整度(mm)	8 ~ 10	11 ~ 12	13 ~ 15
密度(枝条数/m^2)	10 001 ~ 12 000	9 001 ~ 10 000	8 000 ~ 9 000
渗透性(mm/h)	≥251	201 ~ 250	130 ~ 200

注:带 * 号者为必测指标,其余为参考指标。

表 8-7　草皮质量等级标准

等级	一级	二级	三级
盖度*（%）	91～95	86～90	80～85
病虫侵害度*（%）	≤1	1.1～3	3.1～5
杂草率*（%）	≤1	1.1～2	2.1～4
根层厚度*（cm）	1.5～2	1.1～1.4，2.1～2.5	0.5～1，2.6～3
新鲜度*	鲜嫩 含水量＞70%	叶微卷 60%≤含水量≤69%	叶稍卷 45%≤含水量≤59%
植株密度（枝条数/m^2）	9 001～10 000	8 001～9 000	7 000～8 000
均一性（分）	7.1～8	6.1～7	5～6
草皮韧性（kg/m^2）	21～30	16～20	10～15
植株高度（cm）	≥5	3～4.9	2～2.9

注：1. 带 * 号者为必测指标，其余为参考指标。
2. 草皮根层厚度：草皮除地上部植株外，由根系和基质所构成的厚度。
3. 草皮新鲜度：草皮植株鲜嫩的程度，以植株的含水率来表示。
4. 草皮韧性：单位面积草皮所能承受的静拉力的程度。

2. 分级检测方法

草坪等级标准分一级、二级、三级 3 个等级。在质量检测中，各项必测指标达到所属级别的草坪应归属于相应的级别，其余指标为参考指标，经检测不符合最低等级者，视为等外级。

1）取样方法

草坪的各项检测指标的实际值，采用抽样测定法测定。依据检测对象的大小、性质、检测器具与精度要求，可分别选取随机取样、系统取样和限定随机取样。

随机取样：在被测草坪上随机设置取样单位，并有适当重复，以便进行统计分析。

系统取样：将取样单位尽可能地等距、均匀而广泛地散布在被测草坪上。

限定随机取样：将被测草坪进一步划分为较小单位，在每个单位中采用随机取样。

2）取样

草皮的检测采用系统取样法取样。

足球场草坪的检测按照 GB/T 18247.7 规定的取样方法进行取样。

其他各类草坪，当草坪面积小于 500 m^2时，采用系统取样；当面积大于 500 m^2时，采用随机取样。

3）检测指标的表述与测定方法

（1）草坪颜色：以观测者对草坪的目测结果对草坪颜色给予等级划分的评价。枯黄草坪或裸地为 1 分；小区内有较多的枯叶，较少量绿色时，1～3 分；小区内有较多的绿色植株，少量枯叶或小区内基本由绿色植株组成但颜色较浅时，为 5 分；草坪从黄绿色到较深的绿色，为 5～7 分；深绿到墨绿，为 7～9 分。

(2)草坪密度:计数一定面积的样方内草坪植物的枝条数。通常样方面积为 50～100 cm^2。

(3)草坪均一性:目测法一般采用 9 分制进行打分,9 表示完全均匀一致,6 表示均匀一致,1 表示差异很大。

(4)草坪质地:以草坪草叶最宽处的宽度来表示,在叶宽的测定中要选叶龄与着生部位相同的叶片,测量叶片最宽处重复次数要大于 30 次。

(5)草坪盖度:采用目测法,首先要制作一个面积为 1 m^2 的木架,用细绳分为 100 个 1 dm^2的小格,测定时将木架放置在选定的样点上,目测计数草坪植物在每格中所占有面积的比例,然后将每格的观测值统计后,用百分数表示出草坪的盖度值。

(6)草坪高度:草坪在自然状态下,测定草层顶端至坪床表面的垂直距离,采用直尺或卷尺测量法,单位为厘米(cm)。重复 3 次,取其平均值。

(7)草坪地下生物量:用直径为 10 cm、深度为 15 cm 的根钻测定,重复取样 5 次,取样深度 15 cm,用水冲洗去根表面的杂质和泥土,在 105 ℃条件下,烘至恒重,测得根的干物质重,然后换算成单位面积的地下生物量,用克每平方米(g/m^2)表示。

(8)病虫侵害度:采用样线法,以被侵害草坪草在样线上所占长度与样线总长度的百分数表示。样线长度为 1 m,重复 3 次,取其平均值。

(9)杂草率:采用样线法,以杂草在样线上所占长度与样线总长度的百分数表示。样线长度为 1 m,重复 3 次,取其平均值。

(10)草坪绿期:计数草坪群落中 80% 的植物返青之日到 80% 的植物呈现枯黄之日的持续日数。

(11)草坪回弹性:将标准赛球从 3 m 高处自由落下,目测或用摄像机记录第一次回弹高度,以回弹高度与下落高度比值的百分数表示。重复 6 次,取其平均值。

(12)草坪硬度:用草坪硬度计测定,测锤为圆柱形,重 0.5 kg,直径 50 mm,在 300 mm 的导管中下落,记录草坪硬度计所测数值,每个测试区重复 10 次。

(13)草坪滚动距离:将标准赛球从 45°斜面的测槽,高 1 m 处自由滑下,测定球从接触草坪起到滚动停止时的直线距离。由于球场草坪多具一定的坡度,同时测定时会受风向的影响,因此在测定中要正反两个方向各测一次。草坪滚动距离的计算见式(8-1):

$$DR = \frac{2S\uparrow \cdot S\downarrow}{S\uparrow + S\downarrow} \tag{8-1}$$

式中　DR——滚动距离,m;

$S\uparrow$——迎坡滚动距离,m;

$S\downarrow$——顺坡滚动距离,m。

(14)草坪平整度:将 10 根有刻度的针间隔 20 cm 等距离置于 2 m 长的架子上,其中针可以自由地上下移动,在测定中将该装置放在足球场上,读取各针的上下移动值(mm),重复 3 次,计算标准差,用标准差的平均值表示均一性。

(15)草坪摩擦力:采用转动系数法。转动系数的测定是用一个质量为(46 ± 2) kg、直径为(150 ± 2) mm 的圆盘,其底部装有运动鞋鞋钉,圆盘通过一个传动杆经固定衬套与扭力计相连。测定时转动扭力计手柄,使圆盘沿切线方向运动。当圆盘在草坪表面转动时,记录扭力计所指示的力矩,并计算转动系数,见式(8-2)。

$$\mu = \frac{3M}{FD} \tag{8-2}$$

式中 μ——转动系数;

D——圆盘的直径,m;

M——圆盘转动时的力矩,N · m;

F——圆盘的重力,N。

(16)草坪渗透性:采用双模法测定。用面积为 50 cm×50 cm、25 cm×25 cm 的正方形模子分别作为外模和内模嵌入被测草坪,深度为10 cm,在两个正方形内灌5 cm高度的水,始终保持这个水位,记下水消耗量和渗透时间。用式(8-3)计算:

$$K = \frac{Q}{S \cdot t} \tag{8-3}$$

式中 K——土壤渗透系数;

Q——渗水量,mL;

S——渗透截面面积,cm^2。

(17)草皮根层厚度:测定除地上部植株外,由根系和基质所构成的厚度,采用直尺或卷尺侧量法,单位为毫米(mm)。重复3次,取其平均值。

(18)草皮新鲜度:采用测定植株含水量的方法确定其新鲜度。重复3次,取其平均值。

(19)草皮韧性:用拉力测定器测定草皮的韧性,单位为千克每平方米(kg/m^2),重复3次,取其平均值 。

任务二 游憩草坪建植与养护

一、任务分析

游憩草坪可以创造一个优美、幽静的环境,供人们散步、休息、游戏及户外活动,草坪质量要求高。因而,游憩草坪的场地的整理、草种的选择与混播配比等都要周密的计划和安排。游憩草坪的风格多样,场地条件、景观功能和服务功能也不尽相同,因而其建植方式也趋于多样,较为常用的建植方式有种子直播建植、营养繁殖建植两种。游憩草坪有一定的耐践踏能力,但不宜使用过度。应定期进行松土、施肥、修剪等养护。

二、任务目标

能力目标:能够用播种法与营养繁殖法建植游憩草坪;能够进行游憩草坪养护。

知识目标:了解游憩草坪建植的要求;掌握播种法的程序及要求、营养繁殖建植草坪的程序及要求;掌握游憩草坪养护方法。

素质目标:培养学生合作能力,有团队意识,能够与他人协作共事;培养学生经济意识、环境保护意识、安全意识、敬业精神、奉献精神。

三、相关知识

游憩草坪营造了一个清新、凉爽、舒适、幽美的环境，供游人坐卧赏玩，是游人喜爱的休息、游乐的场地，不仅为城市园林绿化增添了色彩，而且还可以减少尘土，增加湿度、调节气温、降低噪声、缓和阳光辐射、保护人们的视力，具有改善和美化环境的功能，而且使人们感受到充满生机的大自然的美妙，使人心旷神怡、精神焕发、疲劳消除。在特殊情况下，大面积的游憩草坪，中间所形成的空间，能够起分散人流的作用，是防灾避难的良好场所。

(一)游憩草坪建植的特点

1. 应用范围广，观赏价值高，草坪草选择难度大

游憩草坪是草坪在园林应用的重要形式之一，其应用范围非常广。在综合公园中的儿童活动区、体育活动区及游览休息区应结合地势设计布置游憩草坪，为游人提供游览、休憩、文化娱乐的场所；在植物园、动物园、名胜古迹园、游乐园、风景疗养度假区，以及机关、学校、医院等也有应用。

不同区域因人流大小及踩踏强度不同而对游憩草坪质量要求不同，因而对草坪草的要求也有所不同。应根据游憩草坪的实际功能，并结合游人流动数量及活动、娱乐类型(即踩踏强度)选择适宜的草坪草，可建植单一草坪，亦可建植混播草坪。因同时要兼顾观赏价值和耐践踏的双重要求，而且要考虑具体功能，所以草坪草选择的难度大。一般要考虑草坪草成坪后的草坪质地、草坪草的枝条密度、草皮草的覆盖性、草坪草的颜色和绿色期、草坪草对环境的适应性、草坪草对外力的抗逆性、草坪草的感病性、草坪草芜枝层产生的能力及草坪草的建植速度等方面的内容。

2. 施工相对简单，场地整理质量要求高

游憩草坪一般以自然式为主，充分利用原有地形、植物进行设计。土壤营养条件也比较好，不必单独覆盖有肥力的营养土层；地形坡度一般较小，有利于草坪草的生长，便于草坪建植，施工难度相对较低。

游憩草坪在允许游人进入的同时，要求有很高的园林观赏价值，这就对游憩草坪的质量提出了更高的要求：场地整理标准更高，要求将草坪床面以下不小于 40 cm 之内的杂物，包括草根、树根、石砾等都要彻底清理。而且建坪前要充分的调查场地条件和测定土壤因子，制订建坪的详细实施方案，以提高建坪的质量。

3. 多利用自然地形排水，造价相对较低

灌溉系统是给土壤供应不足的水分，而排水系统则是排走土壤中多余的水分，只有两者相互配合，才能给草坪提供一个良好的土壤水环境。游憩草坪灌溉一般有自动喷灌和半自动喷灌两种方式。而排水一般会利用自然地形进行。

游憩草坪排水相对于运动草坪和观赏性草坪造价要低，在考虑排水系统时主要依靠自然地形排水，尤其是在沙质土壤上种植草坪，完全可以利用土壤排水性能好的特点不设计专门的排水系统。但若沙土下有一层较黏的隔离层，则还需要设立排水系统。在用地表排水时，草坪地要设计一定的比降，有利于地表排水。

总体而言，游憩草坪地排水系统造价相对较低。但若有一些土壤黏重地或践踏强烈

的草坪地要设置一些沟槽地面排水系统。这种沟槽可以挖成宽 6 cm、深 25 ~ 37.5 cm 的漕沟，沟间距离 60 cm，并与地下排水沟垂直。

4. 功能不同，管理水平要求不同

游憩草坪虽然有一定的耐践踏能力，但也不能使用过度。在早春草坪还未返青前，应预先采取措施加以保护，规定使用期、保养期，定期分区轮流开放使用。应根据不同功能和人流量进行因地制宜的管理方式，在游人较多、踩踏强度较大的地区，应该配备较多的管理人员，管理更加精细；对于人流相对较小、以观赏价值为主的草坪管理，可适当减少管理人员。

（二）游憩草坪建植方法

1. 种子直播建植草坪

1）种子的选择

游憩草坪质量高低取决于草种种类和品质。草坪种子应选择高品质的草籽，要求纯度高、含水适量、没有杂质、新鲜、发芽率高。

2）草种的混播

游憩草坪直播法建植可采用单一草种，也可采用两种或两种以上的草种进行混播。

3）建植新草坪的季节

最适宜播种期选择在温度、水分条件最好的和最适宜生长的季节之前，这样就可以使幼苗在萌芽后在适宜的环境条件下正常生长。另外，播种期的选择也应考虑杂草生长竞争的程度。

在较凉爽的北方地区播种冷季型草种的季节，一般在早春和夏末初秋，最适宜的播种季节是在夏末，也就是最适宜的温度是 15 ~ 25 ℃。冷季型草种在夏末时，土壤温度高，极利于种子的发芽，在此时播种冷季型草坪草发芽迅速，此后只要水、肥和光照等条件适宜，幼苗就能旺盛地生长。而在早春或初夏播种冷季型草坪草，就增加了播种生长的幼苗在炎热、干旱的压力下死亡的可能性，并且此时的条件极有利于杂草的生长。

暖季型草种最适宜的温度在 20 ~ 25 ℃，因此春末夏初播种暖季型草坪草较为适宜，这样，可为初生的幼苗提供一个足够温度条件的生长发育环境。

4）播种量

草坪草的播种量，取决于种子质量、种子的混合组成，及土壤状况等多方面的因素。种子播种量过小，会影响成坪速度，增加管理的难度和支出；播种量过大，会增加成本，并会促使真菌病害的发生。从理论上讲，播种后要确保在单位面积上有足够的幼苗，即在每平方米面积上一般有 1 万 ~ 2 万株幼苗。

5）播种

草坪用种子的种粒都很小，因此注意控制播种深度。一般种子的体积越小，播种的深度就应该越浅。

为确保草籽撒播的均一性，可将计划建坪场地分成若干等同面积的块或条，按规定播种量把种子按比例分开，分别进行播种；也可将草坪所需的播种量的一半按照南北方向均匀撒播，另一半按东西方向均匀撒播。

播种后应及时覆土，或用钉耙轻轻地把种子耙到土中，应小心地只沿着一个方向耙，以防止将种子耙到畦中间。

覆土后用镇压器轻轻地镇压土壤，以保证土壤紧密接触。

6）覆盖

用特定的覆盖材料（例如：稻草、无纺布、塑料薄膜等）覆盖坪床，减少风、水对种子的吹冲侵蚀，为种子萌发及生长发育提供适宜的小环境。

覆盖坪床面不能盖得太厚太密，应保留一定的缝隙，以免妨碍幼苗对光线的吸收。

当幼苗基本出齐时，应及时撤去覆盖物，以免捂伤幼苗，影响幼苗生长发育。撤去覆盖物的时间一定要在阴天或晴天的傍晚，切忌在烈日下进行。撤去覆盖物后，要均匀适度地喷水。

7）草坪管理

当幼苗开始生长和发育时，就应开始进行草坪的养护管理，主要内容是灌水、去除杂草、修剪、表施追肥和病虫害防治。

2. 营养繁殖法建植草坪

用种子繁殖方法建草坪的造价低，但成坪速度慢。而采用营养繁殖方法，如铺草皮块、分株栽植、嫩枝繁殖等，虽然成本高，但成坪的时间短。如铺草皮块建坪法，铺装后即可成坪。营养繁殖方法包括以下几种。

1）密铺法

先将要建坪的土壤翻耕整平，并保持土壤的湿润。将在苗圃地培育成的草坪草切成长、宽各为 30 cm，厚 2 ~ 3 cm 的草皮块，带根铲起，用 30 cm × 30 cm 的胶合板制成托板，装车运到铺草地块。也可以用起草机起成宽 30 cm 的草皮带，再用铡刀切成 30 cm × 30 cm 的草皮块。铺装时，草皮块要紧密衔接，铺完以后要用 0.5 ~ 1 t 重的滚筒或木夯夯紧夯实，使草皮与土壤紧密接触，无空隙，这样可以免受干旱的影响，草皮也容易成活和生长。草皮铺好夯实后，要立即进行均匀适度的灌溉，固定草皮并促进根系生新根和生长。如果坪地面有低洼面，可以覆以松土，使之平整。

2）间铺法

为节省草皮材料，可用间铺法。即用长方形草皮块按铺块式或梅花式的形式，各块相间排列，出现较为美观的图案。将铺草皮处挖低一些，使铺下的草皮与四周土面相平。草皮铺完后予以滚压和灌水，草皮块开始生长后，匍匐茎向四周蔓延生长，直至互相结合。

3）条铺法

铺植方法与间铺法类似，将草皮切成 6 ~ 12 cm 的长条，草皮长条平行铺植，两条的间距为 20 ~ 30 cm，半年后可以结合。条铺法的后期管理与间铺法相同。

（四）养护管理措施

游憩草坪建成之后，为了保持其处于良好的使用状态及延长其使用时间，必须做好草坪的养护管理。一般来讲，草坪的养护管理措施包括以下几个方面。

1. 修剪

每一种草坪草根据其生长特性、遗传特点、气候条件和栽培管理水平，可以确定一个特定的耐修剪高度范围，在这个范围之内，草坪可以获得令人满意的草坪质量。休憩草坪修剪高度可适当提高（见表 8-8）。

留茬高度一般为 5 ~6 cm,遮阴下可提高到 6 ~8 cm。根据不同草种的生长情况和季节确定修剪时间和次数。暖季型草坪草在 5 ~6 月间修剪 2 ~4 次,7 ~8 月间修剪 4 ~6 次,9 ~10 月间修剪 1 ~2 次,全年修剪 7 ~12 次。冷季型草坪草在 4 ~6 月间修剪 6 ~10 次,7 ~8 月间修剪 4 ~6 次,9 ~10 月间修剪 3 ~4 次,全年修剪 15 ~20 次。此外,同一块草坪的每次修剪,应避免同一种方式进行,要防止永远在同一地点、同一方向的多次重复修剪。每次剪下的草屑,要及时运出草地,以免引起草屑覆盖草坪草,破坏草坪的外观。

表 8-8 休憩草坪主要草坪草的参考修剪高度

草种	修剪高度(cm)	草种	修剪高度(cm)
高羊茅	3.8 ~7.6	地毯草	2.5 ~5.0
细羊茅	3.8 ~7.6	野牛草	1.8 ~5.0
草地早熟禾	3.8 ~7.6	结缕草	1.3 ~5.0
钝叶草	5.1 ~7.6	普通狗牙根	2.1 ~3.8
多年生黑麦草	3.8 ~7.6	假俭草	2.5 ~5.0

2. 灌溉

(1)新建草坪应及时进行人工灌水,以雾状灌水为好,以免种子被水冲走,影响发芽。

(2)草坪幼苗期的灌水深度,一般应在每次灌水能渗透土层的 3 ~5 cm。

(3)随着幼苗的逐渐长大,灌水的次数可以逐渐减少,但每次的灌水量要逐渐增大,渗水深度应达到 10 ~15 cm。

(4)一般应避免频繁和过量的灌溉,使土壤过湿或饱和,如床面有积水和土壤过湿,要采取缓慢排除积水措施。

(5)灌水时间一般应在早晨进行。在夏季高温季节白天最热的时候,地面高温容易烫伤草坪的幼苗,为了适当降低气温和地温,在最热的时候可以进行短暂的喷水,每次 2 ~3 min。

(6)已建成的草坪每年越冬时,为草坪能安全越冬和翌年返青,在初冬要灌封冻水,灌水深度要达到 20 cm。早春要灌返青水,灌水深度要达到根系活动层以下。

3. 施肥

草坪草播栽以后,要尽快使草坪草保持适当生长速度,形成致密、均一、色泽美丽的草坪。根据土壤的肥力状况和草坪草的生长状况增施一定的肥料。

每 1 ~2 年结合培土施有机肥 1 次,有机肥用量 1 ~2 kg/m^2。生长季节内,每年追肥 2 ~3 次。冷季型草坪草宜在早春和早秋施用,暖季型草坪草可在早春、仲夏和早秋施用。每次可用尿素 10 ~15 g/m^2,或高含氮量的复合肥 20 ~25 g/m^2。施肥后浇少量水或在雨前施用。

4. 防除杂草

杂草不但危害草坪的生长,同时使草坪的品质、功能显著退化,尤其是在休憩草坪中,杂草影响草坪的外观形象。

手工拔除杂草是一种古老的除草方法,对于清除游憩草坪杂草,是比效有效的方法,而且不影响草坪的美观。使用化学除草剂也能有效地防除杂草，但在游憩草坪上施用除草剂时，一定要严格掌握使用剂量，使用时要注意不要将除草剂喷洒到其他的树木、灌木、花卉上，以免使其他园林植物受到伤害，并注意人身安全。

5. 损坏草坪的修补

即使在正常的养护管理下，由于气候、使用等原因，也难免会发生一些危害草坪质量的情况，例如：由于过度践踏，会发生秃斑；在高温高湿的情况下，易发生病害，常造成毁灭性伤害；适时适量地喷洒杀菌剂可以把危害降至最小，但不能根除病害的发生，也常造成秃斑；践踏严重的草坪、除草剂选择不当、除草剂用量过大、人为破坏行为等都会造成秃斑，影响草坪质量。

因此，草坪修补每年至少进行一次，冷季型草坪在秋季进行，暖季型在春末夏初进行。修补方法有补播种子、补植根茎、补栽草皮等。常见情况有两种：当时间不紧迫时，可以采取补播种子的办法；时间紧，立即就要见效果的情况下，可采取重铺草皮的方法快速恢复草坪。

补播时要先清除枯死的植株和枯草层，露出土壤，再将表土稍加松动，施肥耙平，然后撒播种子，使种子均匀进入土壤。补播所用的种子应与原有草坪草一致，使得修复后的草坪色泽一致。播种前采取浸种、催芽、拌肥、消毒等播前处理措施。

重铺草皮是一种成本较大的修补方法，但由于具有快速定植的优点，故常被采用。重铺时，先标出受害地块，铲去受害草皮，适当松土和施肥，压实、耙平后，即可铺设草皮，铺设的新草皮应与原有草坪草一致。用堆肥和沙填满草皮间空隙，并进行镇压，使草皮紧贴坪面，同时保证坪面等高，利于今后管理。

6. 草坪病虫害的防治

游憩草坪病虫害以防为主、综合防治。随时观察草坪草生长情况，做好病虫害预测预报工作，早发现、早治疗。发现病虫害及时制定防治策略，进行有效防治。

四、任务实施

（一）场地准备

选择有一定自然地形的场地，划分出使用不同建植方法需要的场地面积，然后进行坪床整理。

（二）建植材料准备

所需草种、草皮块（30 cm ×30 cm）及常用草坪建植工具。

（三）分组

为操作与考核的方便，可以把学生分成 8 ~ 10 人的小组进行具体任务实施。

（四）实施步骤

1. 草种直播建植

（1）播种前准备：根据要求计算播种量，按比例混配草种；把计划建坪地分成若干等分的块或条，按照规定的播种量把种子按地块分开，按块进行播种。

（2）播种：将特定的草坪所需的播种量的一半按照南北方向均匀撒播，另一半种子按照东西方向均匀地进行撒播。

(3)覆土:沿着一个方向,用钉耙轻轻地把种子耙到土中。

(4)镇压:播种后用镇压器轻轻地镇压土壤,以保证种子与土壤紧密接触。

(5)覆盖:用覆盖材料(例如:稻草、无纺布、塑料薄膜等)覆盖播种后的坪床。

(6)撤除覆盖物:当幼苗基本出齐时,应及时撤除覆盖物(撤除覆盖物的时间一定要在阴天或晴天的傍晚,切忌在烈日下进行。撤去覆盖物后,要均匀适度地喷水)。

(7)管理:幼苗开始生长和发育时,进行草坪的养护管理,主要内容是:灌水、除杂草、修剪、表施追肥和病虫害防治等常规管理。

2. 营养繁殖建植

(1)整地:先将要建坪的土壤翻耕整平,保持土壤的湿润。

(2)铺草皮块:草皮块要一块一块紧密衔接。

(3)夯实:用0.5～1 t重的滚筒或木夯夯紧夯实,压紧后的草坪应该是草面和四周土面都平整,使草皮与土壤紧密接触,无空隙。

(4)管理:草皮铺好夯实后,要立即进行均匀适度的灌溉。如果坪地面有低洼面,可覆以松土,使之平整。

五、思考与练习

(1)休憩草坪草的选种有何要求?

(2)简述损坏草坪的修补方法。

(3)比较游憩草坪几种建植方法的特点,思考在何种条件下应采用哪种方法最为适合。

六、知识扩展——游憩草坪的园林应用形式

(一)游憩草坪的园林应用形式

游憩草坪不仅对不同色彩的植物,园林山石、建筑物、道路、广场等起着衬托的作用,而且能把不同园林景物统一协调起来,使园林更具艺术效果,同时游憩草坪还能为不同的游人提供游览、休憩、文化娱乐的场所;在植物园、动物园、名胜古迹园、游乐园、风景疗养度假区,以及机关、学校、医院等也有应用。

1. 孤赏树作主景

高大乔木用作草坪庇荫树种,一方面可容纳游人躲避炎炎烈日,提供舒适的休息场所,另一方面因其观赏价值较高,可作草坪主景树。高大乔木多配置在草坪的显著位置,在地形起伏的草坪上,主景树常配置在地势的最高处,多选择干径较大、树型奇特的植株,附近应避免有与之体量相似、颜色相近的树而造成主景不够突出。

该应用形式多用于周围比较空旷的场地,庇荫的范围之内,一般不配置灌木与草花,以增加庇荫面积。庇荫树要求观赏价值高,抗性强,病虫害少,分枝点高,遮阴率高。由于树形与庇荫效果关系较大,对庇荫树的树形也有一定的要求:伞形、圆球形的树冠庇荫效果较好;圆柱形、圆锥形树冠只可利用侧方庇荫,一般不用作庇荫树。

2. 稀树草坪

游憩草坪上稀疏地分布一些散植的单株乔木,株行距可适当增大,当树木的覆盖面积

(郁闭度)为草坪总面积的20% ~30%时,称为稀树草坪。

草坪与乔木的搭配形式,在接纳游人进入活动的同时,本身也具有很高的观赏价值。

3. 疏林草坪

疏林草坪上栽植高大乔木,要求株距在10 m左右,郁闭度在30% ~60%。空旷的草坪,适于春秋假日或亚热带地区冬季的群众性体育活动或户外活动;稀树草坪适于春季假日及冬季的一般游憩活动。但到了夏日炎热的季节,由于草地上没有树木庇荫,无法利用。疏林草坪,树木的庇荫性较大,可在夏季为游人提供游憩、阅读、野餐、进行空气浴等活动的场地。

4. 花灌木作为草坪点缀植物

游憩草坪允许游人进入,可近距离观赏植物。为增加草坪景观丰富性和层次性,可在草坪的空旷处点缀花灌木或小乔木,可自由分散栽植,亦可三五成丛,营造疏林草地的自然意境。小乔木多选择桂花、梅花、石榴、木槿、红叶李、垂丝海棠等。

在面积较大,游人践踏频率不高的局部,游憩草坪也可布置成嵌花草坪。

七、任务考核

任务考核项目、内容、标准、方法如表8-9所示。

表8-9　任务考核

序号	考核项目	考核内容	考核标准	考核方法
1	游憩草坪草选择	草坪草选择方法(30分)	掌握游憩草坪草选择原则,掌握4种游憩草坪草配比	分组考核
2	游憩草坪建植	营养繁殖方法(40分)	能够根据实际需要确定密铺法草皮块大小、铺设方法	分组考核
3	游憩草坪养护管理	养护管理措施(30分)	能够正确进行游憩草坪修剪、灌溉、施肥	分组考核

项目九 防护草坪建植与养护

任务一 防护草坪植被选择

一、任务分析

防护草坪是以水土保持为目的的保护性草坪。铁路、公路、水库、河岸等的裸露坡面，许多地段含有较多数量的风化岩石、砾石、沙粒等，河流堤岸的坡地因裸露遭受风雨的侵蚀，均易产生地表径流、水土流失，甚至发生坍塌和滑坡。草坪植被及其根系可以有效地保护土壤免受雨水冲刷，草地上形成的径流几乎是清流而不含任何泥土，具有良好的防止土壤侵蚀的作用。因此，公路、铁路、飞机场等地，采用生物与工程相结合的固土方法，以及栽植适宜的灌木、适宜的草坪草来保护路基堤岸，这样不仅投入少、寿命长，而且还起到绿化作用，具有经济和生态双重效益。

根据草坪草选择的标准，选择适合在防护草坪中栽植的植物，并结合防护草坪的特点选择适当植物配比才能达到防护效果。

二、任务目标

能力目标：能够进行防护草坪草种选择，并能进行科学配比。

知识目标：了解防护草坪的作用；掌握常见防护草坪草种配方。

素质目标：培养学生分析能力、环保意识、合作精神。

三、相关知识

（一）防护草坪的作用

1. 水土保持

即以保护坡面地表土壤及保护坡地环境为目的的绿化。通过建造边坡草坪，将土壤表面覆盖起来，借助草坪根系束缚表土层，防止土沙移动、滑落，借助草坪密集的茎叶抵挡雨水对坡地的击打，起到固土护坡的作用。

2. 作为初期植被

即以促进植物演替为目的和尽快恢复生态系统为目的的绿化。通过草坪覆盖，减轻坡面土沙移动，能促使其他植物（包括杂草）定居、附着，坡面植被的物种多样性提高，群落演替加快，为恢复和重建生态系统创造条件。

3. 造景

即追求新的景观和环境效果，达到绿化、美化、净化的目的。

（二）植物的选择

1. 灌木

灌木要选择耐寒、耐旱、抗风和抗逆性好、茎叶繁茂、覆盖地面能力强，其根系发达，根系易交织或呈网状，易固定土壤的种类。如紫穗槐、沙棘、荆条、小叶锦鸡儿、枸杞、胡枝子等，根蘖性强，串根自繁，形成密集茂盛的群体，起到保土、固沙、护坡的作用。

2. 草本植物

草本植物一般选择主根粗大、侧根多、生长迅速，且能抵抗杂草、能产生多量种子、成熟迅速、种子落地能自行生长，与土壤固结能力强，耐寒、耐旱、抗逆性强的草本植物。

小冠花、紫花苜蓿、草木樨、沙打旺、偃麦草、无芒雀麦、高羊茅、冰草、结缕草、野牛草、狗牙根、葛藤、披碱草等，都是护坡能力较强的植物。它们都有繁茂的地上部分和发达的根状茎护卫着斜坡。

偃麦草还有较强的耐盐碱能力，在含盐量0.6%～0.8%的土壤中仍能正常生长。因此，它是盐碱地路基斜坡上的优良护坡植物之一。

（三）混播组合方法及常见配方

一般来讲，混播优于单播，尤其豆禾混播有两方面的作用，即土壤养分的互补作用（如红豆草＋其他禾草）和先锋种对主要种的保护作用（如小冠花＋多年生黑麦草）。在北方地区的边坡绿化中推荐6种混播组合方案，见表9-1。

表9-1　混播组合配方

组合方案	草种组合比例
1	红豆草60%＋无芒雀麦20%＋多年生黑麦草20%
2	小冠花60%＋无芒雀麦20%＋多年生黑麦草20%
3	小冠花70%＋多年生黑麦草30%
4	多年生黑麦草40%＋草地早熟禾20%＋匍匐剪股颖20%＋紫羊茅20%
5	垂穗披碱草30%＋多年生黑麦草40%＋无芒雀麦30%
6	白三叶60%＋多年生黑麦草40%

四、任务实施

（一）材料准备

准备小冠花、紫花苜蓿、草木樨、沙打旺、无芒雀麦、高羊茅、结缕草、野牛草、狗牙根、葛藤、披碱草、紫穗槐、沙棘、荆条、小叶锦鸡儿、枸杞、胡枝子等植物标本。

（二）方法步骤

（1）识别提供的标本。

（2）到铁路、公路、水库、河岸调查防护草坪的作用、植物配置情况。

（3）填写表9-2。

表 9-2 防护草坪调查

序号	调查地点	防护草坪作用	草坪建植类型	植物的种类
1				
2				
…				
8				

五、思考与练习

(1)防护草坪的作用是什么?

(2)哪些植被适于建植防护草坪?

六、知识扩展——防护草坪的类型及应用

(一)防护草坪的类型

根据坡度大小防护草坪分三种类型:

(1)在坡度大于45°的地段采用生物与工程治理相结合的方法种植草坪。首先采用工程固土,以种草为主,边缘用石块或水泥砌成网格,网格砌成菱形或方形,在网格内播种栽植草坪植物(见图9-1)。也可通过挂网(平面网、三维网)加锚(固定网的专用钉)填土,然后采用液压喷播来种植草坪。在坡顶和坡脚应栽植1~2行固坡能力强的灌木,灌木既能防风固沙,又能封闭坡面,防止行人穿行践踏。

图9-1 高速公路植草网格

(2)坡度小于45°的坡面可采用草灌混栽,一般是在底部栽植3~5行灌木,沿等高线每隔5~10 cm栽1~3行灌木,灌丛之间种植草本植物,使灌木和草本相结合,充分覆盖

地面，综合治理。

(3)坡度小于15°的坡面，可采用草本植物护坡。

(二)防护草坪应用的场所

(1)公路、铁路的路堑、路堤。

(2)江、河、湖、海的堤坝和岸边绿化。

(3)矿山、矿区植被恢复。

(4)有地形起伏的城市基础工程建设。

(5)房地产开发与小区环境建设。

(6)环卫(垃圾填埋场)、污水处理厂建设。

(7)风景名胜区环境建设。

(8)国防工程的生态防护。

任务二　防护草坪建植与养护

一、任务分析

防护草坪最典型的是进行坡面防护，只有创造植物生长的条件，选择适当的植物，合理配置，采取适当的技术措施建植草坪，才能实现防护目标，达到预期的效果。建植时主要考虑以下因素：

(1)基质层如何附着和固定在坡面上而不被雨水冲刷下来。

(2)基质的理化性质如何适合坡面草坪的生长。

(3)坡面草坪草种的选择、配置和组合。

(4)如何才能减少养护管理费用。

二、任务目标

能力目标：能够进行防护草坪建植与养护。

知识目标：掌握防护草坪建植方法，掌握防护草坪养护要点。

素质目标：培养学生敬业精神、沟通能力、合作能力。

三、相关知识

(一)防护草坪建植场地处理

坡面一般为不易着生植物的裸地，土壤也为非耕作地，土壤硬度高，温度、水分条件十分差，因此建坪的难度很大。为使草坪定植，首先要对坡面土壤进行改良，在坡度较大的地方要挖鱼鳞坑或水平沟，在坑或沟内栽植灌木或穴内播种草本植物。

在坡面播种时为了防止大雨引起水土流失、草种被水冲失，可用沥青乳剂对坪床面进行固化处理，或加覆盖物，如草帘、秸秆、木屑、化学纤维等。在土壤中加入保水剂，以保持土壤水分。

（二）防护草坪建植方法

1. 灌木、草坪草混栽建植

采用灌木、草坪草混栽，进行固定护坡，灌木生长初期比草本植物生长缓慢，覆盖地表能力较差，但其持久护坡能力好。草本植物初期就能很好地起到拦蓄斜面地表径流作用，覆盖地表速度快，减免侵蚀作用好。灌木、草坪草结合，能持久地保护铁路、公路、水库、河岸等斜坡。

可供混栽配置的保土植物种类很多，如紫穗槐与野牛草混栽效果较好，可采用1行紫穗槐、4行野牛草，行距20 cm，形成横向水平沟栽植。注意压实土壤，使固土植物的根系与土壤紧密结合，才能确保新栽植物成活。

野牛草生长迅速，覆盖地面严密，杂草不易侵入，且能降低蒸腾强度，改善周围环境，对紫穗槐生长非常有利。紫穗槐地下部分有根瘤，可利用空气中的游离氮，增加土壤氮素，有利于野牛草的生长蔓延。紫穗槐的根系发达，遇干旱时可深入土层吸收水分，野牛草有75%的根系分布在20 cm土层内。紫穗槐和野牛草都能耐盐碱，对保护盐碱地上的铁路、公路、水库等斜坡非常有利。

此外，小叶锦鸡儿、胡枝子等灌木都可与野牛草、其他禾本科草混合栽植建植防护草坪。

2. 土工网植草建植

该技术所用土工网是一种边坡防护新材料，是通过特殊工艺生产的三维立体网，不仅具有加固边坡的功能，在播种初期还起到防止冲刷、保持土壤作用，同时促进草籽发芽、幼苗生长，随着植物的进一步生长和分蘖，坡面逐渐被植被覆盖，这样植物与土工网就共同对边坡起到了长期防护和绿化作用。目前，国内土工网植草护坡在公路、堤坝边坡防护工程中使用较多。

3. 蜂巢式网格植草建植

这项技术是在修整好的边坡坡面上拼铺正六边形混凝土框砖形成蜂巢式网格后，在网格内充填种植土，再在砖框内栽种草坪草的一项边坡防护措施。其受力结构合理，能有效地分散坡面雨水径流，减缓水流速度，防止坡面冲刷，保护草坪生长。这种护坡施工简单，外观齐整，造型美观大方，具有边坡防护、绿化双重效果。

4. 喷播法建植

把草种、肥料、农药、黏合剂、保水剂、防侵蚀剂等按一定比例加水制成喷播物料，用高压水或压缩空气向地表喷射，该混合物料有一定的稳定性，即喷射到预定坡面上后不流动，干后牢固。这种播种方法能很快地完成斜坡草坪播种，而且种子不会流失。最近几年在我国的铁路、公路、高速公路、水库等斜坡上得到广泛应用。此法采取的是化学和生物的措施结合来预防水土流失。

5. 铺草皮块法建植

将草皮切成30 cm×30 cm、厚2～3 cm（或不同规格）的草皮块，一块一块衔接，铺成草坪，在坡度大的地方，每块草坪需用桩钉加以固定。

6. 草坪植生带法建植

铺设草坪植生带可防止因雨水冲刷而造成种子流失，还可减缓冲击力，并且可使水顺着纤维流入土中，起到良好的保土作用。植生带上的种子发芽和出苗迅速，很快成坪，同时用植生带建植的草坪杂草较少，在铁路、公路等斜坡上用植生带建植草坪，一般沿等高线铺设。

7. 植生袋法建植

植生袋建植法是在斜坡上采用重点保土、固坡的种草方法。选用质地柔软且有网眼的植生袋，装入沙质土壤和草籽。袋中土壤含水量保持在20%左右，袋内底部放入基肥。把植生袋埋入斜坡时，应1/2露出坡面，1/2埋入土中。每个植生袋必须用木桩固定，木桩插入土中。植生袋之间的距离以50 cm为宜。

8. 陡壁垂直绿化法

一些黄土或岩石陡坡，坡面直立，植物难以生长，可在坡脚处施足基肥，整地后根据当地气候、土壤和坡向选择适当的藤本植物栽植，如凌霄、紫藤、爬山虎、金银花、葛藤等。

栽植完后在坡面上预埋支架，固定供植物攀援的钢丝和绳索。加强苗期管理，促进枝蔓发育，并随时扶正固定脱落枝条，使其沿支撑物顺利攀升。

（四）防护草坪养护管理

防护草坪的养护包括缺苗补填、视草坪草长势施肥、病虫害防治。在坡地播种草坪，易流失水分，只有保持土壤一定的水分，才能保证种子发芽、幼苗生长，应采取适宜措施。

防护草坪修剪次数不多，只需维持草坪草正常生长，能防止表土冲刷即达目标。有时也可使用化学生长调节剂，如矮壮素、乙烯利、青鲜素等来减少修剪次数，或防止草坪抽穗。

护坡草坪的枯草层过厚妨碍草坪草生长时，可以用烧草方法清除。烧草时间要选在春季新草萌发前进行。烧草时注意防火，附近有森林或建筑物时严禁用火焚烧，要人工清理。

四、任务实施

（一）场地准备

选择校园排水渠旁或其他坡地。

（二）材料准备

草坪植被网、结缕草种子、常用草坪建植工具。

（三）方法步骤

1. 修整坡面

将预备铺设植被网的坡面修整平（此措施是使网与坡面紧密衔接，也是此法是否成功的关键），并进行降低坡度处理。

2. 预铺营养土

根据坡度和坡面的光滑度铺上5～10 cm肥土或有一定肥力的自然土，修整平滑。

3. 固定三维植被网

将植被网置于坡面上，搭接宽度不少于0.1 m。用专用固定钉沿网四周及中间以1.0～1.5 m间距固定。

4. 加固网的上下部

每幅网的上下部各留1 m左右埋入深25 cm、宽45 cm的沟内，用回填土或块石压紧。

5. 将种子撒入网内

可用播种机或手工将种子均匀播入网孔，必要时可用无齿耙轻耙，使种子分布均匀。

6. 将营养土填入植被网

用配好的营养土(有机肥、保水剂、杀虫剂和肥土)填满植被网。

7. 轻压

用锨或长竹竿轻击植被网表面，使种子和土粒接触严密，便于种子吸水萌发。

8. 养护管理

草坪播种后需要喷水、补种、防虫等养护。植被网若松动滑脱，要随时修复加固，需要施肥时也应追施肥料。

护坡草坪一般禁止修剪，陈草也不需清理，任其自然分解回归土壤。但发生病虫害、鼠害时要及时消灭，尤其是鼠洞，最易造成滑坡。

五、思考与练习

(1)防护草坪有哪些种类，哪些应用?

(2)常见防护草坪建植方式有哪些?

六、知识扩展——人造草坪

(一)人造草坪特点

目前我国已经建造许多人造运动场草坪，如兰州七里河体育场内的曲棍球场草坪，2008年奥运会曲棍球训练场地——北京芦城体育运动技术学院的曲棍球场。人造运动草坪是国际上流行的可替代天然草的一种优秀的安全运动地面铺设材料。以仿草叶状的合成纤维，植入机织的基布上，背面涂上起固定作用的涂层，铺设在运动场、庭院等地面上。

人造草坪是全天候场地，完全不受雨、雪等天气的影响，具有很好的渗水性，大雨过后20 min就可将水排净，能在高寒、高温等极端气候地区使用。

在人造草坪上活动与在天然草坪上无大差异，颜色逼真、弹性良好、脚感舒适。人造草坪除具有天然草坪的各种优越性外，还具有坚固耐磨、表面平整均一、外观鲜艳、四季绿色、生动、排水性能好、使用寿命长、维护费用低、维护保养简单等特点。随着足球运动在全球普及，气候的局限变得越来越突出，天然草坪已无法满足处于恶劣气候条件国家的需要。随着新一代人造草坪球场的开发，人造草坪球场可以给足球运动带来极大的推动，这不仅体现在其远优于天然草的耐候性，还因为其可以全天候连续使用。人造草坪不仅适用于运动场草坪，还适用于使用频率较高的中小学场地、休闲庭院、屋顶花园、私人绿地。

人造草坪缺点是投资较大、热容量小、辐射强、容易产生静电。

（二）人造草坪材料构造

人造草坪由三层组成：基础层、缓冲层、草皮层。

1. 基础层

人造草坪运动系统对基础的质量要求主要集中在三个方面：硬度、平整度和排水坡度。

常用的人造草坪基础层有沥青基础层、水泥基础层、碎石基础层、混凝土基础层，采用的基础类型主要是由当地气候环境及预算所决定的。

在国内大部分区域，水泥混凝土基础层因经济实用、性价比高而被广泛应用。人造草坪水泥混凝土基础层技术要求如下：

(1) 对基础表面平整度要求较高，以保证人造草面层厚度一致，弹性均匀。平整度合格率在 95% 以上，5 m 直尺误差 3 mm，坡度：横向 8‰，纵向 5‰，半圆区 5‰，表面应平坦、光滑、保证排水。

(2) 基础应具有一定的强度和稳定性。

(3) 表面均匀坚实、无裂缝，无烂边麻面，接缝平直光滑，以 6 000 mm × 6 000 mm 左右切块为好。

(4) 垫层压实，密实度大于 95%，在中型碾压机压过后，无显著轮迹，无浮土松散、波浪等现象。

(5) 水泥基础必须有隔水层，隔水层采用新 PVC 加厚隔水薄膜，交接处应大于 300 mm，边沿余量大于 150 mm。

(6) 需考虑留伸缩缝，宽度在 5 mm。

(7) 基础保养期为 2 ~ 3 周。

2. 缓冲层

基础层上是一层缓冲层，通常由石英砂、橡胶或泡沫塑料组成。橡胶弹性适中，厚度 3 ~ 5 mm；用泡沫塑料成本低，但是弹性差，厚度 5 ~ 10 mm。缓冲层要牢固地粘贴在基础层上，一般用白乳胶或万能胶粘贴。

3. 草皮层

草皮层的草皮有绒面草皮、环形卷曲尼纶丝草皮、叶状聚丙烯纤维草皮、尼龙丝透水草皮。其原料以聚丙烯为主，也可用聚氯乙烯和聚酰胺等。叶片上着以仿草的绿色，并加紫外线吸收剂。这一层也用白乳胶或万能胶粘贴在缓冲层上。人造草的施工技术对人造草坪在后期的维护保养和提高使用寿命是非常重要的。铺设场地需清洁，表面应干燥、光滑，无杂物，无蜡渍、油脂。人造草铺设前要和人造草生产单位一起对草皮进行质量检查，检查草皮的材料质量、密度和编织工艺是否合格，以满足使用要求。一个标准场地连接点不能超过 30 个，同时，检查填充物的质量是否达到环保要求。在铺设过程中，要使用专用工具按规格对草坪进行切边、对缝，将搭接的草坪切割平齐。使用人造草运动场地专用胶水连接，接缝应不大于 2 mm。黏结时温度不可过低，环境温度应选在 10 ℃以上施工为宜；另外不宜在下雨或霉雨天气下施工，否则会导致黏结时间过长甚至引起不粘。

7. 任务考核

任务考核项目、内容、标准、方法如表 9-3 所示。

表 9-3　任务考核

序号	考核项目	考核内容	考核标准	考核方法
1	防护草坪植物的选择	防护草坪植物选择依据、种类(20 分)	根据防护草坪植物的选择依据正确选择草坪草;正确识别防护草坪草	分组考核
2	防护草坪种类	防护草坪分类(20 分)	正确进行防护草坪分类	分组考核
3	土工网植草建植	土工网植草建植工艺(60 分)	正确进行坡面修整; 正确进行营养土预铺; 正确进行三维植被网固定; 正确进行播种; 正确进行营养土填覆盖	分组考核

参考文献

[1] 边秀举. 草坪学基础[M]. 北京:中国建材工业出版社,2005.
[2] 陈志明. 草坪建植与养护[M]. 北京:中国林业出版社,2003.
[3] 鲁朝辉. 草坪建植与养护[M]. 重庆:重庆大学出版社,2006.
[4] 孙吉雄,等. 草坪学[M]. 2 版. 北京:中国农业出版社,2003.
[5] 孙吉雄,等. 草坪绿地规划设计与建植管理[M]. 上海:科学技术文献出版社,2002.
[6] 张志国. 草坪建植与管理[M]. 济南:山东科学技术出版社,1999.
[7] 赵燕,等. 草坪建植与养护[M]. 北京:中国农业大学出版社,2007.
[8] 张志国,等. 现代草坪管理学[M]. 北京:中国林业出版社,2003.
[9] 孙本信,等. 绿地草坪[M]. 北京:中国林业出版社,1999.
[10] 胡林,等. 草坪科学与管理[M]. 北京:中国农业大学出版社,2001.
[11] 孙晓刚. 草坪的建植与管理[M]. 北京:中国农业出版社,2002.
[12] 陈志一. 草坪栽培与养护[M]. 北京:中国农业出版社,2000.
[13] GB/T 18247.7—2000 主要花卉产品等级 第 7 部分:草坪[S].
[14] GB/T 19535 城市绿地草坪建植与管理技术规程[S].
[15] 韩烈保. 运动场草坪[M]. 北京:中国农业出版社,2004.